U0182169

王麦林

1945年，与张开帙在延安

2008年，与张开帙在北京

1947年，在东北民主联军航空学校
组织干事李素芳（中）、文化教员钱克英（右）

1950年，在空军

1955年，与空军翻译科战友在一起

1979年，陪同中国科协主席周培源参观首届全国科普美术展览

看望中国科协顾问、著名科普作家高士其（右）

2020年，中国科协书记处第一书记怀进鹏院士前来慰问

1979年，中国科协副主席、党组书记裴丽生（右一），书记处书记王文达（左二）在首届全国科普美术展览筹备会上

1980年1月，中国科协副主席刘述周（中）审查首届全国科普美术展览作品

美术家张仃（左二）、郁风（左三）、李瑞年（左四）

中国科普作家协会第二届
理事长温济泽

中国科协原党委办公室主任张丽煌

赵璞（左）、马佩炎（右）

2006年1月，中国科普作家协
会原副秘书长张惠（前排右）、
原办公室主任江一（后排右）、
原办公室干部耿玉琴（后排左）

1980年，广西科协原副主席、
科普作协原理事长蒙古（中），
科普作家陶世龙（右）

新疆科协原副主席、科普作协
原理事长阿巴斯·包尔汉

四川科普作协原理事长周孟璞

上海科协普及部原部长、科普作协首任秘书长李顿厚

上海科普作协秘书长李正兴（前排中）、中国科普作协第二届秘书长柴淑敏（前排右）、上海科普作协副理事长李乔（后排左）

四川科普作协理事长吴显奎

科学普及出版社原社长、科普作家金涛　　　　　　科普美术家杨悦浦

科幻作家郑文光（中）

新华社新闻研究所原所长、科普作家文有仁

高级编辑齐仲（右），《人民日报》原高级记者、科普作家陈祖甲（左）

《航空知识》杂志原主编、科普作家谢础

天文学家、科普作家卞毓麟

科幻和传记作家叶永烈

2014年，与中国科普作家协会第五、第六届理事长刘嘉麒院士（左）一起为获王麦林科学文艺创作奖的金涛（中）颁奖

2019年，为获王麦林科学文艺创作奖的郭日方颁奖

2019年，中国科协徐延豪书记（前排左三）在王麦林科学文艺创作奖座谈会上

中国科普作家协会第五、第六届理事长刘嘉麒院士

中国科普作家协会党委书记王挺

1997年，八路军第一二〇师战火剧社战友
左起：王崇信、穆青、袁乃晨、鲁勒、王麦林、张开帙、段其贞、韩士学、杜子、王翔云

2013年，延安军委俄文学校同学
前排左起：李静、马列、王麦林、张开帙、苏英、罗焚、何理良、何方

张开帙80岁生日全家照

与弟弟妹妹们

历年获奖证书

国画作品

电脑制作作品

激情岁月 科普人生

王麦林 著

科学普及出版社
·北 京·

图书在版编目（CIP）数据

激情岁月　科普人生 / 王麦林著. -- 北京：科学普及出版社，
2021.5（2021.7重印）

ISBN 978-7-110-10249-7

Ⅰ.①激… Ⅱ.①王… Ⅲ.①科普工作 – 中国 – 文集 Ⅳ.①N4-53

中国版本图书馆CIP数据核字（2021）第 046499 号

出 版 人　秦德继
策划编辑　徐扬科
责任编辑　吕　鸣
封面设计　中文天地
责任校对　邓雪梅
责任印制　徐　飞

出　　版　科学普及出版社
发　　行　中国科学技术出版社有限公司发行部
地　　址　北京市海淀区中关村南大街16号
邮　　编　100081
发行电话　010 – 62173865
传　　真　010 – 62173081
网　　址　http://www.cspbooks.com.cn

开　　本　720mm×1000mm　1/16
字　　数　316千字
印　　张　17.25　插页　16
版　　次　2021年6月第1版
印　　次　2021年7月第2次印刷
印　　刷　北京中科印刷有限公司
书　　号　ISBN 978-7-110-10249-7 / N·255
定　　价　128.00元

（凡购买本社图书，如有缺页、倒页、脱页者，本社发行部负责调换）

序一

麦林同志13岁参加革命、不满14岁加入中国共产党，至今已70余年。这部书，是她矢志不渝、豪迈乐观、跋涉于漫漫革命征程的见证。

十分惊讶她那么年幼时，便有强烈的爱国心；她憎恶日军占领北平，憎恶汉奸殷汝耕，憎恶维持会的牌子，憎恶奴化教育；她敬仰抗日将领，想见到宋哲元军长和冯治安师长而到他们家的大门前张望。

十分感慨她年幼参加革命，特别是到八路军后，经历了艰苦战争环境的磨炼：她虽未持枪与敌人对射过，也未用大刀和敌人肉搏过，但嗖嗖的子弹从头顶飞过是经常的，一次她冒着枪林弹雨为她们的女生班领老乡送来的大饼，奔跑中，子弹竟然打入了她抱着的大饼而使她免遭伤亡！在游击区内数次过敌人的封锁线，为了与敌人周旋，连续半年，每天都要走80到100里路的急行军和夜行军，常常是刚刚离开驻地，敌人就到了，或刚刚到了宿营地，就与敌人遭遇了。

那时的她虽然年龄小，但能吃苦，对工作负责，能起共产党员的模范作用。

从军队到延安，麦林同志成了俄文学校的优秀学员。她学俄文，是全班第三名；参加生产劳动不惜力，锻炼了革命意志；学政治，打牢了革命理论的根基，更加坚定了全心全意为人民服务、为共产主义奋斗终生的决心。

日本投降后，麦林同志去东北参加我军航空学校的筹建，开始任俄文教员，现在有些老飞行员，见面时还称她"老师"；以后任航校卫生队的政治指导员，工作成绩好，立了功，至今老航校的日本医护人员见到她仍亲热地称她为"我们的指导员"。

空军初建时期，麦林同志成为空军司令部首任翻译科长，领导全军700多名翻译，出色地完成了苏联专家的翻译工作和苏联航空技术教材的翻译工作，为空军的建设工作立了功。

20世纪50年代，麦林同志转业到地方，投入到科学普及事业中。开始，她被分配负责《知识就是力量》杂志的编辑工作。这是她从未接触过的、完全陌生的工作。但是她有一股能顶着困难上的精神，在她和同志们的努力下，《知识就是力量》杂志成为全国最受欢迎、发行量大的两份科普杂志之一。她还成为"文化大革命"后恢复中国科协的骨干之一，成为科普美术的倡导者和组织者、中国科普作家协会的创始人之一。

麦林同志是一位多才多艺、有创造性、能想办法的干部。她能歌善舞，能书，会画，会演戏。在第一二〇师被服厂任文化教员时，为使想家的工人安心工作，她组织全厂山西籍工人演山西梆子大戏。"文化大革命"后"四人帮"流毒尚在弥漫时，她迅速贯彻党中央和邓小平同志关于教育工作的指示，及时倡议并积极组织了科学家们与青少年见面，为清除"四人帮"的"读书无用论"谬论、鼓励学生好好学习起到了有利作用。

为解决"四人帮"造成的无书可读的问题，在上海组织了由中国科协、教育部和新闻出版总署联合召开的科普创作座谈会，大大激发了编辑们和作者们创作的积极性，迎来了科普创作的春天，科普杂志和图书如雨后春笋般涌现出来。

麦林同志是一位永远不向困难低头、永远不计较个人得失的干部。一生变换那么多工作，有些是临危复兴的工作，有的当时是很危险的工作，她不仅接受了，而且都做出了突出的成绩。她做了那么多工作和得到那么多成绩，却很少自我表现。中宣部出版局在《编辑家列传》中说，"王麦林是勇于创新的实干家，一位在许多书、刊、文、图中付出了大量心血，然而却没有留下自己姓名的人"。从脱掉军服，到"文化大革命"中被迫害，她都顾全了大局，因为她时刻铭记着自己是一名共产党员。

麦林同志是一位活到老，学到老，工作到老的人。她离休后一直心系中国科普作协的工作，同一些会员经常保持着联系。她热爱翻译工作，这期间，她翻译了几本书和不少文章，也主编了一些图书和写了一些文章。多年来，一直被选为科学普及出版社离休干部党支部的书记，多次被评为优秀党务工作者、优秀共产党员、先进党员标兵。

麦林同志的经历，燃起了我们这一代人心中的温暖与豪情，也必将成为年轻一代人的镜鉴与楷模。

作为麦林同志的老伴，我同样是她矢志不渝、豪迈乐观、跋涉于漫漫革命征程的见证。值此书付梓之际，欣然为序。

张开帙

2012年3月18日

序二

　　2019年4月18日，我有幸参加在中国科技会堂举办的王麦林科学文艺创作奖座谈会。春日和风里，我第一次见到了王麦林先生。麦林先生精神矍铄，朗朗谈吐中仍透着一股英气，端庄而不失风采。会上聆听麦林先生讲述如何走上科普创作之路，发言至真至朴，联想到先生矢志不渝、豪迈乐观的人生实践，令我由衷敬佩和叹服。

　　麦林先生幼年经历祖国河山被日寇铁蹄踏碎，13岁参加革命，不满14岁加入中国共产党，作为一名八路军女战士，她亲历枪林弹雨，情系边区百姓，做文化教员，参加创建空军，等等。在国家和民族危亡之际，麦林先生坚定地追求真理、投身革命、矢志报国。

　　中华人民共和国成立后，麦林先生结缘科普，走进了建设新中国、提高民族素质的科普大营地，在科普战线上继续为人民服务。20世纪50年代，麦林先生任《知识就是力量》杂志编辑部主任。麦林先生领导下的《知识就是力量》杂志，为我国科普创作工作提供了借鉴，奋斗3年，到1961年，印数增长3倍，成为当时全国两份印数最高的科普杂志之一。

　　在科学的春天里，麦林先生自觉承担起推动科普创作事业繁荣、服务社会主义现代化建设的历史使命，为培养和加强科普创作和理论队伍建设做出贡献。1979年8月，中国科普创作协会（后改名为中国科普作家协会）第一次全国会员代表大会在北京隆重召开，大会一致推举麦林先生为协会首届秘书长。从此，麦林先生和科普创作工作更紧密地联系在一起了。麦林先生积极推动科普和美术的结合，倡导用科普美术作品向人民群众普及科学技术。在麦林先生的领导和组织下，协会首创全国科普美术作品展览，通过举办展览把全国的美术家和美术工作者都动员起来创作科普美术作品。这次美展是新时期美术家与科学家首次举行的大规模的联谊活动，展览受到科技界和美术界高度赞扬。高士其说："科普美展开创了一条科学走进美术领域，美术走进科学领域的道路。"在麦林先生的关怀和亲自带动下，协会的科普创作尤其是美术科普方面工作卓有成效，有声有色，涌现出一批科普美术家，凝聚了一支人数可观的科普美术创作队伍，科普美术创作在全国显现出遍地开花的大好局面。1982年，麦林先生出任科学普及出版社党委书记、社长，这位勇于创新的实干家打开了出版社工作新局面，出版硕果累累，取得了瞩目的工作成绩。

"老骥骨奇心尚壮，青松岁久色逾新"。1986年9月，麦林先生离休。离休不离科普，麦林先生始终心系科普事业，凭着对科普创作领域存在的问题的深刻观察和理解，结合自身长期的科普创作工作经验，继续耕耘在科学文艺的园地里。

有道是"离休收笔复提笔，丹青生趣墨生辉。文明华夏可添瓦，道是无为却有为"。麦林先生坚持老有所学、老有所乐、老有所为，感悟人生，参与社会，发挥余热。离休后，麦林先生牢记使命，在科普领域笔耕不辍，继续撰写和翻译一些科普文章，创办社区科普小报；同时，她积极学习新知，学画"写意花鸟"，学习集邮知识，上老年大学学习电脑图片制作课程，游历祖国大好河山、用纪念品记录丰富多彩的旅途见闻……我想这些都是麦林先生热爱祖国，与时俱进，乐观向上，热爱人生，精神富足的具体体现。

"视名利淡如水，看事业重如山。"麦林先生在88岁高龄时将个人的百万积蓄捐赠给中国科普作协，设立奖励基金，创建了"王麦林科学文艺创作奖"，开慈后学，激励后人。这一善举，承载着她对中国科普作协的深厚感情，承载着她对中国科普创作事业发展的关注与关心，承载着她对振兴中国科学文艺的期盼。

我记得有句格言说，"看日出就必须守到拂晓"。科普事业的发展，需要远大志向和强烈热情，同样需要长期如一的韧性与坚守、耐心和毅力。麦林先生以理想和信念为指引，几十年如一日地奋勇前行，主动接受历练，她努力前行、只为使命的科学精神令我印象深刻，值得当代科普工作者传承发扬。中国科普研究所、中国科普作协这些年来也不断探索如何走出繁荣中国科普原创之路。我们将继续这方面的探索，将麦林先生等一众老前辈毕生心血浇注的科普之花传承好，并促进其枝繁叶茂。

麦林先生本次新版的《激情岁月 科普人生》，从军旅生涯、科普工作、继续战斗三个章节历时讲述，同时收录有麦林文选，对麦林先生激情跌宕的科普人生做了充分立体的展现。借本书出版之际，我再次对麦林先生的革命精神和奋斗实绩致以由衷敬意，也对为本书面世给予大力支持的中国科普研究所、中国科普作家协会表示感谢，对承担出版工作的科学普及出版社表示感谢。祝麦林先生健康长寿，永葆学术青春和创作激情。

王 挺

2020年10月28日

自 序

我们在北京的70年前曾在延安抗大三分校俄文大队、军委俄文学校学习的老同学，每年要欢聚一两次，大家把聚会取名为"健康亮相会"，亮身体健康的"相"，亮思想健康的"相"。

2011年9月，在祝贺中国共产党建党90周年的老同学聚会上，何理良同学（已故外交部部长、人大常务委员会副委员长黄华同志的夫人，外交部国际司原副司长）因长年在驻外使馆工作，是首次参加同学的聚会。她见到这些70年前风华正茂的青年，如今已是耄耋之年的同学们豪情不减当年，感慨万千。会后，她给同学们写了一封热情洋溢的信，信中说，在参加老同学的聚会后，不由得浮想联翩，为纪念党的90诞辰，她回忆了自己在党的教育下的成长历程，深切感到，作为一个为民族独立、国家富强和人民幸福而奋斗终生、尚且健在人间的革命者，有责任和义务把我们当年为什么和怎么去延安投身抗日和参加革命的过程，在延安得到怎样的艰苦锻炼，以及在解放战争中和中华人民共和国成立后的阅历和感想写出来。这对自己一生是一个梳理，对家人和后代是一个激励，对党和人民是一个汇报。我们应该让后人知道，这些来自五湖四海的有为青年，是怎样在宝塔山下喝着延河水成长起来的，是如何在推翻三座大山的翻天覆地的壮烈事业中奋斗的，是如何用自己的心血和汗水描绘中华人民共和国的宏伟蓝图的。她建议，大家立即提笔把自己的经历写出来，争取汇集成册出版。

我被她这封充满高度革命激情的信深深感动了，于是不顾年老体弱，不由自主地拿起了笔。我本来是一个很低调的人，认为革命工作是本分，没有必要过多地述说自己。但是何理良同学的信打动了我，出自革命的责任和义务，应当响应她这一有历史和现实意义的倡议，用心把自己参加革命的经历梳理出来并撰写成文，讲述我1938年参加革命后，从抗日战争中和解放战争中的一名革命部队的宣教小兵，到中华人民共和国成立后在建设中华人民共和国的光辉事业中，充当了一名科普园丁的奋斗经历。

从时间上看，我在革命部队工作、学习了20年；之后又在科普园地辛勤耕耘了30年，为了传播和普及科学知识、科学思想和科学方法，提高我国人民的科学文化素养的事业，矢志不移、无怨无悔；离休后，我在力所能及的情况下仍做了一些科普工作。

　　充满激情的革命岁月，给我打下了战斗不止的精神烙印；求知探索的科普岁月，成就了我老有所为的离休时光。不论是做翻译还是做编辑，都需要有为人作嫁衣、不留姓名、谦虚低调的无私奉献精神，这一点，我想是永远不会过时的，是需要很多年轻人多多感悟的。2021年是中国共产党建党100周年，谨以这本自述和文选作为我的献礼，表达一位老共产党员对党的无限忠诚与热爱！

王麦林

2020年10月1日

目　录

科普工作

继续战斗

麦林文选

军旅生涯

爱 国 少 年

我 的 家

祖籍河北省雄县的我，于1925年8月26日生于福建省福州市，家居北平。

父亲是前清秀才，保定陆军军官学校出身，曾任北洋军阀孙传芳部旅长。1927年，孙传芳部被北伐军击败垮台后，父亲一直赋闲在家没有工作，全家依靠银行存款生活。

母亲出身于福建的一个贫民家庭，无奈之下成了父亲的续弦。

我是母亲的长女。父亲对我十分疼爱，给我取名乃宝。我有一个小我2岁的妹妹，一个小我5岁的弟弟和一个小我10岁的妹妹。此外，还有一个同父异母的姐姐在北平国立艺专国画系学习，后为知名画家，一个哥哥是北平市立第四中学学生，"七七事变"前入航空学校学飞行。

我 的 学 校

我有幸上了一所进步的小学

1929年，我随父母从天津到北平居住，小学四年级前，我读的是一所离家较近的私立学校。1935年上五年级时，我去考师大附小这所市立著名的小学。那时上师大附小的，都是家里有钱有势的。我因父亲赋闲，没有考上。但幸运的是，我上了一所非常好的、非常进步的学校——河北省立通县师范附属小学。

河北省立通县师范是河北省立的一所高等学校，原校址在当时的河北省通县。校长姓范，曾在美国留学。1935年5月，国民党卖国政府的何应钦与日本的梅津美治郎在通县签了卖国的"何梅协定"，并在通县成立了以汉奸殷汝耕为首的伪冀东自治政府。范校长对此倒行逆施义愤填膺，不耻与日本和卖国汉奸为伍，愤然迅即将学校迁至北平。校址在已迁出北平的原东北中学的校址，即现在西单大木仓胡同内北师大实验中学的校址。我在这所学校学到了许多知识，受到了良好的爱国主义教育。

我们的语文课没有课本，学的课文是从中华书局出版的活页文选中选的有思想教育意义的文章。如《卖炭翁》《苛政猛于虎》《岳阳楼记》等，以及《桃花源记》《陋室铭》《归去来辞》《陈情表》《出师表》《祭十二郎文》等，也选有冰心的文章，如《母亲》等。我们年级的主任老师，组织我们学生开展红五月讲演活动，宣讲"五三""五七""五九""五卅""五三一"等国耻和惨案，教唱《五月的鲜花》等歌曲。这些活动激发了同学们爱国雪耻的热情。从这时，我记住了顾正红、彭湃的名字，他们的事迹深深感动了我。

通过学习，我了解了鸦片战争以来，帝国主义侵略我国的所有事件。音乐老师教我们唱《在松花江上》《满江红》《苏武牧羊》《渔光曲》等歌曲以及1928年的《国旗歌》，"中国国民志气洪，戴月披星去务农，犁尽世间不平地，协作共享稻粱丰；地权平等，革命成功，人群进化，世界大同，青天白日满地红"。这些歌曲反映了当时的民主革命的思想，激发了人们的爱国情感，深深打动了我，对当时年少的我产生了深刻的影响。

在美术老师的教导下，我的画常被"留成绩"，即老师把画挂在教室的墙上。六年级时，书法老师说我的行书写得也不错了。在劳作课上，老师教我们十字绣等多种绣花方法。把一块白布的各边抽去部分横丝做手帕、用纸做花束等。我曾用十字绣绣过一个枕头，用粉连纸做过一盆仿真菊花。体育课老师教我们打篮球，教我们"三步上篮"。在篮球队里，老师教我打前锋，我投篮较准，是球队的一号。

这个学校四年级以上的学生，都是童子军，穿童子军服，受基本军事训练。除基本制式训练，还要学习结绳、旗语等。童子军设大队、中队和小队。我是一个小队长，带小队出操和完成老师教导的科目。童子军用食指、中指和无名指三个手指并拢敬礼，三个手指敬礼表示"智、仁、勇"。

我们的家庭作业只有写字：两篇大字，三行小字（每行20字），不记得有其他作业。没有像现在的学生每天要做那么繁重的作业。

课余在家，我喜欢唱京戏和看故事书。我看过《聊斋志异》《镜花缘》《今古奇观》《儿女英雄传》《啼笑姻缘》《西游记》《水浒传》《七侠五义》《说岳全传》等，也看过《老残游记》，但看不太懂。我不喜欢《红楼梦》和《三国演义》，觉得它们没有意思，一个吃吃喝喝，哭哭闹闹；一个千方百计争夺地盘。读书使我受到的教育是，一个人要做好人做善事。

偶遇"一二·九"学生游行

1935年我上小学五年级，这年冬天很冷。有一天，我去上学，一出胡同口，就看见满大街的学生，举着很大的标语从北向南走来，他们边走边喊口号。当走到灵境胡同时，只见几个穿黑衣服的警察，举着几个大水龙头，用冰冷如柱的水猛烈地冲击学生，但是学生们不以为然，继续整齐地前进。他们边走边激昂地高呼："反对华北自治！""打到日本帝国主义！"……我跟着他们一直走到大木仓胡同口（我学校的路口），又目送了他们一会儿，便转身去学校了。

我见到的这支学生游行队伍，就是举世闻名的北平大中学校的学生于1935年12月9日举行的抗日救亡示威游行，学生们的爱国激情和奋勇前进的场面给我留下了深刻印象。

1937年，我在这所学校上完了六年级。这所学校为我打下了较坚实的成长基础。

我痴迷京戏，常常随商店播放的京戏唱段学唱京戏。我听会了《女起解》的"四恨"和《坐宫》的"四猜"等。当时北平的商店普遍播放京戏，所以北平人大多会唱两句京戏，只有个别商店播放《毛毛雨》等流行歌曲。

我们学校童子军中队长刘自芳的父兄都是京戏票友，我时常到她家请教。六年级第一学期寒假，在她父兄的鼓励和组织下，我与她父兄在哈尔飞大戏院（现北京西单剧场）票演了一出京戏《法门寺》。她父亲演九千岁刘瑾，她哥哥演太监贾桂，我演告状民女宋巧姣。在这场戏里，我演的角色多是跪着唱的。戏一结束，我就紧张地跑着下场了，观众们哄堂大笑。

我们"通师附小"可直上"通师"，可我酷爱京戏，决心暑假后报考戏曲学校学习京戏。但万恶的日寇侵占了北平，摧毁了我学京戏的美梦。

日寇铁蹄下的北平

天一下子变了

一天，我在西单商场对面的大木仓胡同路口，意外地看到全副武装的日本兵，成四路纵队从南向北走来，他们脚上的大皮靴发出"咚、咚、咚"的响声，经西单商场逐渐远去。我呆呆地看着那些不可一世的日本兵，他们脚上的大皮靴，疯狂地践踏着我们中国的土地，好似踏着我的心窝，难受极了。我在那儿愣了半天，也不知是怎么走回家的。

天一下子变了，大街上出现了北平人从来没有见过和听说过的俱乐部。我家住的兵马司胡同内，一个大门挂上了一个写有"维持会"的大牌子。一个日本兵在胡同里叫喊着要花姑娘。街上的行人稀少了，原来人来人往的街道，变得冷冷清清。钞票上的孙中山变成了孔孟先人，人们管这种钞票叫老头儿票。钞票变了，兑换钞票使人们的财产受到很大的损失。我家也与邻居们一样，因此吃不起大米、白面，而改以棒子面度日了。

日本话不用学（xiáo），再过三年用不着

学校被日本人把持了。我试着去了"通师"，得知"通师"和附小的不少老师和学生去抗日了，范校长也不见了，学校里冷冷清清，学生们都提心吊胆地试着上学。

上课时，有一男一女两个日本人在教室里监听。语文课先学《孝经》，他们妄图利用《孝经》中的"身体发肤，受之父母，不可损伤"，以及修身、齐家，然后再治国、平天下的孔孟之道，达到使人们不抵抗的目的。日语是必修课，但大家都纷纷抵制，不学！学生、家长及老百姓都恨恨地说："日本话不用学（xiáo），再过三年用不着！"音乐老师背地里教我们几个喜欢唱歌的学生唱"工农兵学商，一起来救亡"。

在这惶惶不安的日子里，人们成天提心吊胆，还有谁能够安下心来学习呢！

到抗战将领的家门口张望

人们传说宋哲元的二十九军和日本军队打仗，打得很英勇，还说二十九军的大刀片儿很厉害。这些消息使忐忑不安的人们感到了一些舒心。

不知是什么原因，我曾下意识地溜达到武定侯胡同（现武定胡同）宋哲元公馆张望，也曾溜达到西四兵马司胡同北面的大院胡同内冯治安师长家的大门外张望过。可能当时是出自好奇或是敬佩，想一睹他们的风采吧！

北平的老百姓，在日本侵略者偷天换日的统治压迫下，无能为力，只能暂时忍气吞声，过着风雨如磐的黑暗生活。但是抵抗、不服从的事也时有发生。例如，听说日本人要给老百姓打的预防针就受到了抵制，街坊四邻传言要给我们打的是绝种针，大家很气愤，一致拒打。

离开了日寇铁蹄下的北平

1938年5月的一天，一个陌生人赶着一辆大马车来到我家，说是父亲派他来接我们回老家。

"七七事变"之前，父亲为他的婶母吊孝回到了雄县老家，北平被日军占领后，他没有再回北平。

就这样，我们全家——母亲，13岁的我，一个11岁、一个3岁的妹妹和一个8岁的弟弟，坐着大马车，离开了居住多年的北平西城区兵马司胡同56号的家。出广安门时，军警对我们进行了严格的检查。我们就这样不得不离开了日寇铁蹄下的北平。

在 老 家

洪城村

出北平，经涿县、固安，走了3天，到了我陌生的老家——河北省雄县洪城村。

洪城村在雄县城东30里，是个有100多户人家的小村子。村子里多是地主，至少是中农。村中有孙、李、肖、王四大姓，王家只能排在最后，是个较小的地主，据说有4顷多地。家中有两个长工，六头高大健壮的骡子，还有辆大车及一些农用工具。在播种、收割农忙季节，主要靠短工。

那时祖父母健在，祖父身着粗布短衣，看起来就是个典型的老农。父亲兄弟五人，无姐妹。父亲早年离开老家在外工作，成家后长期居住在外地，其余兄弟均在老家。二叔是中医，三叔、四叔务农，五叔亡故。我这一辈的兄弟姐妹、媳妇及侄、孙等有20多人。全家30多口人聚居在一起，吃大锅饭。婶子、媳妇一起做饭，各房拿回各房吃。经常吃的是玉米面贴饼子、小米粥和咸菜。初到老家，没想到老家人天天过的是这种生活。

回老家不久，便是麦收时节。麦收期间，我们吃上了棕色的大麦面馒头。在喜逢五哥（三叔的儿子）惠祥娶妻办喜事时，全家还吃上了一次白面馒头、白菜猪肉炖粉条。我第一次看到办喜事是由唢呐伴奏，第一次欣赏到那独特的高昂悦耳的乐曲。五哥结婚后，夫妻二人一同毅然离开老家投身抗日了。五哥更名为余欣，一直在北平附近的房山和门头沟一带活动。中华人民共和国成立后，五哥曾在国家计委工作，后到西安，任陕西省财政厅副厅长。

针线活儿和义务教员

麦收时，妹妹带弟弟去地里拾麦穗，我在家照顾小妹。祖母不愿我闲着，让我跟着老婶学习做针线活儿。

老婶媚居，全家数她针线活儿好。我坐在她的炕头上学习缲、纤、缭、绮，学会了做鞋帮、纳鞋底，还学会了做小孩鞋头上的"割绒"。

这些技能对我以后的独立生活十分有益。1946年我有小孩后，孩子的衣服都是我自己缝制。

麦收后，村里的小学校开学了。在小学任教的六哥（二叔的儿子）建议我去给一年级的学生上课。

当时这所学校只有两位老师，他们欢迎我去帮忙，我也愿意尽点儿义务。因此，我当了村小学一年级没有报酬的义务教员。

在老家，不时收到同学来信，劝我回北平继续求学，甚至还有女同学提出，我如果回北平，她家可为我提供住宿。

看到这些来信，我有些犹豫。虽然我想念同学，想念学校，但是当我回想到日寇统治北平的情景，特别是在一封信上，看到不知是谁用毛笔批写的一句话——"现在北平受到的是奴化教育，不要去！"我定下心，彻底打消了回北平上学的念头。

民 运 干 部

我 的 父 亲

父亲很少在家，每天骑马外出。七哥宝通（四叔的儿子）和另一家王姓青年，两人像警卫员似地每天也骑马随他一起外出。原来，他是在从事抗日活动。

"七七事变"后，雄县、霸县、任邱等县的大地主们纷纷组织起抗日武装，成立了部队。

据我所知，任邱县（现任丘市）有个"人民自卫军第五路"，司令是高士一。据说他家是挂千顷牌（家有千顷地）的大地主。1939年，自卫军第五路编入八路军第一二〇师独立一旅。高士一任旅长，长征干部郭征（原第一二〇师二支队参谋长）任参谋长。后来，高士一的全家去了延安。

雄县有个十二路军，司令蔡松波。此军始建时，父亲曾任参谋长，后因与蔡松波意见不合，脱离了该部队，专事"抗日联庄会"的工作。"抗日联庄会"是一些村庄通过联络自发联合成立的、以抗日保家为宗旨的群众武装组织，父亲被推选为会长。参加此会的村庄各自出人出枪，定期汇集一起操练。

1938年，雄县成立了共产党领导的"三三制"民主政府。当时国共已达成合作，"三三制"民主政府，是指政府中的成员，国民党占1/3，共产党占1/3，无党派人士占1/3。父亲是作为无党派人士的代表被纳入民主政府的，还在雄县民主政府身兼二区的区长。他被当成了一个小有名气的人物，可能与他积极抗日和出身保定陆军军官学校及曾任北洋军阀孙传芳的将领背景有关。

父亲在"七七事变"后回到雄县老家之前，一直闲居北平，没有工作。他不问政治，不谈国事。记得"西安事变"时，我对张学良扣押蒋介石感到惊讶，问他对此事的看法，他闷声不响，不予回答。日军占领北平后，他却在老家参加和组织抗日工作。1944年，我在延安见到在党校学习的冀中区的领导干部侯玉田同志，他听说我是冀中区的雄县人，对我说："你父亲王珍和我曾经一起工作过。"

雄县妇救会

1938年，雄县成立了三个抗日群众团体，分别为农民、妇女、青年抗日救国会，简称农救会、青救会、妇救会。

10月初的一天，父亲派我的堂哥王保慎（雄县二区区政府的协理员）接我去雄县城关（雄县二区区政府所在地）。我随他步行30里路，走了一个下午，这是我第一次步行如此远的路。

父亲对我说，现在有一个学习机会，让我先参加妇救会，妇救会主任是保定女师（女子师范学校）的老师，在她们那里会有许多学习机会。从此，我离开生活了四五个月的老家，离开了我的母亲和弟弟妹妹，成了雄县妇救会的一员。

民运干部学校

民运干部学校概况

中共冀中区党委为培训冀中区各县的民运干部，成立了一个民运干部学校，校址在冀中区党委的所在地——高阳县青塔镇出岸村（现任丘市出岸镇）。

民运干部学校的校长是常青，总队长是霍炎。教员有：

鲁奔，冀中区党委书记，主讲民运工作（听说在1945年去延安参加中共七大会议途中，在过敌人封锁线时牺牲了）；

黄敬（中华人民共和国成立后曾任天津市市长及第一机械部部长）主讲统一战线；

吕正操（中华人民共和国成立后任铁道部部长）主讲游击战术；

常青，主讲毛主席的《论新阶段》；

霍炎，负责军事训练。

遵照区党委的通知，各县派农救会、青救会、妇救会各派3人去民运干部学校受训，10月10日开学。民运干部学校的学期为2个月，结业后，哪个县来的回哪个县。

到民运干部学校学习

雄县妇救会成立不久，原有4人，若派出3人去学习，那就剩下主任光杆一人了，幸好我来了。最后决定，主任和总务（相当于秘书长）2人留下，继续妇救会的工作，我和另外2名妇救会干部被派出学习。

我们的总务，原是保定女师的学生，聪明能干，有文采，人也漂亮。

出发前，我向父亲告别。他说，日军可能很快打过来，问我怕不怕日本飞机轰炸，我说不怕。临行时，他送给我一本小日记本，在扉页上题写了"敬、慎、恒"3个字，还有一支自来铅笔和两块钱。他叮嘱我要好好学习。

因是战争年代，为安全起见，到一个新的地方去受训，必须改名换姓。出发前，妇救会葛主任给我们三人分别起了新的名字：刘文、梁斌、王琳。还给我们剪了头发，理成小分头，像男孩子一样。之后，我们乘船，在白洋淀上漂流了一天，傍晚到了高阳县出岸村。晚上躺在大炕上，晃晃悠悠地，好像仍在船上。

军训、上课和实习

学校按农、青、妇编成了3个大队。妇女大队队长崔璇，听说她是北平师大女附中的学生，看样子20岁左右；教导员郭茂桐年龄稍大，可能二十六七岁。

学校过军事生活。到校后发军装，进行军训，教打背包，早上跑步，进行基本制式操练。女学员们没有受过军事训练，不会喊口令。但是，我对这些比较熟悉，因为我当过童子军小队长。因此，我被任命为女生队带操。我对待这一工作是绝对认真的。

学校除了上课学习，还要在课后的学习小组里通过讨论巩固学到的知识。我当时是个很腼腆的女孩儿，在生人面前不敢说话，一说话就脸红，平时说话很少，在学习时也很少发言。我们的学习组长名叫刘英，可能年近30岁，像个老大姐，对大家很关心。她鼓励我发言。不发言不行，怎么办？我只好把要说的话先写到纸上，其实也没有几句话，即便这样，还是很紧张，按纸上写的说，也常常说不全。

讨论会当然要控诉日本帝国主义侵略中国的罪行，我没想到，有人不知道甲午战争，也不知道"二十一条""何梅协定"。

每星期日，大部分学员，包括我在内，由工作人员带领，到农村去实习民运工作。但有些人不参加实习，他们在学校另有活动。他们有什么活动，我们不知道，也没有人过问。课程表上是有个名目的，是什么名目，现在不记得了。我入党后才知道，那是在过"党日"。当时党组织和党的活动不能公开，是秘密的。

挖防空洞

学校为了预防敌人轰炸，组织学员挖防空洞。我在挖防空洞时，不惜力，不怕苦，不怕累，能吃苦耐劳。经过劳动锻炼，我的饭量大增，很大的玉米面贴饼子，我一顿吃4个，身体变得结实多了。

11月初，日寇占领了雄县。每当敌机轰炸，我们都躲进了防空洞。为避开敌人，学校决定搬迁到南面的肃宁县。很快，全体师生打好背包，开始了转移行军。大队长和教导员指定我为女生大队的通信员。在行军中，我从队前跑到队尾，跑来跑去传递信息，认真、及时地完成了每一次任务。学校到肃宁后没有几天，我们又返回了出岸村，恢复了正常的教学生活。

志 愿 入 党

第一次听说共产党

一天，教导员郭茂桐叫我去队部，会是有任务了吗？我不知道找我有什么事。在大队部，大队长崔璇对我笑了笑，教导员郭茂桐把我带到里间屋。落座后，问我想不想加入共产党。

共产党，我没有听说过。我在小学五年级的历史课上，知道国民党和黄花岗七十二烈士。每逢周一，全班同学都要肃立朗诵"总理（孙中山）遗嘱"："余致力国民革命凡四十年，其目的在求中国之自由平等。积四十年之经验，深知欲达到目的，必须唤起民众，及联合世界上以平等待我之民族，共同奋斗……"

我是个小女生，很幼稚，在民运干部学校除了学习有关的课程外，这是我第一次听说共产党。

郭茂桐问我是不是坚决抗日，我立即回答说我坚决抗日。她说，共产党是最坚决抗日的，共产党是为穷苦人谋福利的。

她当时介绍的共产党就是这么简单。这简单的话，像是给我打开一扇窗户，我记住了，我们国家还有一个共产党，共产党是为穷苦人谋福利的，是坚决抗日的。

我的志愿

小时候，看到要饭的乞丐，特别是那些"叫街"的，哭着喊着，求爷爷告奶奶，觉得很可怜。曾问大人，为什么人有穷有富？如果没有穷人多好啊！

六年级时，我写过一篇作文《我的志愿》。这是老师因我们即将告别小学而出的题目。老师给我这篇作文判了"甲下"（相当5-和A-。当时判分是按甲、乙、丙、丁的等级评分）。这篇作文的中心思想是好好读书，增长知识，多学本领，为除蠹虫，保卫秋海棠叶（当时中国的地图形似一片美丽的秋海棠叶，它正被各种害虫蚕食），为民众谋福利。

共产党坚决抗日，为穷苦人谋福利，这正符合我的志愿，我应该参加。于是我问，共产党在什么地方？怎么参加？我以为共产党也是在大门口挂牌子的。

不满14岁加入共产党

我还傻问："共产党在哪儿？"郭茂桐笑着说："共产党就在这儿，就在学校。我和刘珍可以做你的入党介绍人。"

就这样，我在她的指导下，填写了一个石印的入党志愿书，成了一个对党的宗旨尚缺乏认识的共产党员。这是1938年11月中旬的一天，我还不满14岁。

那时像我这种年龄小、对党的认识很幼稚的人能够入党，完全是遇上了当时党组织大发展的需要。后来我发现，像我这种年龄入党的人还有不少。

党的组织生活

此后，每逢星期天我也开始过组织生活了。我们的党小组组长是袁光轩，她是深泽县妇救会的，来校前就是共产党员。

我在学校上过两次党课。第一次讲的是党的铁的组织纪律，特别强调严守党的秘密。自己是党员以及党组织的一切情况对任何人都不能说，上至父母，下至兄弟姐妹、亲戚朋友。第二次讲的是党的建设，主要讲了我们党的创建历史。通过学习，我了解了建立党组织的重要性，但建党初期，有人不同意建立组织，在是否建立党组织的问题上有过激烈斗争，李汉俊就坚决反对成立党组织，他后来脱党了。

我对这两次党课的印象特别深刻。通过上党课和过组织生活，我开始粗浅地了解了马克思、列宁、苏联、社会主义和共产主义。

视察民运工作

结业留校，视察民运

12月初，学习结束后，学员们都纷纷返回了原属地。

此时日寇占领了雄县和附近的县城，我们这些来自雄县的学员回不去了。经学校联系，安排大家去了安新县。我被留校，没有同去。学校留下了10位比较优秀的学员，我是其中之一。

留校的10人中，我只认识袁光轩和上党课时见过的青年大队的仲希武，他来自博野县青救会。之后，这10人成立了两个民运工作视察团。我、袁光轩、仲希武和另外两个农救会的人分到二分区视察团，团长是冀中区抗联会的龚秘书长。另一个视察团去了哪里，我们不知道。

龚秘书长带领我们5个人去了二分区的安国县。

到了安国县，龚秘书长带着我们向县委书记报到。县委书记姓刘，30多岁，身材高大魁梧，穿一件蓝布长衫。龚秘书长介绍了我们的情况后，刘书记问："都是正式党员吗？"龚秘书长回答说："都是正式党员。"仲希武听后止不住高兴地小声对我说："小王，咱们都是正式党员！"我心想，党员当然是正式的，怎么会有不正式的呢？当时我不晓得党内还有候补党员。

我们在安国县休息一天，第三天刘书记给我们介绍了安国县的民运工作情况后，我被分配到五仁桥镇视察妇救会工作。

我步行十余里，到了五仁桥镇，经镇长介绍，找到妇救会主任的家（当时基层妇救会等群众组织没有自己的办公室）。主任不在家，她的母亲接待了我。这位母亲30多岁，她的相貌让我一惊，因为见到她就像见到了我的母亲，太相像了！晚上，主任回到家，我们见了面。原来主任也是个小姑娘，大概有十五六岁。我对她说："是刘书记派我来视察你们镇妇救会工作的，今天请你先介绍一下，明天带我到镇上去看看。"她可能累了，爱答不理地说："今天晚了，明天再说吧。"没想到，第二天一早她便出去了，把我晾在了她家里。

中午刘书记派人接我到县里。结果，我在五仁桥镇什么情况都有没了解到，很不好意思。原来，刘书记派人接我，是让我和他一起去看从西边"下来"的红军。

他对我说："红军下来了，来不及通知别人了，咱们赶快去看看。"他带我出了城。我们在城门外边站着，看到红军的大部队正从西边大步走来。他们身着褪了色的单薄的灰色军服，这时可是冬天呀！他们每人头上都戴着一个用稻草秆儿制成的大草帽，神气极了，队伍匆匆地、静静地前进。刘书记见到有一个人走在队伍最外边，便抓紧凑上前问道："你是什么官儿呀？"那人边走边答："我是抛（跑）步云（营）的云（营）长。"

回到区党委，入党宣誓

第二天，刘书记将我们5个人召集到一起，对我们说："区党委要你们都回去，另有工作。"午饭后，我们启程去了肃宁县城。冀中区党委这时在肃宁县城。

我们一进区党委机关的门，一位迎接我们的女同志立即问："你们谁没有入党宣誓过？赶快去参加入党宣誓。"我和仲希武都是在民运干部学校入党的新党员，没有宣誓过。于是，我们根据指引到了一个房间。

这个房间，是冀中区的一间普通民房。屋内有一盘大炕，炕的对面墙上，挂着一面党旗。参加宣誓的有七八个党员，都站在炕上，高举右手，紧握拳头。领誓的是一位女同志，20来岁，穿蓝布大褂（旗袍），很文静。她说一句，我们跟着说一句。当时的誓词比较简单：

"我志愿加入中国共产党，遵守党的纪律，严守党的秘密，为共产主义奋斗终生。"

我觉得这个誓词非常好，高度概括，简单明了，好记，把主要内容全包括了。

这一天是1938年的12月30日。

被派往大清河北

第二天，即1938年12月31日，领导找我们5个人谈话，说："过去党在大清河北的雄县、霸县一带，力量比较薄弱，在敌人进攻和占领下，那里原来建立的群众组织和民主政权都垮掉了，急需把那里的群众组织和民主政权恢复和重建起来。现在八路军来了，你们可以随同八路军到大清河北去，完成这个任务。"

我们在冀中区党委所在地的肃宁县城度过了1938年的最后一天，这一天是我在冀中区的民运工作的终结。

八路军战士

二支队战捷剧社

1939年1月1日，我们5个人到了驻扎在肃宁县的八路军第一二〇师政治部。接待我们的是政治部民运部部长薛少卿。这是我见到的第一位经过二万五千里长征的红军干部。他30岁左右，穿着一件灰布面羊皮大衣，着装整洁，端庄可亲。

我们带队的同志向他报告说，区党委给我们的任务是随部队到大清河北，协同部队恢复和建立群众组织和地方民主政权的工作。

薛少卿说，到大清河北的三支队已经开走了，我们不能单独去，没有部队护送，路上不安全。建议我们跟二支队走，二支队是要到子牙河、任邱、河间一带活动，距大清河北的雄县、霸县不远。

我不知道，带我们出发的同志是否请示了区党委，我们5个人跟着他，来到了八路军第一二〇师二支队。这一天是1939年1月1日，是新年。

第一二〇师二支队司令员是肖万春，政委苏启胜（中华人民共和国成立后曾任海军政治部副主任）是福建人，我母亲是福建人，我也是在福建出生的，跟他攀上了老乡。参谋长郭征是江西人，政治部主任是幸世修，他们都是参加过二万五千里长征的红军领导干部，年龄大多在30岁左右。参谋长郭征只有二十几岁，年轻活跃，总是边走路边唱歌。幸世修主任亲切地接见了我们，他说部队即将出发，让我们随部队到达驻地后再谈工作。

我们随大部队从肃宁县出发，一路行军到了河间县的卧佛堂镇停了下来。

一路上，老百姓看见我们这支军队都很害怕，纷纷躲藏了起来，有的藏在大门里，扒着门缝看我们。这一带，过去常常遭到兵匪的祸害，老百姓认为兵匪一家，见了军队就害怕。八路军第一次到这里，他们没见过，不了解。后来接触多了，他们亲眼见到了八路军待人和气，对百姓秋毫无犯，纪律严明，知道了八路军是为人民服务的人民军队，是保卫他们的抗日队伍，军民关系发生了根本转变，亲如一家人。

我们在卧佛堂镇宿营。这是一个有2000多户人家的大镇子，成排的高大砖瓦房很是可观。我们住下后，政治部主任幸世修来看望我们，建议我们5个人全部留在二支队工作。

二支队政治部有一个宣传队，队员全部是男同志。幸世修主任可能早就有补充一些女同志到宣传队的想法，所以见到我和袁光轩后很高兴，立即将我俩分配到了宣传队。

宣传队的队长是董济民（他是第一二〇师篮球队的主力，中华人民共和国成立后任吉林省体委主任），指导员是鲁勒，戏剧教员兼导演是张冶，音乐教员兼指挥是陈滋德。陈滋德是大学生，他下巴上留了约有3厘米长的胡子，大家都叫他"胡子"。宣传队里还有一个18岁的文化教员，名叫穆青，中华人民共和国成立后曾任新华通讯社社长，他是著名记者，长篇通讯《人民呼唤焦裕禄》的作者。宣传队下设一个戏剧队和一个舞蹈队。

戏剧队有三四个队员，队长是武选生，他还兼师篮球队的主力。

舞蹈队队长是卢本兴，年仅16岁，云南人，大家叫他"蛮子"。他是走过二万五千里长征的红小鬼，政治思想觉悟很高，处处起模范带头作用，对工作严肃认真，令人敬重。舞蹈队有十几个十四五岁的"小鬼"，都是为抗日参军的小八路。

此外，宣传队还有负责道具、舞台装置、照明设备（两个大汽灯）的人员，以及保管员、炊事员和马匹管理员等，合计30多人。

1939年2月部队到卧佛堂镇时，正逢春节。我们于1939年1月从肃宁县行军到这里，走了一个多月。过年了，通信员高兴地给我和袁光轩端来了一盆红烧肉和一盆小米饭。对于过年吃小米饭，我们感到有一些奇怪，因为那时普遍认为小米是粗粮，为什么过年不吃白面馒头，而是吃粗粮小米饭呢？后来得知，红军多是南方人，习惯吃米饭，吃不惯馒头，没有大米吃就只能用小米饭来代替。

宣传队的工作就是给部队指战员和民众唱歌、跳舞、演戏，进行抗日保家卫国的宣传；动员民众拥军、参军；鼓舞部队保持旺盛的士气和提高部队的战斗力。

到宣传队后，我接到一个演戏的任务，戏名是《游击队》。戏中有3个人物：爷爷、孙女和游击队员。剧情比较简单：一个被追捕的受伤游击队员，逃到一户人家中躲藏，受到爷孙二人掩护的故事。我演孙女，张冶演爷爷，穆青演游击队员。我没有演过戏，不知道怎么演，但这是领导分配的工作，我必须硬着头皮干。

以后我又参演了《放下你的鞭子》，这是一部宣传抗日的街头广场剧。剧情内容是由日本铁蹄下的东北逃亡到关里的爷爷和孙女，因饥寒交迫，在街头卖唱求生。一次，在孙女唱完一曲，做鹞子翻身的表演时，因贫病交加意外跌倒。爷爷见状，愤怒地举起鞭子抽打她，在鞭子举起时，忽听一观众大喊："放下你的鞭子！"这部剧，著名演员王莹、张瑞芳都曾演出过。

在宣传队，我学会演唱很多抗日救国的歌曲，如《好男要当兵》《到敌人后方去》《生死已到最后关头》《大刀向鬼子们的头上砍去》《红缨枪》《游击队歌》《打回老家去》《军民要合作》《在太行山上》《八路军军歌》《黄河大合唱》等。表演时，有齐唱、轮唱、分部合唱和对唱等。除演出任务外，我还要教部队的战士们唱歌、在街道的墙上刷大标语，向群众宣传八路军的宗旨、性质、纪律和任务，宣传八路军是抗日救国保护老百姓的军队，八路军的战士都是穷苦人家的子弟……

不久，宣传队又来了几位女同志，她们是从抗战学院来的徐水县的王祥云、从北平来的韩强（北平北方中学的高中生）、从任邱县来的边诚，还有经我们动员参军的乡村小学女教员段其贞。因此，宣传队成立了一个女生班，袁光轩任班长，我是副班长。

部队在卧佛堂镇修整一个多月，又出发了。当行军至齐会村时，突然停了下来，原来部队到这里来是参加战斗的。在这里，我意外见到了师长贺龙。

齐会战斗

1939年4月20日，驻沧县的日军第二十七师团第三联队吉田第二大队800余人，连同伪军数十人，分乘50余辆汽车浩浩荡荡开进河间城。22日，又有80余辆大车满载补给，耀武扬威地向河间城北的三十里铺进犯，企图对齐会地区的八路军进行重点扫荡。

正在卧佛堂、齐会一带休整的第一二〇师部队，立即做好应战准备。师长贺龙、政治委员关向应当即召开团以上干部会议，研究作战计划，下达作战命令。贺龙在会上幽默地说："既然敌人把礼物送上门来了，能不收下吗？我们要在冀中平原打一个漂亮仗！"各部队连夜做好战斗准备，隐蔽待机，听命行动。23日，这股日军在任邱、吕公堡、大城等据点日伪军的配合下，对齐会地区进行扫荡。八路军士气旺盛，一举把这股敌人歼灭了。

这次战斗，共毙伤日军700余人，俘7人，缴获山炮1门、轻重机枪20挺、步枪200余支，取得了平原游击战争中以外线速决进攻打歼灭战的经验，对推动华北平原抗日游击战争的开展起了重要作用。

战后，中共中央机关报《新中华报》发表社论，庆祝齐会战斗的重大胜利，称贺龙"是抗日前线的民族英雄"。蒋介石也发来慰勉电，称"贺师长杀敌致果，奋不顾身，殊堪嘉奖"。

贺龙师长高兴地在齐会村召开了祝捷大会，我们二支队宣传队在祝捷大会上表演了文艺节目。很荣幸的是，我为祝捷大会的文艺节目写了一张很大的海报，被挂在舞台边；我和张冶合作演唱了《卢沟桥小调》，受到了军民的欢迎。

命名"战捷剧社"

祝捷大会后，政治部把宣传队命名"战捷剧社"。队长董济民调走，陈滋德任社长。这时，从独一旅来了一个主力演员高萌（后改名袁乃晨，成为长春电影制片厂资深导演，也是我国第一部译制片的导演，人称新中国电影译制片之父）。

在战捷剧社，韩强是演戏主角，我是唱歌主角。一次韩强和高萌主演话剧《军火船》，社长命我在幕边为剧情伴唱兼提词。没想到，当他们演出中忘词时，可能我提词的声音低了一些，影响了他们及时对话。话剧演完后，社长对我大发雷霆。我十分委屈，顿时泪崩。

接下来的节目是大合唱。当歌声响起后，可能因为我的哽咽声，合唱歌声的节拍好像骤然停住了，刹那间我的意识清醒了，立即收住眼泪，恢复了状态，唱了起来，大家的歌声也随着唱响了起来。这个意外的发生，虽然只是一瞬间，观众可能也并未察觉到，可是却把我们的指挥（胡子社长）气坏了，但是他也无可奈何。

八路军刚到冀中时，老百姓心惊胆战。当他们亲眼看见八路军在齐会一带打死很多日本兵后，都振奋了。他们开始主动为八路军服务，送饭、送瓜果，有的还要求报名参军上前线。村村都准备了马车，帮助运送伤员。在冀中，敌我力量比较悬殊，与敌作战不能硬拼，否则会吃亏，受损失。部队积极寻找机会，能消灭多少敌人就消灭多少敌人，以削弱敌人的有生力量为目的。这个方针后来成为第一二〇师作战的基本指导思想。各部队分区域与敌人兜圈子，让敌人跟着我们转，以疲惫敌人，伺机打击其中的最弱者，在艰苦转战中争取主动。我军在冀中不同日军争一城一镇的得失，而是为消灭敌人，壮大自己。

第一二〇师在齐会战斗取得胜利后，便与敌人展开了游击战。

天天80里行军

二支队在冀中区子牙河一带的地区打游击，我们跟着队伍天天行军。从2月到8月，冀中发大水，6个月来，每天行军都很艰难。

行军一般每天走80里路，有时为了甩开追击的敌人，就要跑100多里。

我们当时行军的情况是这样的：除背包外，每人要背一条7斤重的内装小米的米袋子。1940年到晋西北后，那里很穷，加上国民党经济封锁，没有粮食了，只有吃山药蛋（土豆）、野菜。后来，土豆也没有了。我们背的米袋子里装的已不是米，而是炒面，不是用白面炒的那种香喷喷的炒面，而是将谷糠和带核的酸枣一起磨成面，再经炒制而成。这种用谷糠做的炒面，就是当时的主食，八路军过的是真正吃糠咽菜的日子。生活如此艰苦，但是大家没有一句怨言，没有一个人产生思想动摇，依旧整天高高兴兴、意气风发。

行军中，我除了背一个米袋子，还比别人多背两样东西——钢板和铁笔。领导认为我的字写得较好，常常让我在蜡纸上刻写一些歌篇、剧本、演出简报及宣传材料等，以供油印后派发。于是钢板和铁笔，就成了我宝贵的"随身武器"。

因为我是副班长，行军时要走在我们班的最后面，俗称"殿后"。每当遇有身体不适的同志走不动了，或有什么问题时，殿后的我就要抢下战友的米袋子，背在自己的身上，以减轻战友的负担，有时要多背两个米袋子。

冀中区是个大平原，在行军中最让女同志为难的是解小便的问题。一路上一马平川，没有厕所，也没有任何遮拦。这对男同志不是问题，对女同志就难了！最初，这支部队只有袁光轩和我两个女同志，她一个人不可能把我遮挡住。怎么办？我只好硬憋，憋不住，就尿到了裤子里，这种事不止一次，我生性羞涩，不敢对别人说。再后来女同志多了，有3个人围挡，相当于三面墙，小便问题就勉强解决了。

冀中大平原一望无际，部队行军、运送物资很容易被敌人发现。冀中区的群众组织在党的领导下，带领老百姓挖了许多四通八达的交通沟。这种交通沟深2米，一人高，宽度足能通过一辆大马车。我们在这种交通沟中行军，就不容易被敌人发现了。休息时，身体在沟中的一侧一靠，挺舒服的。

夜行军

最初是白天行军，不久转为夜间行军。夜行军时，大家最初都不习惯，不少人走着走着就睡着了。睡着走路，总是跑偏，一旦走出队伍，便会被人拉回来，我就曾是其中的一个。后来习惯了就不困了，人也变得有精神了。

夜行军，一般在晚饭后出发，要走一整夜。黎明前在天蒙蒙亮时宿营，那时没有军营，我们都是住宿在老百姓家。

先遣队负责先到宿营地的老乡家号房子，部队到达后，便按照先遣队的分配，分别住进老乡家。大家先帮老乡挑水、扫院子，然后洗脚（行军后必须用热水洗脚）、吃早饭、睡觉；下午学习、排练节目；16点左右吃晚饭，之后抓紧时间为老百姓演出；18点后部队出发，开始夜行军。

我们当时演出的节目，除每次必有歌咏和舞蹈外，戏剧有《军火船》《顺民》《三姐妹的苦难》，歌剧《我们是八路军》等。

部队出发前，大家都要把老乡家的房屋内外收拾打扫得干净利落，给水缸挑满水；出发后，有纪律检查组到老乡家中检查，是否把庭院打扫干净了，水缸里的水是否是满的，是否有人违反纪律，是否有人打破了东西没有赔或借了东西没有还，若有，便给予赔偿和道歉。军爱民，是我们共产党领导的人民军队——八路军的一贯作风和优良传统。

我们夜行晓宿，有效地避开了敌人。往往我们才离开一个地方，敌人就尾随到了，虽说危险，但这种与敌人反复周旋的游击战，在敌强我弱的形势下，是保存实力、打击敌人的制胜法宝。

救命大饼

与敌人遭遇时，我们往往以信息灵、跑得快的优势，将敌人远远甩在后边，但是与敌人周旋不会总是这样幸运。

有一次我们夜行80里，宿营后，还没来得及吃早饭，敌人就打来了，顿时枪声四起，一场遭遇战开始了。我们这些非战斗人员在一棵大树旁边的墙角下躲避，子弹"嗖嗖"地从头上飞过，大家又累又饿，蹲着不敢动。

老乡们听说八路军在跟日军打仗，还没吃饭，便赶着大马车送食物来了。马车上满是直径50厘米的大烙饼和新鲜黄瓜。班长接到命令，要求尽快派人去领大饼。在枪林弹雨下去领大饼，有一定危险，班长袁光轩脚上打了泡，行动困难，其他女同志年龄比我大一些，都极度疲乏。我是副班长，是共产党员，责无旁贷。于是我毫不迟疑立即猫着腰，朝着大马车的方向迅速跑去。"嗖嗖"的子弹声不时在耳边划过，我跑到大马车前，按照人数领齐一摞大饼和一兜子黄瓜，猫着腰赶紧往回跑。回到班里，当我把饼分给大家时，突然听到一声惊叫，我定睛一看，原来大饼中出现了一颗子弹头。好险呀！大家为我庆幸说，要不是大饼护着，那就中弹了。我没有害怕，反倒有点儿兴奋，因为我亲历了枪林弹雨，在此次连子口战斗中，我的表现没有给共产党员的称号丢脸。

战斗还在继续着，我们与其他非战斗人员，被带领着顺着一个土堤，猫着腰向前猛跑。战友边诚的体质较弱，跑不动了，累得扑倒在麦地里。正好我在她后面，快速地一把将她拉起，背上她的米袋子，强拖着她跑。这时，我看到后面的一个男同志中弹倒下了。我们一直跑到亚五团（第七一五团的代号，是第一二〇师的主力团）的阵地才松了一口气。气喘吁吁的我们惊讶地看到，他们这儿挖战壕的战士，竟然个个神态自若，不紧不慢，气度非凡。

"革命虫"

我到冀中区民运干部学校第三天，便发现衣服上有一些白色的小肉点，密密麻麻，我很奇怪。同学说，那是虮子，是虱子的子儿。很快我在衣服上就找到了虱子，这可能是在老乡家的炕上打通铺睡觉时招上的。

到部队后，发现人人有虱子。开始身上很痒，后来虱子多了也就不觉得痒了。正如俗话说的，虱子多了不咬人。

不仅身上有虱子，头发上也有虱子了。头发上的虱子是黑色的。开始还捉，将它捏死，后来虱子越来越多，也就不管了，无所谓了。在当时那种环境中，是不可能把它们消灭的。因为那时革命者的身上没有不长虱子的，所以大家都把它们叫作"革命虫"。

还有一种疥虫，我认为也应被称为"革命虫"。当时，因为部队行军作战，战士们时常在潮湿的土地上休息、睡觉，所以很容易被疥虫侵袭，患上疥疮。疥疮会传染，当时在部队中无论干部还是战士，患上疥疮很普遍。疥疮有干疥和湿疥之分，湿疥起脓包，干疥没有脓水。疥疮常常长在手指间、腋窝、大腿根等处，奇痒。为医治疥疮，卫生员们将硫黄和凡士林混合在一起，调配成硫黄软膏，这种自制特效药为部队治疗疥疮取得了良好的效果。

三五八旅战火剧社

第一二〇师二支队是一支战斗部队。连子口战斗后，可能因战斗部队不宜携带剧社行动，因而将剧社全班人马转编到第三五八旅政治部。第三五八旅政治部将战捷剧社改名为战火剧社。

三五八旅旅长是张宗逊，政委是李井泉，参谋长是李夫克，政治部主任是金如柏。下设第七一五团、第七一六团、第七一四团、第七一二团。第七一五团和第七一六团是第一二〇师的主力团，番号是亚五、亚六，战斗力强，在冀中名声在外。

转移晋察冀

8月，冀中区发了大水，剧社被困在一个村子里，敌人也行动不了。这是一个休息的好机会，我们在这里安心休整，喊嗓子、练歌、编写剧本和歌曲等。张冶写了一首发大水的歌曲，穆青写了一部儿童剧《小黑子》，讲儿童团员站岗放哨捉汉奸的故事，由女生班长袁光轩和舞蹈队的左虎山主演。

9月，部队紧急向晋察冀边区转移，行军中遭到了连日阴雨，前进的路被湍急的洪水挡住了，大家都十分着急。为争取时间，部队只得决定强行涉水过河。但是几次试过都不能成功，最后想到了一个可行的办法，派几个战士先在两岸栽入粗壮的木桩，再将足够长的粗绳子牢牢固定在两岸的木桩上。待这些工作就绪后，过河开始了。战士们双手紧握绳索，在水下迈动脚步，缓缓向对岸移动。我们女同志也毫不示弱地跳入浑浊的激流中，在男同志的前后护卫下，手握晃动的绳子，一步步艰难地到达了河对岸。胜利了！洪水被我们战胜了！大家心里充满了喜悦。

过封锁线

部队由冀中到冀西晋察冀边区，必须要穿过一条铁路。这条从北平到汉口的铁路是敌人重要的交通要道，为确保铁路的安全、封锁由冀中通往冀西晋察冀边区的道路，敌人在这条平汉铁路沿线修建了炮楼，配备了重兵，形成了一道严密的封锁线。

为了避免过封锁线时被敌人发现而造成不必要的损失，部队选择在深夜利用夜幕做掩护，穿过这道封锁线。行动时要求动作迅速，不能发出一点声响。出发的命令下来了，我们立即小心翼翼、悄悄地、快速地一路急行。还好，当月亮从云层里出来时，我们早已神不知鬼不觉把这条封锁线远远地甩在了后面。

边区老百姓

过了封锁线，走了不久，就到了晋察冀边区的河北省新乐县的一个山村。部队停止了前进的步伐，在这里宿营了。

晋察冀边区是党的活动老区，因地处山区，乡亲们的生活比较穷困。我们到驻地后，见一些农民在忙着刨花生，就跑过去帮忙，他们见到我们也非常亲热。

在老乡家住下后，发现他们给我们做小米饭吃，而自己吃的却是用水泡的杨树叶。我惊呆了，我听说过榆树叶可以吃，可杨树的叶子那么硬，怎么吃呀？！

这就是我们的边区老百姓，他们虽然穷、没多少文化，嘴上说不出什么，但是眼前的一幕，让我们看到了他们对八路军充满了发自内心的爱。他们为了革命利益而不惜牺牲个人的利益，令我深受感动，受到了一次极其深刻的教育。

我们剧社在这里演出了一场歌剧——《我们是八路军》。

陈庄战斗

离开了新乐县之后，我们继续行军，到了灵寿县的陈庄。部队在这里打了一场漂亮的歼灭战。

9月27日，战斗开始前，我们剧社在陈庄为战士们表演了活报剧《三姐妹的苦难》，剧情是通过三姐妹的苦难遭遇，揭露了日寇侵略我国东北所犯下的罪行。

战斗打响后，我们就在战场旁边的山坡上躺着休息，战斗结束后，传来了令人振奋的好消息，我们部队全歼了日寇独立第八混成旅团第三十一大队，毙敌旅团长以下士兵1200多人，还缴获了许多战利品，给进犯边区的日军以沉重的打击。陈庄老百姓为在自己家门口取得如此辉煌的胜利欢欣鼓舞，无比自豪。为纪念陈庄战斗胜利，他们在村子里建了一个陈庄战斗纪念馆。

高兴之余，我们也听到了一个不幸的消息，二支队原参谋长、时任独一旅副旅长的郭征在这次战斗中牺牲了。年轻的郭征英勇善战，他非常关心我们剧社，在战斗前夕曾派人来看望我们，对我们的工作给予了很大的鼓励，我们会永远记住他。

与日军平行行军

10月，部队行军进入平山县。平山境内都是山路，山很高，路很难走。我们时而走在半山上，时而又沿着曲折狭窄的山路走在山脊上。当地人说，"平山不平，阜平不富"。

一天，部队正在山谷中行军，发现对面的山上也有队伍在行军，仔细一看，是日军！能看见人，说明距离可能不到1000米。很快，敌人也发现了我们，开始向我们开枪扫射。我们的部队没有还击，沉着冷静继续走自己的路。山回路转，敌人不见了。

露膝的短裤

11月初，我们行军至平山县的一个小山村，一个家住在半山上的女孩耿贤云加入了我们的队伍。她上身穿的是一件单衣，下身穿的是一条又厚又硬、打不了弯的大棉裤。起初我们还觉得有些可笑，后来发现，山里穿大棉衣、大棉裤的人还真不少。耿贤云告诉我们，这里的冬天来得早，棉衣棉裤也穿得早。

11月7日这一天是苏联十月革命节，也是农历立冬，山里的天气非常冷。我记得很清楚，我穿着一条露着膝盖的短裤，两个膝盖冻得通红，还有点儿疼。

这种短裤，是国民政府发给八路军的夏季军装。军装的上身是一件短袖的军服，下身是短到膝盖以上的短裤和两条在小腿上打绑腿的绑带。当时，八路军的全称是国民革命军第十八集团军，国民政府发给军装，还发一点儿津贴费。我是排级干部，津贴2.5元。听说连级干部的津贴费是3元。在国民党破坏国共合作发动反共高潮后，不但军装、津贴没有了，而且他们还封锁了边区和解放区。

晋西北长途行军

离开平山，部队要转移到晋西北，开始从河北到山西的长途行军。

部队在打游击战时，一天走个六七十里、百八十里不一定。但长途行军则规定一天只走60里路，每走30里路要休息一会儿，以保持体力，休息后再继续前进。

第一站是阜平，在陈南庄宿营。部队在这里又与敌人打了一仗，很激烈，独立第一旅二团副政委顿德俊牺牲了，他是经过长征的优秀红军干部，和抗大来的学员王树璞才结婚不久，他的牺牲真令人痛心。顿德俊同志为保卫国家和人民，献出了自己年轻的生命，他的音容笑貌永远铭记在我心里。

过滹沱河

我们连续行军近一年，常常遇到河水的阻拦，只要别的同志过得去，我也能过去。我没有感到过累，身体也没有出现过问题。但是，在寒冷如冰的滹沱河水中过河，令我至今难忘。

离开平山不久，部队行军来到滹沱河边，涉水过河。步入水中，我的两条腿蹚着冬天的冰水，感到如刺到骨髓般的疼痛，这种滋味让我体会了什么是难以忍受的感觉，可能也因此落下了痛经病。当时没有什么感觉，但是到延安后犯病了，每个月都要忍受3天剧烈的疼痛，痛苦极了。那时没有任何止疼的药品，没有办法，只能忍耐。我曾去中央医院求医，接诊的是苏联医生阿洛夫，他说没有办法，结婚就好了，让人哭笑不得。

深山中的"仙女"

这次长途行军，几乎每天一出门便爬山，上山、下山，有时爬了一天山，宿营还在半山腰中。

一天，部队在河北与山西交界的狭窄山谷中辗转前进时，映入眼帘的群山、树木、小路宛如仙境。

在峡谷山沟里沿着小溪行走时，意外看到4个十六七岁的少女。她们坐在一座门前的石阶上欣赏着自己的小脚。那脚小得不是人们常见的那种"三寸金莲"，而是比"三寸金莲"更窄，小得不能再小的小脚，小鞋尖上还装饰着一个小红绒球。这些少女真是太美了！脸蛋美，身材美，干净利落，美得让我吃惊。不禁在心里想，她们是不是仙女呀？

在这样的深山里竟然有这样独特的美女，我想她们无愧为我们中华民族的一种美好象征，朴实、纯洁、美丽，她们的美深深地印在我的脑海中。

到了目的地

此后我们登上了一座特别大的高山，在继续爬了一天一夜后，天亮时发现还是行军在山上，原来这就是巍峨的太行山！

翻过太行山，就是晋西北，山西省的西北部。

穿过晋西北的沙漠，是我在这一路长途行军中非常难忘的经历。

记得部队穿过沙漠用了两天的时间。在这种厚重的沙漠上行走，抬脚很费力，每走一步都非常消耗体力，很容易疲劳。沙漠里空气干燥，口中干渴，一望无际看不到一只飞鸟。行进中我想起了唐代王维《使至塞上》中的诗句，"单车欲问边，属国过居延。征蓬出汉塞，归雁入胡天。大漠孤烟直，长河落日圆。萧关逢候骑，都护在燕然。"脑海中映现出那些不畏艰苦、守边征战的战士们的豪迈身影。这种不屈不挠的民族精神，也融入我们八路军战士们的血液里，为驱除日寇，我们勇往直前地走出了沙漠。

冲过敌人的封锁线是长途行军的最后一道关卡。这条封锁线是同蒲铁路的一段，敌人在这里布设了重兵，之前就有一些同志在此遇难。封锁线如此危险，但是现在我们部队发挥了灵活机动的战略战术，终于顺利地冲过去了。

1940年3月初，"三八"妇女节前，我们终于到达了此次长途行军的目的地——山西省临县的白文镇。

剧社散了

4月，敌人在晋西北开始疯狂大扫荡，部队战斗任务繁重，我们剧社接到命令向黑茶山转移。

这次敌人大扫荡实行的是残酷的"铁壁合围"，我们剧社在敌人的合围扫荡中被打散了。戏剧队擅长演日本兵的王建飞牺牲，导演张冶和舞蹈队的左虎山、刘云五等4个小同志被俘。迫于战争形势的恶化，战火剧社被迫解散，走完了一段难忘的历程。

1940年5月，八路军的晋察冀军区、第一二九师、第一二〇师在总部统一指挥下，发动了以破袭正太铁路（石家庄至太原）为重点的"百团大战"。为了参加"百团大战"，剧社的同志有的下到部队去打仗，有的去了师政治部战斗剧社继续工作，我和政治部郑织文去了晋西北党校。

晋西北党校

三月班

晋西北党校位于山西省兴县，校长是林枫，中华人民共和国成立后他曾任全国人大常委会副委员长，他的夫人郭明秋是北平"一二·九"学生运动的一位领袖。

晋西北党校有三月班和二月班两个班。一年以上党龄的入三月班，不到一年党龄的入二月班。三月班学习党的建设，二月班学习社会发展史。到党校学习不能使用真名，要改一个名字。因当时党没有公开，这是防备万一有人发生意外，不致受到牵连，是一种保护党和同志安全的措施。

我在党校取名伊平，入三月班；郑织文入二月班，改名王争。

学习抗日女英雄李林

当时晋西北正在宣传和学习女游击队长李林的英勇事迹。李林是印度尼西亚华侨，原名李秀若，福建龙溪县人，1915年，出生于贫苦农民家庭。幼年被侨眷领养，侨居印度尼西亚。1929年，她随养母回到故乡，进厦门集美学校读书，后就读上海爱国女中。她积极参加学生抗日救亡运动，参加了共产党人领导的抗日救亡青年团，写下"甘愿征战血染衣，不平倭寇誓不休"的誓言。1936年，李林来到北平，考入北平民国大学政治经济系。她积极参加各种抗日救亡活动，加入了中国共产党外围组织"中华民族解放先锋队"。同年12月12日，北平学联为抗议国民党政府在上海逮捕救国会"七君子"，组织了一次大规模的示威游行。李林担任民国大学游行队伍的旗手。面对警察的暴力阻拦，她告诉护旗的男同学说："如果我倒下了，你们要接过去，红旗绝不能倒！"不久，李林光荣加入中国共产党。1936年年底，李林响应中共北平市委的号召，奔赴太原，参加山西牺牲救国同盟会举办的国民师范学校军政训练班，接受军事训练，任特委宣传委员兼女子第十一连党支部书记。1937年抗日战争爆发后，李林被派到大同任牺盟会大同中心区委宣传部部长。后随晋绥边区工作委员会到雁北抗日前线，宣传和组织工人、农民、学生参加抗日武装，组织开办训练班，编写军事、政治教材，亲自授课，积极教育和武装青年。11月，李林任雁北抗日游击队第八支队支队长兼政治主任。一天下午，支队人员在凉城县天成村附近，发起突击将一股伪军骑兵歼灭，夺得50多匹军马、10余支枪。贺龙、关向应等领导非常关心李林，考虑一个女同志在部队上长期行军打仗不方便，准备调她到地方上去工作。李林诚恳地表示愿意留在部队直接和日本侵略者作战。

1938春，李林任整编后的独立支队骑兵营教导员，率部驰骋雁北、绥南与日伪军作战，屡建战功。贺龙称赞她是"我们的女英雄"。1940年4月，日军集中1.2万兵力，对晋绥边区进行扫荡。26日，晋绥边区特委、第十一行政专员公署机关和群众团体等500余人被包围。为了掩护机关和群众突围，李林不顾怀有3个月的身孕，率骑兵连勇猛冲杀，将日军引开，自己却被围困于平鲁区小郭家村荫凉山顶。李林带着为数不多的骑兵连战士，快冲出包围圈时，听到西南方向枪声仍紧，她怕大队还未突围出去，又掉转马头，向西南方向冲去。李林战马不幸中弹，她的腿部和胸部负了伤，在先后击毙6个日伪军后，她自知已无力冲出去，用枪内最后一颗子弹射进自己的喉部，壮烈牺牲。

李林的英雄事迹深深感动了我，决心要向李林学习，做一名优秀的共产党员。

三月班有一个18岁的教育干事叫张茂，她是一个容貌俊美的女同志（"文化大革命"后听说她在一机部工作）。我对张茂说，我也要做李林那样的人。可是她却批评我是个人英雄主义，我想不通，做一个为革命牺牲一切的人，哪有一丁点儿个人英雄主义？但是通过学习，我知道了对于别人的批评，要有则改之，无则加勉。

困难的生活

由于晋西北地区土地贫瘠，老百姓很穷困，特别是国民党长期封锁，部队和地方部门已无粮食供应。

开始还能喝到小米豆粥，后来，什么吃的都没有了。没有小米，没有山药蛋，没有豆子，也没有蔬菜。学校带领学员挖野菜充饥，我因此认识了不少能吃的野菜。吃得最多的是灰灰菜和苦菜，因为这两种野菜比较多。好的时候，在一锅野菜汤里加一点儿黑豆（山西、河北都是将黑豆作为马的饲料），这种黑豆干瘪坚硬，并不是我们现在能见到的那种颗粒饱满、营养丰富的黑豆。干硬的黑豆虽然煮得破开了，但仍很硬，吃后扎得胃疼。

这个时期是革命军民在物质生活上所经历的最困难的时期，困难得连卫生纸都没有。解手时只好用树叶、树枝或小石块擦拭，说起来挺可怜又挺可乐的。女同志的困难就更难启齿了。

但是这些困难对具有崇高信念的革命者来说，根本不是问题。虽然缺吃少穿，什么都没有，但是我们没有觉得苦，大家一直都是高高兴兴、快快乐乐的。

文 化 教 员

1940年8月，党校学习结束，我回第一二〇师，到师直属政治部报到。这时我满15岁。政治部主任是李贞（长征红军干部，师政治部主任甘泗淇的夫人，我军的第一位女将军）。我被分配到师后勤部被服厂任文化教员。

只身赴任

被服厂在黄河西面陕北的神木县沙峁村。李贞同志可能看我年龄小，到那里工作远离前线，比较安全。

第二天大清早我离开了兴县师部，一个人向西前行，这是我第一次离开集体，在荒无人烟的大山上独自行走，虽然见不到一个人，但是我很坦然。在山上可能遇到狼，有危险，但我没有害怕。中午，到了兴县黄河边的黑峪口渡口，我登上了一条横渡黄河的小木船。

黄河真是激流澎湃，波涛汹涌，小船忽上忽下，船工们拼命地喊叫着摇船，挺吓人的。可能为预防万一落水游水方便，船工们都是裸体的，浑身精光，令我很尴尬，但船工们展现出的强大的力量和顽强的精神，深深地感染了我。"风在吼，马在叫，黄河在咆哮，黄河在咆哮……"黄河大合唱的歌声，在我的心中激荡。

过了黄河没走多远便到了师后勤部，报到后，又走了30里路到了陕北神木县沙峁村——第一二〇师被服厂。

重要的生产任务、紧张的工作

为前方将士制作和供应军服、军需，是被服厂担负的重要任务。

被服厂的厂长、教导员、连长甚至班长都是长征干部，参军前多是技艺精湛的裁缝。厂长30多岁，严肃，老绷着脸，没见他笑过。教导员较厂长年长一些；连长较年轻，只有20多岁。

全厂有缝纫师傅和学徒工100多人。工人师傅都是山西、河北来的熟练裁缝，山西人较多，一般30岁左右，也有20多岁的。学徒工20多人，有男有女，其中大部分是初学裁缝的，年龄十四五岁，个别的十六七岁。

我见到他们时，他们都在聚精会神、不声不响地埋头工作，工作压力大，精神紧张，生活沉闷，年轻人下班后除了下棋聊天儿外，在这个偏僻的小山村，没有什么地方可以去，不免感到寂寞、想家。

工厂活跃了

我教的学生主要是学徒工和没上过学或文化程度低的青年工人。其中有文盲，有上过一两年学的，也有的上过三四年或四五年学的不等。他们都是因为家里穷没有钱上学，被家长送去学手艺的。

我的任务就是教他们识字，学习语文、算术，还教他们唱歌。自从开课后，年轻人开始活跃起来。我看他们都爱唱歌，就在工作时间外组织他们成立歌咏队，还教学徒工和年轻工人演话剧，开展业余文娱活动。

看见年轻人又唱歌，又演戏，工人师傅们坐不住了，劲头儿也来了。一些来自山西的工人会唱山西梆子，唱得还真好，他们甚至能唱整出的山西梆子戏。还有一些人会吹拉弹唱，工厂里锣、鼓、镲等乐器是现成的。我帮他们向厂领导申请，领出来一些布料，自己动手缝制戏装。这样，一个像模像样的"戏班子"出现了，工人们利用工余时间唱起了大戏。

一年来，工厂的沉闷气氛消失了，取而代之的是处处可见的笑脸，工人们有了充实的业余文化生活。通过学文化、开阔了视野；通过文娱活动，愉悦了情感、打开了心扉、增进了相互了解。大家高兴了，不想家了，安心工作了，生产效率也提高了。

师政治部听说后，战斗剧社社长欧阳山尊（北京人民艺术剧院的创始人之一、副院长）特地带队从兴县过黄河到工厂视察，与工人们联欢。

我在被服厂工作一年后，接到了调离通知。离开被服厂时，厂长在我的工作鉴定书上填写了"可以"两个字。看到这个评价我激动万分，因为这是对我这个"出了格"的文化教员的认可，也是对我除了教学工作之外所开展的文艺活动工作的肯定，这正是我梦寐以求的。"可以"这两个字，浸透着厂长的朴实与真情，胜过了一切赞誉之词。

宣传文娱干事

1941年8月，我被调到师后勤部任宣传文娱干事，负责开展后勤部所属部门的文娱工作。

1941年11月7日，第一二〇师在兴县举行了盛大的庆祝战胜国民党陈长捷部队的祝捷大会和纪念苏联十月革命的活动。活动丰富多彩，不但有战斗剧社女队对机关联合女队的篮球比赛、排球比赛，还有戏剧演出。后勤政治部总支书记靳金带我参加了这个活动。

我作为机关联合女队的队员参加了这次与战斗剧社女队的比赛。赛前练习时，队长见我投篮准，安排我打前锋，没想到在比赛中对方将我严加防守，使我很难投篮。

这次活动，第一二〇师战斗剧社上演了曹禺的著名话剧《雷雨》。原战火剧社的韩强饰演四凤，欧阳山尊饰演大少爷。当时在广场上看戏的观众都是战士，他们看得都很认真。

大家还观看了一出山西梆子戏《七星庙》。这个山西梆子剧团，是从陈长捷部队俘虏过来的。这出戏讲的是佘家军女将佘赛花和杨家小将杨继业在七星庙，因战而产生爱情的美丽故事。

第一二〇师平剧队在这次活动中上演了京剧《南天门》。

我跟平剧队很熟悉。之前，平剧队到后勤部演戏时，我们的总支书记喜欢京剧，他知道我会唱京剧，就总是撺掇我参加他们的演出。

当京剧《南天门》演出结束后，在师平剧队的鼓动下，我与原战火剧社的同志登台合演了京剧《捉放曹》和《法门寺》。在《法门寺》中我饰演宋巧姣。后来我还与该队的演员薛恩厚（后任中国评剧院院长、北京京剧团团长，"文化大革命"时江青曾令他改名为薛今厚)一起合演京剧《四郎探母（坐宫）》，我饰演铁镜公主。

这次祝捷活动热闹了几天，贺龙师长十分高兴，他的幽默逗得大家哈哈大笑。

贺龙夫人与关向应政委夫妇、周士第参谋长夫妇都参加了这次活动。关向应夫人马丹是初次见面，大家欢迎她唱歌，只见她落落大方走上台和大家见了面。关向应政委是东北人，个子不高，像一个文静书生，十分平易近人。周士第参谋长是海南人，黄埔一期出身，一米八的大个子，很严肃，是一个典型的军人。政治部主任甘泗淇最可亲可爱，他在讲话或做报告之前，总是先要嘻嘻地笑一笑（10年后，他从朝鲜战场回来给空军的干部做报告时，仍然是一开口先要嘻嘻地笑一笑）。

在祝捷大会活动中，贺龙师长兴致很高，见我年龄不大，会打球又会唱戏，于是操着浓浓的口音笑着对我说："王琳，我要审查你！"这话声一落，把周围的同志都逗笑了。发生在80年前的这一幕，至今我仍然记忆犹新。

在师部参加完活动后，我接到通知和李健平一起去延安抗日军政大学学俄文。

在八路军的三年

从1939年1月1日到1941年12月，我作为八路军第一二〇师抗日部队的一名宣教小战士，在冀中区、晋察冀、晋西北和陕北极其艰难困苦的战争环境中工作、学习和生活了三年。在这三年中，我亲身体会到了八路军将士对革命事业的无限忠诚、坚定的共产主义信念，目睹了八路军在民族危亡的时刻与日本侵略者所做的殊死斗争。革命战士们为中华民族、劳苦大众解放，艰苦奋斗、勇往直前、英勇奋战、不怕牺牲的精神，八路军与百姓之间军爱民、民拥军的感人情景，深深地铭刻在我的心中。我很荣幸参加到这股滚滚洪流中来，成了其中的一员。三年来，在八路军将士言传身教下，在党组织的教育下，我获得了一个全新的精神世界，懂得了应当怎样做一名真正的共产党员，奠定了为实现共产主义奋斗一生的信念。

俄 文 学 员

延安俄文学校

到家了

此去延安一路都有兵站。我和李健平于1941年12月初出发，每天步行60里路，晚上在兵站住宿。到延安后，在大砭沟的八路军大礼堂门前放下背包，等着给我们安排招待所时，路过的行人指着我们说："前方回来的！"听到此话，我颇为感动，心里默念道："我到家了！"当晚在招待所里，我们美美地睡了一大觉。

第二天到组织部转组织关系。组织部在一个窑洞内，进门后，一位穿着大毡拖鞋的女同志迎了过来，为我们办理了党员组织关系的介绍信。后来得知，她是组织部部长胡耀邦同志的夫人李昭。我拿了介绍信便立即到位于清凉山黑龙沟的抗大三分校报到。

在报到时，因为名叫王琳的人太多，为解决重名问题，经接待同志认可，我把名字更改为麦林。这个"麦"字源于抗日歌曲《大刀进行曲》的曲作者麦新。我报到时，刚好在办公桌上看到了这首歌的歌篇儿。

《延安颂》

据考古发现，延安在距今3万年左右已有晚期智人——黄龙人生息。延安是中华文明五千年发祥地之一，轩辕黄帝陵就建在境内的桥山之巅。延安以其边陲之郡，具有三秦锁钥、五路襟喉的战略地位。吴起、蒙恬、范仲淹、沈括等历代名人，都曾在这里施展过文韬武略。第二次国内革命战争时期，刘志丹、谢子长率领的红军在这一带创建了陕北革命根据地。毛主席率领党中央到达陕北后，延安成了进步青年向往的革命圣地。

《延安颂》是莫耶作词，郑律成作曲的著名歌曲，当年许多青年就是唱着这首歌奔赴延安的。

第一句"夕阳辉耀着山头的塔影"，这个"塔"，就是位于延安城东南山上的宝塔。建于唐代，高44米，八角九层，是延安的标志，革命圣地的象征。现在是陕西省爱国主义教育基地。

第二句"月色映照着河边的流萤"，"河"，是延河。延河是黄河通过延安的一条支流。延河是哺育延安革命军民的一条功勋河。我们用它饮水、做饭、洗脸、漱口、洗澡、洗衣服，还可以在它的"躯体"中游泳嬉戏，祛除疲劳强健身体，它是延安人民须臾离不开的母亲河。

延河逶迤流淌在延安的群山中，是延安的一条亮丽的风景线。它一阵清，清澈见底；一阵混，黄泥滚滚。关于延河，也有一首延安人喜欢唱的抒情歌曲《延水谣》，歌词是："延水浊，延水清，情郎哥哥去当兵，当兵啊要当抗日军，不是好铁不打钉……延水清，延水浊，小妹妹来送情郎哥，哥哥你前方去打仗，要和鬼子拼死活！"

延安有一个庞大的学校群，有培养各种不同人才和革命干部的学校，有大学、中学、小学和保小（幼儿园），有军校、党校、医校、女校、青年学校、技术学校、艺术学校、外文学校、马列学院和行政学院等。我敬佩我们党英明伟大，有远见卓识，早早地就为了抗战的胜利和建设国家的需要，培养各种专业干部了。

我能到这里学习，感到无比幸运、幸福。

在俄文大队

1941年3月，为了加强与苏联的交流合作，在延安的中国人民抗日军事政治大学第三分校成立了俄文大队。我是1941年12月中旬到俄文大队学习的。

抗大三分校俄文大队，是培养高级俄文军事翻译人才的大队，是为在抗战反攻阶段我军与苏军联合作战时需要翻译而开办的。所以，学员大多是从部队的连、排级干部中选派出来的，大队长是1925年经党派往苏联学习航空的老革命常乾坤同志。

我入学十几天后，抗大三分校迁往绥德。

在抗大三分校的原址出现了一所军事学院——延安军事学院，院长是八路军总司令朱德，教育长是军事才子郭化若。学院下设高干队、上干队、工程队和俄文队。

高干队（指挥队），学员是团级干部；

上干队（参谋队），学员是营级干部；

工程队，培养航空炮兵等工程技术人员，学员来自部队的连、排级干部；

俄文队，培养高级俄文军事翻译干部，学员和教职员是原抗大三分校俄文大队的全体教职学员。

俄文队的队长是曹慕岳，后改名为曹慕尧。俄文队下有五个区队，我和李健平分在五区队。区队长是卢振中，支部书记是吕承恩。李健平后来没有继续这里的学习。

我们区队的俄文老师是任琳琳，30多岁。教员是金涛，助教是邵天任。

任琳琳在哈尔滨生活过，她从上白俄学校开始就常和苏联人在一起，所以俄文很棒。她给我们上过两次课，一次讲高尔基的《海燕》，一次讲高尔基的《我的大学》中的一段。我们没有讲义，她念一段俄文，再用中文讲这段俄文的意思，像讲故事似的。我们听她朗读，听她的发音和学习一些短句。后来她因身体不好，不再来上课了。

我们学习俄文文法的教材是大队长常乾坤编印的。教材中的文法例句很实用，从中能学到许多俄语词汇和短语，对我们提高俄语的翻译能力很有帮助。

俄文队的其他教员和助教有张培成、李洁民、王玉、李海、刘风、王连。

我们学俄文与学习其他外语的方法一样，先学字母。俄文有32个字母，有的字母的形状与英文相同，但发音不同。如英文的u，在俄文中读i；英文的m在俄文中读t；英文的h，在俄文中读n。俄文有一个卷舌音，不好学，同学们就勤学苦练，整天"嘞、嘞、嘞"，练习发音。有的字母字形很怪，有的字母还不发音。邵天任老师笑着对我们说，彼得大帝在西欧留学时没有学好，把发音弄错了，以致于此。总之，学俄文发音比学英文难。俄文文法也比较复杂，名词不仅有单数、复数，还分有阳性、阴性、中性以及6个要变化的格。动词有单数、复数，还有现在时、过去时、将来时和变位等。所以，初学俄文大家都感到比较困难。

面对学习上的问题，老师们不厌其烦，耐心解答，同学们坚定了战胜"敌人"的勇气，沉下心来，刻苦学习，大家好像是在进行着一个又一个的攻坚战。

俄文学校

为了培养部队急需的更多俄文翻译人才，1942年5月，军委总参谋部把军事学院俄文队与延安大学俄文系合并成立了军委直属的俄文学校，学校的名称是军委总参俄文学校。

俄文学校校长是曾涌泉，他同时兼任军委四局（编译局）局长。教育主任是卢竞如（女）。他们是20世纪20年代入党的老党员、老革命，都曾在苏联留学，精通俄语。政治部主任叶和玉是长征干部，两位干事是张靖韩和刘端祥。俄文队的队长是袁敦民，副队长是杨祯，教导员是孟华。

俄文学校成立后，全党开始了整风学习运动。

整 风 运 动

遵义会议后，中国革命获得了空前发展，但党内历次的"左倾"、右倾机会主义和教条主义没有肃清，党内存在党风、学风、文风不正的问题。抗日战争以来，各地吸收了一大批农民和小资产阶级新党员，把非无产阶级思想带入了党内，为党内错误思想的滋长提供了土壤。在这种情况下，为了统一全党思想，争取抗日战争胜利，党中央决定进行全党整风。

整风的主要内容是：反对主观主义，整顿学风；反对宗派主义，整顿党风；反对党八股，整顿文风。中心是反对教条主义，树立一切从实际出发，理论与实践统一，实事求是的作风。通过批评和自我批评，"惩前毖后，治病救人"，秉持团结—批评—团结的方针，提高思想认识。

1942年2月，学校开始学习整顿"三风"的文件，要求逐字逐句精读，一定要领会文件的精神实质，并要联系实际，进行自我检查。以后又继续增加学习了《改造我们的学习》《关于增强党性的决定》《关于调查研究的决定》《中国革命与中国共产党》《愚公移山》《为人民服务》《纪念白求恩》《反对自由主义》和陈云同志的《怎样做一个共产党员》、刘少奇同志的《论共产党员的修养》等22个文件，还学习了毛主席《在延安文艺座谈会上的讲话》《联共（布）党史简明教程》等。

通过学习这些文件，我受到了革命理论教育。知道了做事、说话、看问题要看具体对象，要从实际出发，不能凭自己主观愿望和想象出发，否则便犯了主观主义错误。犯主观主义是党性不纯，正如毛主席所说，主观主义是党性"第一不纯"的表现。粗枝大叶、不求甚解也是党性不纯的表现。计较个人得失、一事当前先为个人打算，更是党性不纯！个人利益应当无条件服从党的利益，党的利益高于一切。要全心全意为人民服务，为人民服务不能一心半意，更不能一心二意。

我对照学习要求自我认真检查，决心要做一名真正的共产党员，要求自己的言行一定要符合党的要求，不计较个人得失，忘我地服从党的利益，为党学习，为党工作。按刘少奇同志在《论共产党员的修养》一书中所说的，一日三省吾身那样努力修养。写到这里，想起后来在"文化大革命"中曾有一张揭发批判我的大字报，说我是顶礼膜拜刘少奇修正主义"黑修养"的典型。

我开始见诸行动，学习更加自觉刻苦认真了。大生产时，一次背土豆，英文系的牧兰背了100斤，英文系的同学为她欢呼，提议给她评了劳动模范。而我当时背了110斤，俄文系的同学都高兴地说，比她多10斤！我纺线、织毛衣也比别人多，但是没有人提议给我评劳模。我对此事开始有些想法，但我要求自己绝不计较个人得失。通过整风学习，我不但获得了马列主义和毛泽东思想的理论武装，提高了思想政治水平，也知道了怎样做好工作，提高了工作能力。

整风提高了全党的政治思想水平，实现了全党的空前团结，保证了抗日战争的胜利。

大生产运动

学会纺线

1941年，由于日军的疯狂进攻和"扫荡"以及国民党顽固派的军事包围和经济封锁，边区的财政经济发生了极为严重的困难。在党中央、毛主席"自己动手，丰衣足食"的号召下，延安开展了大生产运动。

学校的男同学组织起来，一部分同学到一个叫杜甫川的荒山开荒种粮食，一部分同学去打窑洞、盖房子。军委驻地王家坪的大礼堂就是男同学们施工盖起来的。

女同学的任务是纺线，为工厂织布、做服装提供原料。我们过去没见过纺车，更不知如何纺线。在老师的指导下，我们都初步掌握了纺线技能。

纺线前需要搓一个棉卷，棉卷的松软要合适，否则纺不出线。开始纺线时，坐在纺车前，右手拿着纺车把，摇转纺车，左手中的棉卷慢慢拉，便拉出了线。开始我的两只手总是配合不好，拉不成线，慢慢地，便学会纺线了。

不久，工厂又下达了新的任务，要求我们纺出适合缝纫机用的线。纺这种线有难度，可大家反复试验，终获成功，保证了工厂缝纫机用线。

缝纫机用的机器线，要求将三股线合成一股，所以每股线都要求非常细，三股合起来要能穿过缝纫机针上的针眼。我们按照要求不厌其烦地尝试。坐着时间长了腿发麻，我就把纺车放在床上，站着纺。纺的线太细，纺着纺着眼睛就看不见线了。虽说这个活儿很费眼，又不好做，但是为了给边区军民做服装，我们不敢有丝毫懈怠。在坚持中，我终于得到了回报——纯熟地掌握了纺制缝纫机线的技能。

给边区挣"外汇"

给边区挣"外汇"，就是将边区的产品销售到国民党统治区，赚取法币，以便购买边区缺乏的物品。

位于延安新市场的妇女合作社（社长是边区政府财政部部长南汉辰的夫人）组织女同志织毛衣，用以挣"外汇"，我和革非同学接受了这个任务。从合作社领取毛线后，我织了一些女童穿的连衣裙。不久听合作社的同志欣喜地告诉我说，这些连衣裙因款式好看，在西安市场上卖得很好，很受欢迎。

学校派王诚同学开了一家新中国商店，经营日用品。派高富有同学开豆腐坊做豆腐、卖豆腐。高富有爱钻研，一斤豆子的豆腐产量比别人高出了一倍，因此，他被评为全边区的劳动模范。学校还成立了木工组（做纺车等木匠活）和铁工组（做钉马掌等铁匠活），以增加收入，改善学生和员工的生活。

自己动手，丰衣足食

利用课余时间，同学们还在学校的山坡上种土豆和西红柿。我也学会了一些种植技能，例如种土豆，先要把土豆上的芽带"肉"挖下来，用草木灰拌好，然后放到挖好的坑里面，往坑里培上土，就把土豆种好了。种西红柿要掐尖儿打叉。

我们边劳动边练习俄语，会话、讲故事、唱俄文歌，学习生活很有意思，很快乐。大生产运动收获很大，我们真的实现了自己动手，丰衣足食。每天可以吃到香喷喷的小米干饭，有时吃一次白面馒头，菜的量多了，菜中的油水也大了，好吃了，每天都吃得饱饱的。我们每人每天还可以分到一斤半美味可口的西红柿（延安的一斤不是16两，而是24两），大家感到很幸福。

艰苦的学习

学员和教员

整风、审干和大生产运动后，学校进行了文化考试。语文试题是将《桃花源记》和《为将之道》译成白话文；数学试题是开方和小代数。考试后，学员依据程度分成了4个班。

一班学员有何理良、马列、罗焚、高中一、付克、许文益、凌祖佑、兰曼、何方等；

二班学员有张开岵、梁克昌、司马慧、苏英、尹企卓、韩立平、万流等。

三班学员有张天恩、麦林、张芷、李奎光、穆兆源、谢挺扬、刘云程、冯浩等。

四班学员有谢文清、任飞、白布佳、韩鑫、谢家斌等。

国文补习班学员有杨信恭、金一夫等。

一、二班一个党支部，支部书记是张开岵；三、四班和国文补习班一个党支部，支部书记是幺仲选。

因为俄语教员少，一位俄语教员要教两个班。一、二班的俄语教员是黄振光，三、四班的俄语教员是李荣华。一班文法教员是刘群，二班文法教员是钟毅，三班文法教员是杨化飞，四班文法教员是赵珣（女）。这些教员原来多是在哈尔滨工业大学学习的，俄文水平和文化政治水平都很高。

我们的俄语老师李荣华来自苏联，中等身材，沉稳，平和，耐心。记得他给我们上的第一课是一篇短文：ДЕТСКИЕ ОЧКИ——《儿童眼镜》。我现在还能将这篇短文熟练地背出来。据在延安苏联塔斯社的一位记者对我说，李老师的发音准、音色美，如同苏联播音员的发音。一次，萧三同志听到我说俄语，赞扬了我的发音。我说这是因为老师教得好。

简陋的学习条件

俄文学校校址是原新文字干部学校的校址，位于解放社和王家坪中间的清凉山北麓的山沟里，这个山沟的名字叫丁泉砭。

延安地处陕北高原的丘陵沟壑中。延安机关、学校的窑洞，都建在各个山沟的半山腰上。夜晚，一层层、一排排的窑洞灯光，像是点点繁星，犹如银河落到了人间，又像是一座座灯火辉煌的高楼大厦。

我们的教室和宿舍窑洞建在山沟的半山腰，分为上、下两层。窑洞冬暖夏凉，在这里学习空气好，十分僻静。但是，窑洞里的跳蚤猖獗，真是没了虱子又来了跳蚤，人被跳蚤叮咬后奇痒。跳蚤个小灵敏，往往你刚要去抓，它就蹦跳走了，大家很伤脑筋。山上没有水，伙房在山下，洗漱、吃饭、打开水都要下山。一天上下山至少要往返三次。下雨时黄土地泥泞湿滑，上下山路很难走。但是这一天三次的上下山总是不能少的。最初，我尽管提心吊胆、小心翼翼，还是接二连三地滑倒，后来我逐渐适应了，雨天上下山就再也不是问题了。

每天清晨，先要下山到延河边，用延河水刷牙洗脸。我的牙刷是马鬃做的，没有牙膏，只能沾一点儿盐刷牙。洗漱后去食堂吃早餐。

学校食堂是个露天广场。早餐是稀饭，男同学的饭碗都是小瓦盆，为的是一次可以多盛一些。男同学吃饭有"战术"，第一碗不盛满，以便很快吃完，还能来得及盛第二碗，不然稀饭就没有了。我刚到学校时还有白面馒头吃，很快就只喝稀饭了。菜，就是几片萝卜汤，上面飘几点油花。

教室里没有黑板桌椅。每人要自带板凳，上课时坐在板凳上，以双膝当课桌。学习用的纸，开始是桦树皮，后来是草纸。这种用马莲草制作的纸，颜色发黑、质地粗糙。照明用的灯是一种简陋的油灯，就是在麻子油里面放一段棉捻，点燃发光。后来改用了煤油灯，煤油灯比豆油灯亮一些，但是煤油灯没有灯罩，冒的油烟能把人的鼻孔熏得漆黑。

学校的简陋，除以上所述外，还表现在连教材和讲义都没有。在课堂上就是老师讲，学生听，边听边记。课后读、背、默写，同学间互相问答，也没有参考资料。就是在这样极其简陋的困难条件下，同学们互助互爱、互相关照，掌握了俄文，努力学完了俄文文法和语法，完成了四年学业。

丰富多彩的文娱活动

延安是一个社会，与前方完全不同。这里有商店、饭店、邮局、医院，还有演戏、跳舞的娱乐场所。

我在延安看过京戏《四郎探母（坐宫）》《三打祝家庄》《翠屏山》，歌剧《白毛女》（鲁艺和林白主演），用四川方言演的话剧《抓壮丁》，电影《列宁在1918年》等。看戏是不需要买票的。

延安的舞会

延安也有舞会，但与大都市舞厅的性质是完全不同的，大都市是有钱人的消费场所，延安则主要是为了休息、交谊、自娱自乐、劳逸结合。每个星期六，王家坪、杨家岭、边区政府大礼堂都有舞会。这些舞会，党中央和军委的领导同志几乎都参加。跳舞，既活动了身体，又可以使大脑的疲劳得到缓解。叶剑英参谋长说，跳舞时听着音乐，就什么都不会想了。朱总司令说，跳一晚上舞相当于走40里路。这对身体健康、对革命是多么重要啊！

每星期六，我们俄文学校的男同学小乐队和几个喜欢跳舞的女同学都要到王家坪参加舞会。舞会地点，夏天在王家坪的桃园，冬天在我们同学盖的王家坪大礼堂。有时叶剑英参谋长带我们俄文学校的几个女同学去杨家岭礼堂和边区政府礼堂跳舞。我们在这里能见到毛主席、刘少奇等中央领导同志。

一次在杨家岭礼堂，我们几个女同学坐在一起，毛主席走到我们面前，问我身边的何理良同学："你是何理良？何—理—良啊？！"毛主席问得有趣，何理良的话接得也很有趣，她说："你的理论就良啊！"

休息时，陈云同志夫人于若木的妹妹于陆琳唱了一段京戏，《霸王别姬》中的"劝君王饮酒……"一曲唱毕满堂喝彩。忽然同学们拉起我，要我也唱一段，于是我们小乐队中的杨化飞老师（后为北京俄语学院副院长）操起了京胡，曹汀老师拉响了二胡，我唱了一段《女起解》中的"四恨"。有幸为毛主席，为在场的领导同志，为大家助兴，虽然已成为历史的一瞬，但那难忘的场面，仍时常浮现在我的眼前。

演唱京戏

从杨家岭回来后，叶剑英参谋长建议我们和总参谋部会唱京戏的同志合演一台戏。

为此，我们俱乐部主任万流同学（后任北京第一建筑公司总经理）到王家坪（总参谋部所在地）和有关同志洽商落实此事。他们根据可以参演的人员擅长的行当，最终凑了三出戏，分别是《红鸾禧》《空城计》和《清官册》。

《红鸾禧》又名《豆汁记》。剧中说的是一个贫穷家庭的女孩，用豆汁解救了将要冻死的乞丐秀才。我饰演女孩金玉奴，总参李锐饰演乞丐秀才莫稽，万流饰演金玉奴的父亲、乞丐头金松。

在《空城计》中，饰演诸葛亮的是军委高级参议邢肇堂（他是老同盟会会员，中华人民共和国成立后曾任河南省省长），饰演琴童的也是一位高级参议，他曾在东京帝国大学留过学，是一个爱逗乐的、戴眼镜的大胖子。

在《清官册》中饰演寇准的是同学金一夫（离休前为河北大学教授）。

延安平剧院的同志负责化妆、提供服装和文场（泛指戏剧伴奏中的管弦乐队，又称"文三场"，演唱京剧时的三件伴奏乐器是京胡、月琴和小三弦）。

在王家坪大礼堂开戏时，没想到毛主席和江青也来了，大家特别高兴。我扮演的金玉奴唱戏少，做戏多。我唱还行，但不太会做戏，所以自认为演得不好。

后来，我们在党校同志指导下，排演了一出京剧《打渔杀家》。我演桂英，金一夫演萧恩，万流演教师爷。这场戏在王家坪、边区政府礼堂和杨家岭先后上演了三场。

1944年，我们学校的邻居解放通讯社为欢度春节，邀请我们给他们的职工演京戏。我们演了三出戏，分别是《查关（牧虎关）》《女起解》和《汾河湾》。

在《查关》这出戏中，高老爷高旺由张东川同学饰演（后任中国京剧院院长、党委书记），番邦公主由何理良饰演（后任外交部国际司副司长），太监由总参徐良图饰演。

在《女起解》中，苏三由英文系梅青同学饰演。

在《汾河湾》中，我饰演柳迎春，薛仁贵由军委四局常彦卿老师（后任国家外汇管理局局长）饰演，薛丁山由羡汝芳同学饰演。

此次演出，戏虽然演得不是很专业，但始终充满了节日气氛，观众很高兴，给予了热烈的掌声。

结　婚

在延安，恋爱结婚是很自由的（不像前方，只有团级干部才能够结婚），不论是学生还是哪一级干部，只要男女双方同意，跟组织上打个招呼，也不需要登记，办什么手续，就可以结婚，那时候没有什么结婚证，而且组织上还帮助提供住房（给一孔窑洞）。结婚时买些花生、红枣（在延安也只有这些），大家在一起闹一闹，两个人把自己的被子抱到一起就结婚了。

在整风、审干和大生产运动后，学习和生活一切正常了，伙食也有了很好的改善，主食经常吃干饭了，虽然是小米的，有时还有白面馒头；菜量也多了，菜里的油水也大了，每天还配有水果，一斤半西红柿。在这种平和的气氛中，有的同学结婚了。

最初结婚的是一班的同学何匡和张前。此头一开，喜事不断。同学万流和庄霞，同学屈冰和大队长常乾坤，同学刘温和和政治部主任叶和玉，政治干事刘端祥和教育处长卢竞如，同学何理良和军委黄华，同学革非和总参雷英夫，羡汝芳和党校的谭友林等。许多同学因为与在党校学习的领导干部接触得比较多，相互了解、日久生情，最终成就了美好姻缘。

同学们都知道，我与一位男同学关系较好，但我们只能是学友关系，我不喜欢他太温情。在与我要好、关心我的同学促使下，我与同学张开峡于1945年春节结婚。我敬重他党性强，思想好，为人诚恳，老实可靠。后来我们度过了金婚、钻石婚、白金婚，共同工作生活了73年，成为终身革命伴侣。

快乐幸福的四年

在延安的四年是我最快乐、最幸福的四年。在这里，我不止一次见到我们敬爱的领袖毛泽东主席，朱德总司令，刘少奇、周恩来副主席，任弼时、陈云、叶剑英等领导同志；能听到朱总司令、叶剑英总参谋长以及吴玉章等老同志做的报告。我特别高兴的是，敬爱的邓颖超大姐刚从大后方重庆回到延安，便到学校来看我们，给我们做关于蒋管区的政治经济形势报告。她身穿一条蓝色工裤，胸前的小口袋里插着一方小手帕，很可爱（这种服饰在延安是很少见的）。

在延安四年的学习和劳动生活，使我初步掌握了使用俄文工作的本领；通过整风学习，使我坚定了全心全意为人民服务和为革命利益不计较个人得失的人生观，养成了不怕艰难困苦、勇于克服困难的意志和实事求是、与人为善的作风。

航 校 骨 干

　　早在第一次国内革命战争时期，我党就为建设空军准备航空技术人才了。1925—1926年，共选送常乾坤等10名共产党员赴苏联留学。1927年，从留学的大学生中挑选王弼等12名党团员进入苏联空军航空学校学习飞行和航空工程。1935年，又从莫斯科东方大学和列宁学院学习的留学生中选调刘风、王琏等人进入苏联契卡洛夫（空军第三）航空学校学习飞行。常乾坤学了飞行和领航，在茹科夫斯基航空工程学院学了航空工程技术，是一个航空技术全才。王弼也是茹科夫斯基航空工程学院的高才生。

　　1938—1939年，常乾坤、王弼、刘风、王琏等先后回到延安，准备在延安建航校。

　　1938年前后，我党借国民党的航空学校和机械学校培养航空人才。其中学航空机械的有张开帙、杨劲夫、郭佩珊、熊焰、徐昌裕、顾光旭等人；学飞行的有吴恺、魏坚、许景煌、张成中、谢挺扬等人，他们学成后辗转回到延安，为我国空军的建设发挥了重要作用。

　　1938年，我党利用和新疆军阀盛世才的统战关系，选调44名红军干部到新疆航空队学习航空。这批干部于1942年9月被关进监狱，在党的营救下，于1946年6月得到释放，有31人回到延安，其他同志在1947年2月到达东北老航校（1946年3月1日建立），为创办航校增添了力量。

　　在艰苦的革命斗争年代，我们党没有条件自己培养航空技术人员，这种"借巢孵鹰"的方法，为办航校、建设人民空军储备了宝贵人才。

　　1945年8月15日，艰难困苦的抗日战争胜利了！大家欢呼，跳跃，拥抱，欢唱，流泪。之后，延安的人们便纷纷匆忙地背上背包奔赴各地，保卫和收取我们抗战胜利的果实。

　　中央领导果断决定，到东北去，创办自己的航空学校。

　　9月，中央政治局常委、书记处书记任弼时召见常乾坤，下达重要指示："中央要你们带延安学过航空的同志马上赶到东北去，设法创办一所航空学校，为将来的人民空军建设培养技术骨干，这是个非常重要的任务。赤手空拳办航校会有许多想不到的困难，遇到问题，可随时请示东北局和东北民主联军总部。"

1945年8月20日，一架九九式双发运输机飞抵延安。飞机一边下降，机上人员一边大声喊叫说："我们是起义的！"

这是一架汪伪政府航空人员起义的飞机，飞机上有6个人，打头的是汪伪航校中校教务主任蔡云翔（原国民党空军飞行学校十期的飞行学员），他和少尉飞行员张华分别任正、副驾驶，同机起义的还有飞行员于飞、顾青和机务人员田杰、陈明求。

他们从扬州机场投奔延安，受到延安民众的热烈欢迎。朱德总司令接见并宴请了他们，命他们和延安学过航空的同志一起去东北，创办航空学校，为我军培养航空技术人才。

为做好筹办航校的前期工作，王弼、刘风、王琏带领起义的航空技术人员先行，去沈阳打前站，进行必要的准备。刘风和王琏曾在东北抗联工作过，熟悉东北地区的情况，他们又都在苏联学过飞行，会俄语，便于与在东北的苏军打交道。起义的航空技术人员熟悉日本飞机的情况。

刘风、王弼到沈阳后即向东北局领导林彪汇报了中央领导关于在东北创办航校的指示。林彪说我们接收了一个日本关东军航空部队，有300多人，队长林弥一郎（后改中国名字林保毅）。为将其改编成东北民主联军航空队，决定任命蔡云翔、刘风为正、副队长，黄乃一任政委。

1945年11月，东北局书记、东北民主联军政委彭真接见航空队政委黄乃一时指示："航空队当前的任务，是搜集航材，组织日本航空技术人员修理飞机；学过飞行的要尽快恢复技术。"对起义人员和留用的日本技术人员制定的相关政策，也给予了重要指示：对起义人员要保持欢迎的态度，要信任他们；对留用的日本技术人员，生活上要优待，要尊重人格，在工作上要严格要求。

东北局伍修权参谋长在召集黄乃一、刘风、蔡云翔、林保毅开会时说，东北局为加强对航空事业的领导，决定成立一个航空委员会，伍修权兼任主任，黄乃一任秘书长，常乾坤和王弼任委员，委员会的任务是领导筹建航校。办航校不能按老办法，把什么都准备好了再招生、训练；不能用常规的办法建校，要尽快接收学生，教员、学生一起动手，边建校边训练，用最短的时间培养出自己的飞行员和飞机修理人员。

会议决定刘风负责修理飞机和搜集航空器材；黄乃一负责制定招生条件、学生来源、训练教程和航校的机构设置等。

此后几天，国民党调集兵力大举进攻沈阳，遵照总部指示，航空队紧急迁往通化，迅速从部队选调学生，成立了一个学生队和一个飞行队，以备执行紧急任务。

鉴于航空队接收学生后，各方面工作人员将达到600人，为加强领导管理，经东北局批准，航空队扩大为航空总队。总队长由后方司令部司令员朱瑞兼任，政委由吴溉之兼任，常乾坤、白起任副总队长，黄乃一、顾磊任副政委，白平任政治部主任，蔡云翔任民航队队长，刘风任民航队的政委。总队下设教导队（即学生队）、民航队（担负紧急飞行任务）、机务队和修理厂。

党中央创建航校的指示，在东北局的领导下，关于航校的框架结构、领导班子、建校方针、人员组成、工作方法等前期筹备工作都得到了逐项落实。

奔 赴 东 北

1945年10月2日，第二批赴东北创办航校的19人，在队长魏坚和副队长林征的带领下，随刘导生将军的大部队从延安出发。

此行有经我党派出或选送学习过航空专业技术的14位同志及5名家属。这14位同志是魏坚、林征、王琏、吴恺、张成中、顾光旭、熊焰、龙定燎、欧阳翼、许景煌、谢挺扬、马杰三、张开帙、路夫，家属是沙莱、李素芳、陈然、麦林（俄文翻译）、李成服（通信员）。

我作为俄文翻译，张开帙的家属，成为第二批赴东北创建航校工作队的成员。

我们一路向东行军，每天一般步行60里，途经陕北名城绥德、米脂、清涧、神木。听说当地人盛传："米脂的婆姨（美），绥德的汉（壮），清涧的石板，瓦窑堡的炭"，这个顺口溜勾起了我心中的一句顺口溜："宝塔山的雄姿，延河的水，杨家岭的霞光，王家坪的雪"，这是我最爱的延安四景。

4年来，我与延安的一草一木结下了深厚的感情。我知道，再向前走就要过黄河了。我回过头遥拜远方，再见了，延安！再见了，那信天游的歌声，那头戴白羊肚手巾淳朴亲切的笑脸！再见了，陕北——我永远怀念的热土！

两个月到张家口

走过葭县（今陕西省榆林市佳县），我们来到黄河边，踏上了4年前我曾乘过的黄河渡船，再次目睹了惊涛骇浪的黄河和坚毅勇敢、奋力拼搏前行的船工。上岸后，到了山西的罗峪口，再向前走就是我学习和生活过的山西省兴县，又到了我15岁时曾经一个人走过的熟悉的山路。

从这里我们继续往东，就是晋西北最贫困的岢岚、五寨和神池三县。我们行至朔县附近停了下来，准备晚上过封锁线。这是同蒲路的一段，就是5年前从晋察冀边区到晋西北行军时，我们通过的那段封锁线。日军还在这里封锁着这段铁路。

这天晚上，大队人马集中在铁路附近的深山沟里，天黑得伸手不见五指，还飘着雪花。大家把随身的水缸子、勺子收拾好，避免发出响声，以防过封锁线时被敌人发现，引来不必要的麻烦。过封锁线，要迅速跑过，不能掉队，避免遭遇敌人。由于事前准备工作比较充分，我们人不知、鬼不觉地冲过了封锁线。然后，我们又趁着夜色，绕开了敌人占据的应县，翻了一座山到达了山西较富裕的浑源县。

部队在这里宿营，住上了温暖的大炕。第二天，我们从浑源县出发，绕开驻有敌人的大同，直奔山西省的边界——天镇。在这里，我们碰巧遇到一列驶往张家口运送煤炭的火车。我们当中有人还从未见过火车，大家高兴地欢呼着上了这辆装着煤炭的敞车，站在敞车上风尘仆仆到了河北省的张家口。

这一天，是1945年的12月31日。我们整整走了两个月！因为是长途行军，家属中还带着小孩儿，所以走得较慢。

我们在张家口过了1946年的新年，休息了两天后，便继续向东北目的地出发了。

在晋西北，我们目睹了许多村庄被日寇三光政策摧残后的悲惨景象，有的村子竟连一个男人都没有。妇女无一例外全被蹂躏，真是令人发指，令人悲痛。

在张家口的三件有意思的事

张家口是我国的一个塞外大城市，很繁华。我们大部队（大部队的领导是刘汉生，航空队是这个大部队中的一个小队）傍晚进张家口后，大家坐在一条街道的一边静静休息，等待号房。由于已经多年习惯了穷乡僻壤的环境和生活，乍进这样的大城市，大家似乎有点儿紧张。

我们面对的是一家妓院，只见几个美女扭捏作态地在门前走过来、晃过去，旁边的行人匆匆走过，没人理睬她们。一个不谙世事的"土包子"傻乎乎地走向对门，还往门里探头张望，问把门的："这里是干什么的?"把门的大声喊着说："是窑子!"那人听了莫名其妙地走了。

我们航空小队被安排住在原日本驻伪满蒙大使馆，馆内已经被破坏得一塌糊涂，大家睡在地板上。在这里我们又看到了久违的电灯。长期在油灯下生活的我们，在电灯照耀下感到心旷神怡。林征同志（后任上海民航局局长）习惯与油灯对火吸烟，在这里他又习惯性地拿着纸烟与电灯对火，逗得大家哈哈大笑。

我和谢挺扬（同班同学）在张家口的大街上溜达，竟看到一间白俄咖啡店，我们进去品尝了一点甜品。这是一家夫妻店，夫妻俩带着一个小男孩，我们用所学的俄语与他们聊了一会儿。没想到竟在这里用上了俄语，我们挺开心的。

快要出发时，不知部队从哪里弄来了一辆大卡车，大家高高兴兴地上了车，离开了张家口，向承德出发。一路上天气异常寒冷，我亲眼见到了老百姓的穷苦。他们缺吃少穿，一家人只有一条破棉被和一条破棉裤，大冬天出不了门，只能待在炕上。

从承德到通化

我们一行到承德时，等到了第三批奔赴东北的常乾坤等同志。军区领导赵毅敏同志热情地接待了我们，为我们安排了舒适的食宿和去沈阳的火车。他告诉我们，国民党军队已经占领锦州，建议我们尽快出发。

我们在避暑山庄歇了一夜，第二天一早登上了火车。虽然是闷罐车，但我们很庆幸，因为这是从承德开出的最后一列火车。当行至辽宁的朝阳时，火车不能前进了，因为国民党军队占领了义县。

我们的目的地是沈阳，向东北局的领导同志请示建设航校的工作。

在得到林彪现正在辽阳的消息后，常乾坤和王弼立即前往。他们回来后传达指示，要我们即刻开赴吉林省通化市，刘风等已先期到达那里。

因战事情况紧急，我们立即出发。张开帙和谢挺扬向老百姓雇了两辆大马车装行李。天太冷了，没有人坐车。如果坐在车上人会冻僵，大家都紧跟马车徒步行进。天空飘起了雪花，渐渐的雪越下越大，棉花团儿似地往下掉，天像是要塌下来，寒风刺骨，真冷啊！我们口中呼出的气，在眉毛上、头发上结成了霜，身上也披上了银装。我们避开城市，在茫茫的银色大地上向西南方向行进。一路寒冷难耐，但是大雪、寒风都阻挡不住我们共产党人奔赴建设航空学校的前进脚步。

我们从辽宁省朝阳出发，经阜新、彰武、法库、铁岭四县，奔走行军了大约一个月。1946年2月2日傍晚，我们到达了吉林省海龙县（位于吉林省东南部，1945年11月1日成立海龙县民主政府，1947年5月31日东北民主联军收复海龙全境，恢复海龙县民主政府，1985年撤海龙县建梅河口市），这一天是大年三十。海龙的下一站就是我们的终点站——吉林省通化市。

我们在海龙农村的老乡家借宿。在这里吃了年夜饭后，常乾坤命张开帙给先前到达通化的刘风打电话，告之我们将在次日到达通化。哪知对方接了电话后，急促地大声喊道："你们不要来，这里要暴动！"便把电话挂断了。

原来，当地暗藏的国民党反动头子，勾结日本军人和土匪，妄图在大年三十晚上大家过年的时候，趁机发起暴动，推翻人民政权。但是蚍蜉撼树谈何易，他们的这次暴动很快便被我军平息了。

2月5日，我们一行顺利到达了通化市，受到先期到达的同志们亲切热烈的欢迎。

建 成 航 校

航校开学

1946年3月1日，我党我军历史上第一所航空学校（东北老航校）在吉林通化成立，代号三一部队。

东北民主联军总司令部和总政治部任命：

校长：常乾坤；

副校长：白起；

副政委：黄乃一、顾磊；

政治部主任：白平；

教育长：蔡云翔；

校参议兼飞行主任教官：林保毅；

训练处长：何建生；

校务处处长：李连富；

学生大队大队长：刘风，政委：陈乃康。

政治部下设组织科、宣传科和保卫科。

训练处下设飞行科、机械科，分别负责飞行、机械、特设、仪表、场站、气象、教学及编译教材。

校务处下设总务科、队列科、卫生队和警卫连。

学校还设立了由领导干部组成的军政委员会、党务委员会和锄奸委员会。

建校后的工作是：继续大力搜集航材、航油，积极进行飞行训练准备，曾学过飞行的同志开始恢复飞行。机务训练以实物教学、实际训练为主，争取让学员早日掌握修理飞机的技术。

学校成立后，开始大力修理破损飞机，准备开始飞行训练。负责机械教育和机械修理的张开帙、顾光旭和欧阳翼，带领机械学员分别到东北各地，广泛搜集学校急需的、缺乏的航空器材和航空油料。

东北的局势不断在发生变化，妄图占领整个东北的国民党军队步步逼近通化。为避免教学工作受到战争的干扰，刚刚开始教学一个月的学校，不得不于1946年4月转场，分别由空中和地面迁移到黑龙江省的牡丹江市。

在东北战场，我军的作战策略是"让出大路占领两厢"。不计较一城一市的得失，待时机成熟时，将敌人歼灭。

11月，国民党军队逼近哈尔滨。当时敌强我弱，为避免不必要的损失，哈尔滨的机关、学校等单位全都撤离，哈尔滨成了一座空城。航校也因此奉命从牡丹江搬迁到与苏联一江之隔的边陲城市东安市（现黑龙江省密山市）。

国民党军队见我军民撤出哈尔滨，以为是唱空城计，没有贸然进城。

艰难的教学

11、12月的黑龙江省东安市，零下三四十摄氏度，天寒地冻，滴水成冰。我们的房子是铁皮房顶，不保暖，半夜冻得睡不了觉，只好爬起来踏步取暖。门把手是铁的，开门如果不戴手套，直接用手握住门把手，手就会被粘掉一层皮。我们吃的是苞米糙子、水煮萝卜。天气刚一转暖，常校长就亲自带头开荒种庄稼，以补充粮食的不足。航校就是在这种物质条件极端困难的状况下创建的。

培养飞行员最困难的是缺少飞机，缺少航材配件，缺少必要的设备。怎么办？

为了解决飞机不足的困难，让因缺少零部件而停飞的飞机也能够飞起来，当时想出的办法是，一架飞机飞完后，将其上面的发动机或螺旋桨等零部件取下来，分装到其他飞机上使用。零部件共享，这样能飞的飞机就多了起来。

给飞机轮胎打气，没有充气设备，就用自行车打气筒。一个人打不足气怎么办？大家就排起长队，一个人接一个人打，直到把飞机轮胎中的气充足。

后来，大家将当时排队给飞机轮胎打气、排队转动螺旋桨启动飞机、排队用小桶传递汽油给飞机加油的现象，概括为东北老航校的"三排队"。

航校教学的艰难突出表现在没有教材、教具，没有完好的飞机，没有初、中级教练机，没有汽油等，怎么办？

将收集到的各种航空破烂器材、部件修复好，作为开展实物教学所需要的教材、教具，还可以用于修复收集到的破烂飞机，使之成为供飞行教学使用的完好飞机。可以说，捡"飞机破烂"，修"飞机破烂"，飞修好的"破烂飞机"，是创建老航校的先驱们开展教学工作的真实写照。

初学飞行，首先要学飞初级教练机；飞熟练后，学飞中级教练机；最后飞高级教练机，这是国际上通行的方法。初学飞行，一开始便飞高速度的高级教练机是很危险的。可是没有初级和中级教练机，只有高级教练机，学校还办不办？校领导发动学生讨论。学生们纷纷表示，豁出性命也要直飞高级教练机。教师们被学生们的拼搏精神感染了，他们创造性地设计出一套使用高级教练机安全可行的、层层晋级的教学法，有效克服了缺乏教练机的困难。

没有汽油怎么飞？汽油是飞机的"粮食"，没有汽油，飞机不能飞，飞行教学无法进行。有人提出使用酒精，认为这是一个出路。

通过提高酒精的纯度，再把飞机发动机的油路口稍作调整，从理论上讲是可行的。飞机用酒精替代汽油飞行，是破天荒的壮举，需要有人上飞机试飞，这是很危险的。但此事关系重大，我军航空学校能否继续办下去，就在此一举。副校长白起请求试飞，他是位经验丰富的老专家。为了安全，学校加派一位日籍飞行教官陪飞，最终试飞成功，全校欢腾！

老航校就是以这样艰苦奋斗、大无畏的精神和意志，用了3年时间，培养了航空人才560人。其中飞行人员126人，机务人员322人，领航人员24人，通信人员9人，场站人员38人，气象人员12人，仪表人员6人，参谋人员23人。老航校为人民空军部队培育了大批优秀飞行员及各类技术人才，为人民空军的建设打下了坚实基础，为人民空军的创建做出了贡献。空军成立后兴建的十几个航空学校的技术骨干和抗美援朝中英勇奋战的空军战斗英雄，都是这所学校培养的学生。

东北老航校人，对东北老航校都怀有深厚的感情。1986年纪念东北老航校建校40周年时，彭真同志为老航校题词：中国人民航空事业的摇篮。2000年，迟浩田同志为东北老航校纪念馆题词：艰苦创业誉满华夏，雄鹰摇篮英才辈出。

东北老航校是人民空军的摇篮。

我的航校岁月

宣传干事

1946年3月，在通化东北民主联军航空学校开学时，只有我和李素芳两个女干部，一个在组织科，一个在宣传科。李素芳任组织科干事，我任宣传科干事。

航校开学后，全校的干部和学员开始学习党的文件。抗战胜利了，有些同志认为革命成功了，就可以回家过"三十亩地一头牛，老婆孩子热炕头"的日子了。党中央及时发现了党员中的这种错误思想，向全党发出了"将革命进行到底"的号召。

这个号召大振人心！我作为宣传干事，既要组织大家学习党的这一文件，了解大家学习的情况，同时自己也要带头认真学好，进行自我检查。抗战胜利后，我确实也有过该歇一歇的思想。通过学习，这些曾经普遍出现过的错误思想被纠正了，全党振奋了，大家决心发扬团结战斗的革命精神，在党中央领导下将革命进行到底。党的这一号召，保证了之后解放战争的胜利，体现了我们党的英明伟大。

俄文教员

1946年10月，学校的飞行和机械教育步入了正轨，校领导决定增开俄文课。目的是为学生将来到空军工作后，便于与苏联同志交流。因为我曾在延安学习过俄文，所以领导调我到训练处任俄文教员。

对我来说，这不仅是学以致用，更是责无旁贷。但是，在当时一无教材、二无教具、三无参考书的情况下，一个没有教学经验的人，独自一人开一门外语课，谈何容易！没有教材，就自己编吧。但是当时连印讲义用的纸张也没有啊。

在寒冷的教室里，没有桌椅，只有一块黑板和一些粉笔。学员们上课要坐在自己带来的板凳上，以膝当桌。大家共同阅读一个"课本"，那就是黑板上用粉笔写出的课文。

教学初始要求不高，学员达到粗通一般会话即可，同时也要让学员见识一些俄文文法。在没有教材和参考资料的情况下，只能按照教学要求自己编写，内容不外是与航空专业有关的名词、术语及日常会话用语。例如：飞机、发动机、螺旋桨、座舱、仪表，起飞、转弯、着陆、放起落架，飞行员、机械师，天气、太阳、云、雨、雾，同志、老师，你好、早安、晚安，起床、睡觉、吃饭、休息，等等。

参加俄文学习的是航校一、二期的机械学员和领航班的学员，我将他们分为两个班分别上课。

上课前，我先把32个俄文字母写在黑板上。上课时，将写着俄文字母的黑板挂在教室的墙上。学生们坐在自己带的小马扎上。当我说"兹得拉乌特为义杰！"时，同学们一惊，不知道我在说些什么。我告诉大家，我说的是俄文"你好！"学生们都兴奋了起来。我告诉他们，黑板上是32个俄文字母，学俄文要先学字母。我把字母读了一遍，他们对这些字母的发音，特别是对"嘞，嘞"的卷舌音很有兴趣。有几个俄文字母很像英文字母，例如：英文u，俄文读"衣"；英文m，俄文读"梯"。学过英文的同学，有时会把俄文读成英文。我故意说，这是因为彼得大帝到西欧学语言时，把字母的发音弄错了。大家当然知道这是笑话，所以都笑了。我带他们把字母朗读了一遍，同学们听得都很认真，俄文教学便这样开始了。

在俄文文法课的教学中，我详细讲解了俄文的名词、动词、形容词、代名词。与其他国家语言不同的是，有前置词和小品词。名词有阴、阳、中三性和6个格的变化；动词有人称、阴性、阳性和现在时、过去时、将来时的变化。俄文文法较其他国家的语言文法复杂。通过学习，学员对俄文文法有了初步的概念，对于今后自学俄文或与苏联航技人员共事，无疑是会有一定帮助的。

卫生队指导员

1947年2月，俄文教学工作结束后，校务处的领导动员我去学校卫生队担任政治指导员。学校当时算上我共有3名基层政工干部，一名在组织科，一名在宣传科。

领导介绍，学校卫生队共有8名工作人员。队长是一位长征老干部，副队长是红军老干部，他们都是部队培养出来的医务干部。卫生队只有他们两位医生，每天工作繁忙。他们经历过战争的风雨，身体都不好。特别是队长，大脑可能有病，与人谈话时，他会不由自主地打瞌睡。他们无暇顾及卫生队的行政工作及所属人员的管理教育。卫生队的护士都是日本人，原是日本野战医院的护士。日本战败后，她们回不了国，为了生活，暂时到航校工作，等待机会回国。因此，她们工作很不安心。

我知道了卫生队的状况后，认识到卫生队设置政治指导员的重要性，便接受了领导的决定。

到卫生队后，我首先抓了行政管理工作，制定了必要的规章制度，改变了杂乱无章的现象，工作有了秩序，步入了正轨。在改善了伙食的同时，加强了政治思想教育工作。通过实例，使日籍护士了解日本军国主义对中国的侵略暴行、残害中国人民的罪恶，了解中国共产党的宗旨，中国人民解放军是什么样的军队。要求她们自觉做好护理工作，帮助她们认识到，做好护理工作就是为学校顺利完成教学服务，为中国人民的解放事业服务。

通过与这些护士聊天，了解到她们是受到了日本军国主义的蒙蔽，她们对日军侵略中国犯下的滔天罪行一无所知。我跟她们讲，我亲眼看见了在日军实施了杀光、烧光、抢光的"三光政策"后，村庄被夷为平地，全村的人都没了。男人被他们杀光，妇女被强暴，被拉走强迫充当慰安妇。我告诉她们："几乎中国的每个家庭都有人死在你们同胞的枪口之下。我有一个大我一岁的堂兄，就是被日本兵杀死的。"听到她们同胞的这些暴行后，护士们惊呆了，纷纷难过地说："不知道！不知道哇！""害臊！害臊！"她们为同胞的兽行感到羞愧、愤懑，流下了难过的泪水。

渐渐地，护士们发生了明显的变化。当我给她们讲了中国人民军队为人民服务的宗旨和"三大纪律八项注意"后，她们都表示出由衷的赞叹。因为她们也亲眼看见我军官兵一致，军民亲如一家的优良传统，不打人不骂人，团结一心，共同奋斗的作风，感受到这支部队与日本军国主义专制部队是根本不同的部队。

通过政治学习，她们的思想觉悟大大提高了。她们志愿参军，知道了要为人民服务，在工作中，做到了积极主动，尽心尽力护理伤病员，视学生如亲人。

例如，有位学员患斑疹伤寒，高烧40多摄氏度，卧床不起，学校无药治疗。为避免高烧对学员身体造成伤害，护士长高桥澄子持续用酒精耐心为他擦拭全身降温，像亲人一样给他一口一口喂饭、照料他在床上大小便。在护士们的细心照顾和精心护理下，不到一个月，这位学员便完全康复了。从此，学员们都把卫生队的日籍护士当成了值得尊敬的、救死扶伤的朋友。

1952年，按照中日协议，在中国的日本人要全部遣返回国。航校卫生队的木下凉子（婚后随夫姓山崎）选择了留下，她和其他留下的日本同志都是思想比较进步的好学青年。组织上为他们创造了继续学习的机会，送他们到马列学院学习。木下凉子在马列学院学习4年后回到了日本。

高桥澄子也选择了留下，她嫁给了承德的一位工程师，在承德市人民医院做护理工作。她工作能力强，政治思想好，先后升任护士长、护理部主任，还先后当选为承德市政协委员、人民代表大会代表。她60岁离休后回到日本，还继续享受中国的离休待遇。

这些日籍护士回国后，都很怀念中国，视中国为第二故乡。她们常到中国旅游或访问，拜望中国同志。她们见到我时，仍亲热地叫我指导员。

我至今仍记得她们的名字：高桥澄子、山崎凉子、小林君子、山本米子、筒井美志、山口幸子和金井敏子。

我在卫生队克服困难，努力工作一年，卫生队的工作步入了正轨，医护人员思想政治觉悟显著提高，大家高高兴兴，团结共事。卫生队的面貌改观了。校领导因我工作成绩显著，给我记了一个小功（当时只有大功和小功，不分等级）。

这时，恰巧东北军政大学副政委兼航校政委吴溉之的夫人刘钊来到航校工作。校领导派她接替我到卫生队任政治指导员。

后来刘钊到中国人民大学学习，新疆来航校的熊梅影同志接替刘钊任卫生队政治指导员。

我在完成卫生队的工作任务后，又回到了训练处。

俄文翻译

1948年10月，我军在东北战场上取得了决定性胜利，国民党军队节节败退。东北老航校的大批干部和刚毕业的一些学员，兴高采烈地随大军奔赴长春、沈阳，去接收国民党空军的装备、器材和人员。

航校训练处编译科黄楚山主任和杨劲夫、曹毅风等几位翻译骨干也随着去了。训练处编译室只有我和几个干部，与气象班学生和教员，留守学校继续工作。薛少卿政委命我代理训练处编译室主任。这时编译室的主要工作是抄写誊清编好的教材。

一天，李东流处长交给我一本俄文书——《轰炸条令》，要我译成中文。这是他在为全国解放后，苏联帮助我国建设空军而准备的教材。我很高兴地接受了这项翻译任务，这是在延安军委外文学校俄文系毕业后，我第一次接受的翻译任务。我很珍惜这次机会，决心把这一工作做好。但是，我也清楚完成这项任务将面临的困难。

首先《轰炸条令》是轰炸机的飞行教材。我没有学过航空，对飞机的构造和飞行原理以及航空技术名词掌握有限。其次，我没有中文参考书，没有航空技术词典，连俄汉字典都没有。手头仅有一本我从延安带来的《露和辞典》，这是日本人使用的俄文字典。再有就是缺乏生活常识、知识面窄，这也会对翻译工作造成许多困难。记得书中有这样一句话："要用三轴汽车。"我是在大城市长大的，大、小汽车我都见过，什么是三轴汽车？我想不明白。经请教李东流处长，才恍然大悟，原来三轴汽车就是六个轮子的大卡车。六个轮子不就是架在三个轴上的吗！

幸好多年的部队生活，使我养成了迎着困难上的习惯。我就是借助这本《露和辞典》，一个字一个字地查阅对照，多方请教，最终十分艰难地把这本俄文的《轰炸条令》译成了中文。人民空军成立后，这本《轰炸条令》便成了飞行轰炸机的教材。我通过翻译这本《轰炸条令》，掌握了大量的俄文航空飞行技术词汇，以及相对应的中文航空飞行技术词汇，还学到了有关航空的专业知识，扩大了知识面。

参演歌剧《白毛女》

1947年春节，航校为配合农村土地改革，组织学校的干部和学员排练演出了歌剧《白毛女》。

这出歌剧的导演是飞行教员训练班的学员张成中，他是延安鲁迅艺术学院戏剧系的学生，曾在延安上演的曹禺名著《日出》中饰演男主角方达生，因学过飞行被抽调到航校工作。

剧中的喜儿由王淑春、温家琦二人饰演，黄世仁由杨劲夫饰演，黄母由我饰演，二婶子由柳明淑饰演，王大婶由王淑贤饰演，杨白劳由李奇饰演，赵大爷由伊琦饰演，王大春由张执之饰演，穆仁智由王建饰演（前六位演员是训练处干部，后四位演员是领航班学员）。

歌剧《白毛女》的演出，使全校师生员工受到了深刻的阶级教育。东安市政府闻讯前来学校，邀请我们为当地市民演出。开演那天盛况空前。演出时，观众被剧情感染，情绪异常激动，当演到黄母虐待喜儿，恶狠狠地用大烟扦子往喜儿口中扎时，观众愤怒了，高声叫喊："打死她！"有几个观众蹿上台要打死黄母。主持人赶忙上前拦着，大喊道："这是演戏！这是演戏！"这次演出结束后，观众反响热烈，主办方也给予了很多好评。《白毛女》这出戏，让观众和我们演员都受到了教育。

空 军 翻 译

回到阔别10年的北平

在中国人民解放战争即将取得胜利时，毛主席在《目前形势和党在1949年的任务》中提出，在"1949年或1950年争取组成一支能够使用的空军"。

1949年9月21日召开的中国人民政治协商会议第一届全体会议上，毛主席在开幕词中又发出了"我们将不但有一个强大的陆军，而且有一个强大的空军和一个强大的海军"的号召。

党中央为建空军做准备，于1949年3月在北平成立了军委航空局。我被调到军委航空局办公室翻译组任组长。

1949年3月，我带着一个1岁和一个3岁的女儿，与保姆一起4人坐上闷罐火车，到了沈阳，入住老航校在沈阳的办事处。这座建筑，是原国民党空军司令部所在地。在这里，我见到了为国家航空事业牺牲的老航校飞行科科长吉翔的夫人王婉君。此时她已改名为冷涛，和一位从延安来的干部组成了新的家庭，她的母亲和女儿也被接到沈阳，一家人团聚在一起，幸福美满。

乘上开往北平的列车，老航校的生活和工作场景不停地在我的眼前闪过，告别了东北！告别了，我参加创建并为其工作了3年的东北老航校！火车驶过了山海关，送我回到了阔别10年的北平。

军委航空局

翻译组长

我到北平后，立即到位于东交民巷奥国府（原奥地利驻华使馆）的军委航空局报到。

军委航空局局长常乾坤，政委王弼；办公室主任王建，干部赵俊（王建、赵俊是东北老航校领航班学员）；医务室医生高英；翻译组成员3人：我任组长兼俄文翻译，李之任英文翻译，周建实任英文、俄文翻译（李之出自北平辅仁大学，周建实出自国立北平师范大学）。

翻译组的任务：一是翻译与空军有关的外文资料，二是准备为空军配备翻译人员。

光荣任务

1949年10月1日是伟大的中华人民共和国成立日。这一天，在开国大典的阅兵式上，将要有飞机编队飞越天安门广场，接受党中央领导、中央人民政府领导及人民群众的检阅。这是一项从未有过的光荣而又非常重要的政治任务。为此，航空局的同志都去了南苑机场，了解飞行队和受阅飞机的准备情况。

南苑飞机修理厂（老航校第十一飞机修理厂）的机务人员在厂长张开帙领导下，精修了17架能够保证参加检阅的飞机。这些飞机都通过了严格的试飞检验，各项指标性能完好。

10月1日举行开国大典时，航空局的领导同志都在南苑机场。我的光荣任务是参加开国大典观礼，位置在天安门西侧观礼台的前排。

为新建航校配备翻译

10月6日，中央军委遵照党中央先办航校，再建空军的指示，决定再建一批新的航空学校。新航空学校要以老航校的干部、学员为骨干，要争取苏联援助。

1949年8月，准空军司令员刘亚楼赴苏联访问时，与苏联空军达成协议，由苏方协助中国先办6所航空学校，卖给中国434架飞机，派878名专家来华帮助工作。按此协议，第一批专家10月19日到达北京，与我国筹建航校小组人员到各地考察，遴选校址和修建机场。11月中旬，苏联专家陆续到达，分别前往6所航校参加建校和教学工作。

10月25日，中央军委任命刘亚楼为中国人民解放军空军司令员。

刘亚楼司令员高瞻远瞩、未雨绸缪。他在访问苏联时，便指示国内抓紧筹调俄文翻译，为苏联专家来华工作做好准备。

周恩来总理得知此事，立即与有关部门联系，配合落实俄文翻译的调集工作。首批共调进俄文翻译108名。其中从哈尔滨俄文专科学校调进31名，从哈尔滨工业大学调进25名，从新疆招聘52名。军委航空局的领导和我们翻译组的同志接待了这些前来报到的翻译，将他们在两个月内陆续分配到6所航校，担任苏联专家的翻译，参与建校和教学工作。

苏联派到我国参加6所新建航校的专家，是针对学校的职能岗位的各项工作，以一对一的方式对口配备的。如校长、政委、校机务工程师、飞行教员、机务大队的机务人员的工作都配有相关苏联专家。到1960年，空军共建了17所航校，这些航校的初建，都曾有过苏联专家的帮助。

每当苏联专家们的身影出现在课堂上、车间里、飞机上、机场上、学员中及学校的各个角落，都有翻译伴随在他们身边。他们和中国教师一起，为完成航校的教学任务，为培养空军所急需的人才，做出了自己的贡献。

为领导部门调配翻译

1949年11月11日中国人民解放军空军正式成立时，空军领导机关设立司令部、政治部、干部部、训练部、工程部、后勤部及下属6所航校。空军各领导部门都配有苏联顾问。如司令部有司令员、参谋长顾问（细分有作战、侦察、通信、气象顾问）；工程部有部长顾问（细分有飞机发动机、外场顾问和特设、军械、修理、订货等顾问）；训练部有飞行、领航、轰炸顾问；后勤部有油料、器材、车管、场建、卫生等顾问。这些顾问，都需有相应的翻译配合工作。

为空军部队调配翻译

1950年，空军开始组建部队。直至1954年，先后组建了28个航空兵师、70个航空兵团。装备有歼击机、强击机、轰炸机、侦察机、运输机、直升机、教练机等50余种苏联飞机，还有与其配套的发动机、军械、无线电、仪表、电器设备以及修理车、充电车、充氧车、空气压缩车、加油车等特种车辆和降落伞设备等，它们的使用和维修都需配有相应的翻译。

部队也要配备苏联顾问。司令部有作战、侦察、队列、照明、雷达和气象顾问；团指挥所有作战、指挥、领航、雷达、标图、航行和管制顾问；机务人员有飞机发动机、军械、特设、维护方法、故障排除和外场工作制度等顾问；供应大队有器材、军械、充电、报务、电话、氧气、汽车、消防、信号、探照灯、专业知识和工作职责顾问等。为充分发挥顾问们的作用，部队迫切需要为他们配齐有专业素质的翻译。

随着航校的增加和部队迅速成批组建，先后几次从哈尔滨俄文专科学校、哈尔滨工业大学、哈尔滨医科大学、大连俄文专科学校、北京俄文专科学校和新疆等地调进俄文翻译。1952年，空军有翻译487人，到1954年达到700多人。

翻译《飞行条令》

空军训练部部长由空军副司令员常乾坤兼任，副部长是李东流。训练部下设飞行科、机械科、预教处、编译科和出版科。

编译科科长是杨劲夫，我任副科长。杨劲夫毕业于哈尔滨工业大学航空系，会俄、日、英、德4种语言。编译科的力量较强，其中科技人员4人，他们是参加我国第一架飞机设计的科学家余天骥、南京大学航空系教授施祖荫、教授仪表的解老师和原国民党资深飞行员王玉坤；俄文翻译4人，是从新疆招聘的，学识较高。

编译科开始的主要工作是把选调来的翻译安排到新成立的6所航空学校，争取开学后即可配合苏联专家工作。这些翻译都是初出校门，为帮助他们顺利工作，为他们购买了《俄华字典》，每人一本；科长杨劲夫带领科内的航空专家和翻译，为新到的翻译人员编写《航空科学技术专用名词俄华对照翻译手册》，也每人发一本。此外，还帮助解决他们的生活待遇问题。经空军党委指示，所有翻译人员均定为排级干部，吃中灶待遇（营以下干部吃大灶，团级干部是中灶待遇），享受优于其他干部的津贴。遗憾的是，杨劲夫科长只在编译科工作3个月便被调到工程部了。

12月中旬，刘司令员交给我一个紧急翻译任务，翻译苏联专家带来的1948年新版《飞行条令》，要求年底前印发到学校，供学校开学使用。

两周的时间要完成7万多字的《飞行条令》的翻译工作，时间紧、任务重。大家群策群力，成立《飞行条令》翻译工作组。我将《飞行条令》分成两部分，安排两名较熟练的翻译每人负责一部分，同时开始翻译。我负责文字校对，另请了两位飞行干部负责技术校对，把好文字关和专业技术关。我们流水作业，每翻译出一章，立即依次进入文字校对和技术校对。如此一章一章地译、校，大家加班加点，共同努力，协同工作，终于按时完成了《飞行条令》的翻译工作。鉴于我们的工作保证了1950年1月1日航空学校按时开课、开飞，这一工作集体受到了空军领导的全军通令表扬。

1950年夏，编译科第二任科长曹毅风到任，编译科的人员发生了一些变化。余天骥、施祖荫和解老师已去当时的北京航空学院（现北京航空航天大学）任教，王玉坤到北京航空联谊会担任会长工作（这个航空联谊会一直延续至今）。

编译科先后调来了几位文化程度较高的翻译。其中，从大连俄文专科学校来的四位，都曾经在大学学过航空专业；来自哈尔滨俄文专科学校12班的郑志、张玉良、赵忠、王文光、郑祥里等人，原来也都是大学生；还有的翻译来自上海俄文专科学校。

编译科在曹毅风科长领导下开始了翻译教材、教范的工作。我除了编译科的翻译工作外，还分工负责联系和指导全部空军的翻译工作。

新成立的空军部队的飞行员和机械员，都是来自6所航校的学员，他们在苏联专家的帮助下进行战斗飞行训练和机务保证工作。这些训练工作的开展与翻译们的工作密切相关。

编译科要了解为苏联专家配备的翻译人员在新单位的工作情况，对他们工作中的问题提供必要的帮助。带着这个任务，我去了新成立的空军第8师。

空8师在齐齐哈尔，我见了师长吴恺，说明来意。吴恺是老熟人，他曾是延安军委四局（编译局）的一位科长。军委四局和当时我所在的俄文学校在一起办公。四局的局长曾涌泉也是我们学校的校长。1945年10月2日，吴恺和我们一起从延安行军到东北老航校。行军路上，我和张开峡，他和李素芳，我们两对夫妇常睡在老乡的一个炕上。他到老航校后，在飞行教员训练班学习。空军成立6所航校后，吴恺兼任第一航校的副校长（校长是刘善本）。

吴恺师长介绍了该师的翻译工作情况后，安排我会见了在这里工作的翻译。他们见到我很高兴，普遍反映为苏联专家担任翻译工作很融洽、很顺利。据我深入了解，他们在机场工作有困难。齐齐哈尔天气寒冷，气温近零下40摄氏度。地勤人员在机场工作身上穿着的是保暖地勤工作服，而翻译人员穿的是一般工作服，不抗严寒，在天寒地冻的飞机场确实难以工作。要为他们配备地勤工作服，我想这个问题应该赶紧汇报解决。我向吴恺师长反映了这个情况后，很快翻译们便穿上了暖和厚实的地勤工作服。

此后，我在编译科担任副科长期间，接连翻译了两本书：一本是《驱逐条令》，一本是《攻击条令》，为歼击机和攻击机的飞行训练提供了教材。

翻译科科长

随着部队扩大，翻译人员增加至700多人。空军党委将编译科一分为二，一个编辑科和一个翻译科。编辑科仍属空军训练部，科长曹毅风；翻译科归属空军司令部，负责全空军的翻译工作。我被任命为空军司令部翻译科科长。

翻译科的两项主要工作

一是，负责全空军700多名翻译人员的调配和业务工作指导。为此，翻译科内设一业务指导组。业务指导组在科长领导下，负责调配翻译人员的工作；为各航校、空军各部门和各空军部队的苏联顾问配备翻译；了解各部门翻译人员工作的情况；向上级反映和帮助他们解决在工作中和生活中遇到的困难和问题；为翻译提供工作和学习资料；为他们创造到航校学习的机会，协助干部部门为翻译评定翻译等级等。

为翻译人员创造争取进修学习机会，是提高空军部队和航校翻译队伍整体水平的有效措施。使他们从最初的"门外汉"成为航空专业翻译队伍中的行家里手。

在空军领导的支持下，我们有计划地保送翻译人员到航校进修，学习与航空专业有关的技术课程，从而扩大他们的专业知识面，提高他们在空军从事航空技术翻译工作、教学工作的能力和水平。我也曾作为走读生，在南苑第六航空学校学习了飞机发动机构造和原理的课程，亲身体会到了进修对于航空专业翻译的必要性。

为培养高级航空技术人才，空军决定派翻译人员到苏联茹科夫斯基航空学院深造。这一选派工作由翻译科配合干部部完成。翻译科先后从空军各部门选拔出了两批素质较好的翻译，他们学成回国后，都在我国航空和航天部门做出了自己的贡献，其中就有工程院院士、嫦娥工程总设计师孙家栋。

二是带领翻译科的30多位翻译，将苏军提供的各种教材教范，各种飞机发动机、无线电、电器、仪表等特种设备和各种军械的使用、维护及其技术说明书翻译成中文。

为便于工作，翻译科设空勤组、机械组、特设组、军械组4个翻译组，1个缮写组，1个保密室和1个检查组（业务指导组）。

空勤组负责翻译各种类型飞机的飞行、领航、轰炸、射击、照明、照相、和气象方面的理论和实用技术等教材、教范及条令、条例等。

机械组负责翻译各种类型的飞机、发动机及其附件的构造、原理、外场使用、维护、修理的教材教范及其各种技术说明书等。

特设组负责翻译各种类型飞机的航空电器、无线电和各种航空仪表的构造、原理、使用、维护、修理等教材、教范和技术说明书等。

军械组负责翻译各种类型飞机的枪、炮、弹药、瞄准具等航空武器的构造、原理、使用、维护修理的教材、教范及其技术说明书等。

缮写组负责对审定的译稿抄写誊清（当时没有打字机），以使译稿能够做到齐、清、定发排。

保密室负责保管苏军提供的、需要翻译的培训飞行人员和地勤人员所有的教材和技术资料（当时这些图书资料是保密的）。

翻译工作是语言文字工作，所以翻译人员的文笔要好。长时间伏案工作，要求翻译必须认真、耐心、坐得住，耐得住枯燥；由于工作需要，调进的翻译常常又被调到部队，担任其他的翻译工作，致使翻译科的人员很不稳定。在翻译科工作时间较长和相对稳定下来的翻译有：

空勤组：宫树滋（组长）、冯岳彬、杨维杰、肖枕石、唐胜耕、袁迈、周建实、翟云、邓伟男、郑志。

机械组：钱如铎（组长）、赵福成、陶天炳、徐桂琴、马之骊、吴中番、张景耀、白国超、陈炳慈、邹乃卓、温家琦、白居正。

特设组：宋竹音（组长）、李斌、朱启文、郑吉庆、蔡敬尧、王仲黎、姜仕杰、齐肇惠、张兰香。

军械组：孙凯（组长）、戴孟彬、李中孚、陆保林、陈家璇、洪万德、王福龄。

缮写组：夏华（组长）、高博陶、陈文华、安中根等七八人。

检查组（业务指导组）：王海轩（组长）、陈渊、王志诚、夏开武、张启安、王清奇。

保密室：保密员刘惠中。

工作程序

空军各单位需要翻译的教材、教范、各种技术说明书等，送翻译科保密室登记保管。各翻译组组长按本组的业务分工，到保密室领取本组负责翻译的书籍资料；之后，按任务的轻重缓急安排翻译工作。

各翻译组每天上班到保密室领取要翻译的图书资料，下班后将这些原件和译稿封好交保密员保管。各翻译组每天都要写工作日记。

工作方法

在翻译科工作期间，除非翻译急件，一般不采用上述的流水作业的工作方法。

调入翻译科的翻译，都是刚出校门不久的俄文专业的学生，他们学习成绩优秀，文笔较好，但缺乏翻译工作经验。他们每天翻译的又是航空技术方面的内容，专业性强。既要保证译文准确、通顺，又要在工作中提高翻译水平，我采取了新老翻译结合、互相学习、互相帮助、互相切磋、互相校对，以及我对译稿及时讲评的工作措施和工作方法，有效保证了翻译科的译文质量，大大提高了翻译人员的翻译工作能力，深受翻译们的欢迎，也受到军委训练总监部的赞扬。

我们要求译文要绝对准确，不能出现歧义，因为若有一丁点问题，都会产生严重后果，甚至会死人。在表达上，要通顺、叙述明白，避免疙疙瘩瘩，佶屈聱牙。

按照职责，我除了负责组织翻译科的译校工作外，还要审定全科30多位翻译人员的译稿，工作量较大，每天都工作得紧张辛苦。我在翻译科工作5年，没有统计过审定了多少万字的稿件，而且这份辛苦也不是可以用多少万字来统计的。

从1952年到1956年，翻译科翻译了1950到1956年从苏联进口的所有飞机的技术资料。计有拉–9、乌拉–9、拉–11、雅克–11、雅克–12、雅克–17、雅克–18、米格–9、米格–15、乌米格–25、米格–25、米格–15比斯、米格–17、乌特伯–2、杜–2、乌杜–2、杜–4、里–2、伊尔–10、乌伊尔–10、伊尔–12、伊尔–14等，以及与其有关的理论书籍，如飞行原理、轰炸学、领航学、空中射击学、气象学、空中照相、喷气发动机的构造和原理、电工学、无线电学，外场的使用、维护、修理，军械构造、使用、原理等教材，以及教范、技术说明书和手册等200余种，应该有数千万字吧。

翻译科的翻译们工作认真严肃，团结共事，紧张活泼，彼此关心照顾，结下了深厚的情谊。我们的友谊长存至今。

1954年，空军对我在翻译科的工作授予三等功，授予机械组组长钱如铎二等功，我们两人作为英模代表出席了空军首届英模代表大会，荣获了奖章和奖品。

1955年，我荣获国家颁发的自由独立奖章和三级解放勋章。

没有授衔

1955年，中国人民解放军开始实行军衔制时，我们空军的翻译一般均授中尉军衔，个别翻译被授予了上尉军衔，但没有给女翻译授衔。据说，军委老总彭德怀指示，部队只给女医务工作者和女通信人员授衔，在部队做其他工作的女同志一律不予授衔。大家对中央军委这一决定虽然很不理解，但也都无条件服从了。因此，在1955年这一年，我成了一个没有军籍的军队干部。

部队从1954年开始实行薪金制，此前一直实行的是供给制。供给制就是衣食住行等物品全部由部队供给，每月发几元到十几元的津贴费用来购买日用品。没有军衔，便成了地方干部，这样，我的工资从副团级的180元，变成地方15级的120元（军队的副团级，为地方的行政15级）。同志们为我感到惋惜，开始我也有些不适应，但这是国家规定，我是无条件服从。

1956年，空军党委通知，翻译人员的工资按国家制定的翻译工资系列实行。我和翻译科行政组的负责人王海轩来到空军干部部，在部长沈敏同志领导下，共同对全空军的翻译评定了翻译等级。

空军700多名翻译，从1950年开始工作，到1956年，已经做了6年翻译工作。翻译工作能力和水平大大提高，普遍能够独立完好地完成翻译工作任务。因此，多数翻译被评为8级，个别被评为5级、7级、9级、10级。我被评为5级，工资167元。这一工资一直保持了近30年。

我们的翻译授衔后，穿上了佩戴军衔的军装、军帽，很英武，大家都十分高兴。

这时，我虽然仍身着军装，但已是地方干部（当时部队没有文职），不便继续领导这些军官工作。我在空军的党内职务曾是训练部党总支部委员，司令部空军直属单位党代表大会主席团成员。只因为暂时无人接替我的工作，以致我在空军又继续工作了一年。

1956年，空军领导批准我带职去北京俄语学院进修。从此我离开了空军，离开了我亲爱的空军翻译同志，离开了哺育我20年的难舍的人民军队。

俄语学院进修

进修课程

1956年9月，我带职到北京俄语学院研究生和教师进修班进修。

这个班的学生，一部分是在校的研究生，一部分是来进修的大学俄语教师，还有几个是从部队来的翻译人员。

我所在的这个班，是研究生教师进修班的第12班。这个班的同学，是来自武汉大学、杭州大学、吉林大学、内蒙古大学、北京建工学院、清华大学和军事学院的俄文教师，还有来自总参和空军的翻译，共计12人。班长是来自军事学院的袁坚，我被选为党支部书记。

研究生和教师进修班的课程有：《语言学引论》《词汇学》《俄罗斯古语法》《中国文学史》以及《俄罗斯文学史》。

《俄罗斯文学史》，介绍了俄罗斯各个历史时期著名作家的历史背景、写作风格及其代表作。从17世纪冯维辛著的《聪明反倒聪明误》开始，到莱蒙托夫的《当代英雄》，普希金的《叶夫根尼·奥涅金》《上尉的女儿》，托尔斯泰的《复活》《战争与和平》，果戈理的《钦差大臣》《死魂灵》，奥斯特洛夫斯基的《大雷雨》，契诃夫的《小官吏之死》《套子里的人》，高尔基的《母亲》以及屠格涅夫的《前夜》《父与子》和肖洛霍夫的《被开垦的处女地》等。

我们最后学的是肖洛霍夫在第二次世界大战后的一个短篇《СУДЬБА ЧЕЛОВЕКА》，译成中文是《一个人的命运》，而我国著名的文学家、翻译家草婴，把该文译为《一个人的遭遇》。"СУДЬБА"一词的中文是命运，从内容看，把"命运"译成"遭遇"则加深了文章内容的意境，虽不是"命运"一词的原意，但这种"意译"，译得好，值得学习。

在翻译界，一直有所谓"直译"和"意译"之争，公说公有理，婆说婆有理，争论不休。其实，我认为要看具体情况，翻译科学技术方面的作品，特别是航空技术类的书籍，必须准确，不能有一丁点儿含糊，否则会造成难以想象的灾难；而文学作品，我认为可视内容表达的需要，从内容看，有些不失原意，而且更加打动人心的翻译，很符合严复提出的"信、达、雅"。后来"信、达、雅"成为翻译同行们的共识。

教俄语词汇的老师，在苏联就是教词汇学的老师，她的名字叫柳·科斯莫杰米扬斯卡娅，是苏联卫国战争英雄卓娅和舒拉的母亲。她撰写的《卓娅和舒拉的故事》一书，是20世纪50年代我国的畅销书，当时我国的青年人几乎人人都读过这本书。她上课很严肃，板书写得惊人漂亮，能抓住人的眼球。我们班先后有三位老师讲授俄罗斯文学课，他们都有副博士学位。其中两位女老师是苏联专家的家属，一位是男老师，从外貌看年纪较长，像是个老工人。他们讲课都十分认真、耐心、和蔼、热情。我能到这里学习真是很幸运。

插曲——整风"反右"

1957年，整风"反右"运动波及学校，也波及研究生、教师进修班。教学暂时停止了，校园里的"反右"斗争轰轰烈烈，室内、室外辩论批斗的场面比比皆是。其他教师进修班、研究生班都有被划定的右派分子、极右分子。我们12班的同学也很紧张，但最后没有一个人被划为右派，同学们认为我这个党支部书记对政策掌握得不错。进修期间的朝夕相处，使同学们相互建立了深厚的友谊，时隔多年，一些同学与我一直保持着联系。

结业考试

因为整风"反右"运动影响了部分课程的学习，结业时只考试了一门主课——俄罗斯文学。其他各门均作为考察，考察分数都是及格。

苏联老师考试与我们中国老师不一样。他们由学生从老师事先准备的试题中，任意抽出一个试题进行口试。我在苏联电影《乡村女教师》中见过这种考试，考试时教室中只有老师一人。我拿到的试题是讲述奥斯特洛夫斯基的名著《大雷雨》一书中女主人公的形象特点。我自认为答得不是很好，可老师给我打了5分。

在北京俄语学院进修的两年，虽然中间遇到了整风"反右"运动，冲击了部分课程的学习，但收获还是较大的。增长了知识，欣赏、了解了俄罗斯文学，开阔了眼界，提高了俄语水平。

科普工作

科普新兵

意外转业

1958年，我从北京俄语学院进修结束回到空军后，空军干部部的同志通知我，已将我调给中华自然科学普及协会《知识就是力量》杂志任编辑室主任。我很意外，因为事先没有人和我打招呼，我对这项工作不了解，对自然科学技术这个概念很陌生，心存顾虑，不愿接受这个决定。

后来我才知道事情是这样的：1956年9月，我在北京俄语学院进修期间，中华全国自然科学普及协会副秘书长黄哲找到空军，想为其主办的《知识就是力量》杂志寻求可以担任编辑室主任的人选。空军干部部的同志推荐了我，黄哲同志听了我的情况介绍，认为我非常符合要求，适合担任这一工作，当即拍板做出决定，将我的档案带走了。

继续在部队工作已不可能了，要我当编辑室主任的新单位，我又不愿意去，所以只得另寻出路。

我打听到外交部新成立的国际关系研究所需要人，这个工作可能对我比较合适。这个单位在建国门外，我问讯寻去，在距东单东面很远的一片荒郊野地（现在贵友饭店北面外交部宿舍一带）一间孤立的平房里，找到了外交部国际关系研究所。他们了解了我的情况后，表示欢迎我参加他们的工作。

1958年的北京，交通十分不便。当时我住在复兴门外公主坟附近的空军大院，从公主坟乘38路公交车到西单是终点站，从西单到这个单位，没有公交车可达。当时建国门外都是坑坑洼洼的土路，若从西单步行上班可能需要两三个小时，去那里上班实在太难了，我只得放弃了到这个单位工作的想法。

我是共产党员，不能耗着不工作。既然暂时没有其他出路，只好硬着头皮去了《知识就是力量》杂志社。从此，我踏进了科普战线，成了一名科普阵营的新兵。

像到了另一个世界

1958年9月，我到中华全国自然科学普及协会报到，该会正忙着与中华全国科学技术专门学会联合会合并，召开中国科学技术协会的成立大会。

开会时，一位女同志见到我，也不打招呼，慌慌张张地把我拉来拉去，最后把我拉到会场门口，说："你就在这儿把大门吧。"前来参会的人很多，他们互相称呼先生、太太，叫得那么自然。我这个在部队长大、工作的军人，看到这些场景有点儿懵了，似乎来到了另一个完全陌生的世界。

后来我知道了，新成立的中国科学技术协会是党领导下的一个科学技术工作者的人民团体，是党和政府联系科技工作者的桥梁和纽带，是党领导科技工作的助手。第一任科协主席是地质科学家李四光，党组书记是范长江。科协书记处负责科协的日常工作。书记处书记是聂春荣（第一书记）、陈继祖、王文达。中国科学技术协会设有办公厅、学会部、普及部、国际部、党委办公室和科学普及出版社。

《知识就是力量》编辑室主任

　　《知识就是力量》杂志隶属于科学普及出版社。科学普及出版社的社长听说是科协书记处书记、科学家夏康农，他没有到任，实际是空职。当时出版社的领导只有一位副社长荣一农，一位负责编辑工作的副总编贾祖璋，一位负责出版工作的王经理。副总编和出版部经理都是原开明书局的工作人员，他们都有丰富的工作经验。科学普及出版社有《科学大众》《知识就是力量》《学科学》三个期刊编辑室、一个书籍编辑室、一个翻译编辑室、一个美术工作室、一个经理部和一个办公室。

　　我到科学普及出版社任编辑室主任后，荣副社长并没有见我，也没有与我谈过话。《知识就是力量》的工作直接由科协书记处过问，王文达书记负责《知识就是力量》的稿件终审工作。

　　《知识就是力量》杂志于1956年创刊，周恩来总理热情题写刊名。原中华自然科学普及协会与苏联科学知识协会协商，由苏联方面的《知识就是力量》杂志编辑部，为我国编辑5期《知识就是力量》作为示范，由我们翻译出版。这5期的内容和形式都很新颖，每期都设有专栏、科学技术故事、科学幻想小说等内容。

　　专栏的内容很丰富，栏目的标题分别是"科技新闻""怎么、什么、为什么""展望未来"和科技的"点点滴滴"。在刊登的科学技术故事中，有一篇文章，生动地讲述了一群青年工人怎么革新刀具技术的故事。这篇故事，既普及了刀具的科技知识，也介绍了革新刀具的思想和方法。在科学幻想类的小说中，有一篇讲述换人头的故事，很吸引人。

　　这5期《知识就是力量》，内容丰富多彩，生动活泼，视角独特，知识性强。这种刊物，当时在我国很稀罕，一问世，便得到了广大读者的欢迎，一下发行了20万份。按照与苏联《知识就是力量》编辑部达成的协议，他们只负责为我们编辑5期，以后，就由我们自己编辑了。

　　我到《知识就是力量》编辑室上班时，原主编王天一已调走，只有一位副主任陈霞飞在主持工作，我看到她正忙着为配合"大跃进"的政治任务组织稿件。她不懂俄文，此前是《工人日报》的记者。

《知识就是力量》编辑室有三位俄文编辑（赵璞、孔宪章、周文斌）、一位英文编辑和一位秘书干事（马佩炎）。见面时，大家正为印数下降发愁。1958年，《知识就是力量》已由1956年创刊时发行的20万份跌至4万份。面对继续下跌的趋势，大家都很着急，怎么办？大家对我能否解决这个问题，报以等着看的态度。

我被调到《知识就是力量》编辑室工作，是为了便于与苏联方面合作办刊。我是学俄文的，做过俄文翻译工作，但是我没有做过杂志的编辑工作，如何提高发行量，我不知道。但是，我既然接了这个工作，就要和大家一起想办法，解决这个问题，把工作做好。我是一名国家干部、一名共产党员，克服困难，做好工作是我的使命，一定要想方设法把《知识就是力量》的发行量提上去。

怎么办？学习是成功之母。首先，要向编辑们学习，不耻下问，做小学生。

苏联《知识就是力量》编辑部，为我国编辑5期示范刊物后，我们编辑室是怎么工作的？原来他们仍继续翻译苏联《知识就是力量》杂志的文章，为我所用，室领导要求要全文照译，不能改动一个字。

这样工作下来，大家发现，苏联《知识就是力量》中的文章，是针对苏联读者的，内容是面向苏联读者的。适合苏联读者，并不等于都适合中国读者。毛主席说过"到什么山上唱什么歌"。没有解决好入乡随俗的问题，读者不爱我们了，远离我们了，这是印数逐渐下降的原因之一。

1958年，《知识就是力量》编辑室配合"大跃进"、全民大炼钢铁、提高钢铁产量的政治需要，大量刊登大炼钢铁的有关技术、介绍粮食高产的消息和有关知识的文章，读者反映，这种文章内行不要看，外行看不懂，也不愿意看。编辑们认为，杂志转载《人民日报》社论和头条文章过多，介绍群众感兴趣的科技知识相对较少，忽略了准确锁定读者群体、科普对象，未能在普及科技知识内容的通俗性、多样性、趣味性等方面下大功夫。大家认为，这是印数逐渐下降的第二个原因。

应当怎么办？毛主席说"没有调查，没有发言权"。我和编辑们分别深入工厂、农村、机关、学校、部队，向青年工人、农民、教师、学生、干部、青年科技工作者、战士和人民群众广泛调查了解，他们的需求、关切、兴趣爱好和意见、建议。

通过调查我们明确了《知识就是力量》刊物的宗旨、性质、任务、特色、定位等关键问题，在宣传和普及的科技知识方面，提倡勇于开拓、积极探索，争取将《知识就是力量》办成深受人民欢迎、群众喜闻乐见的刊物。

20世纪50年代，我们国家对国外的科学技术发展情况不甚了解，科技信息闭塞。为了供读者开阔眼界、丰富知识、增长才干，《知识就是力量》应顺应社会需求，放眼世界，广泛了解、收集与科学技术发展有关的人文趣事，把其他国家在科学技术方面的新发展、新成果、新技术及新材料应用等有关信息翻译介绍给我国的读者，以洋为中用，有助于我国社会主义现代化建设。这个工作思路，经报科协书记处同意实行后，《知识就是力量》杂志逐渐有了起色，读者开始被唤醒了。

从外国报刊取材

鉴于当时的国际环境，我们和许多国家没有外交关系，为了介绍其他国家的科学技术，我们只能设法收集外国公开发行的报刊，从中摘取有关科学技术的报道和文章，经过筛选、翻译，作为编辑素材，以飨广大读者。

在内容方面，我们突出一个"新"字，内容要新。如新科技、新发明、新发现、新学科、新学说及新材料、新方法等方面的新闻、图片、文章；我们还突出了有关重大科技成果的介绍。如人类第一次进入宇宙、世界上的第一个激光器"莱赛"（当时我国科学界尚不晓得"莱赛"是什么）、第一个试管婴儿、农业灌溉新方法——喷灌、农作物的新型肥料——氮磷钾球形复合肥料、美国高产玉米种植的新科技等。最初我们获取信息的渠道有限，主要是苏联的几种科普报刊和美国的《大众科学》杂志。

兼容并蓄，为我所用

我们选用、转载、翻译外国科技方面的有关报道和文章，不是全文照译，而是根据科普杂志的特点，删繁去简，突出重点，深入浅出，"为我所用"。即视文章内容，或全文照译，或取其一部分内容进行摘译，或进行重新编排改写，使一些深奥复杂的论述变得通俗易懂。

《知识就是力量》杂志特别重视宣传、介绍、推广我国的科技新成就。例如：我们及时宣传了我国科学家在建造人民大会堂时所取得的科技成就，介绍了他们如何攻克万人大会堂大跨度顶梁不能有一个立柱的难题，如何在大会堂巨大的空间内保证音响清晰和照明效果等难题。特别是报道了我国发明的蛤蟆夯后，求购咨询的热度很高，这一小巧灵活、能够适合不同工况、工作效率高的打夯新器械，甚至引来了越南买家。

力求通俗易懂

《知识就是力量》是宣传普及科学技术知识的杂志，我们要求宣传介绍的内容一定要让读者容易读懂，便于接受。行文要通俗易懂，生动活泼，引人入胜。

读者看到标题即产生一定要看这篇文章的欲望。体裁要新颖多样，为青年读者所喜闻乐见。我们努力做到，研究读者的兴趣和需要，想读者所想。

杂志仍保留了创刊时的"世界各地""点点滴滴""怎么、什么、为什么"专栏，按读者建议，又推出"发明创造的故事""课本之外""有益的建议"新专栏。"科学幻想"，是读者欢迎喜爱的栏目，应读者要求，开办了"超声波""无线电电子学""原子巨人"等新兴科技知识讲座连载。

为把握刊物质量，我作为第一读者，阅读了解每一期的文章是否合乎要求。因为我的年龄也属青年人，只要我能看懂，乐意看，有兴趣，这篇文章就可以通过；若我看不明白，或文字表达有问题，枯燥无味，我就要打回，重新编辑修改，直到满意为止。

印数增加3倍

由于我们努力想方设法改进工作，所以《知识就是力量》杂志又赢得了读者们的喜爱和欢迎。奋斗3年，到1961年，印数增长3倍，成为当时全国两份印数最高的科普杂志之一。

我很敬佩编辑室的同志们，他们对工作极端认真负责，埋头苦干，加班加点，任劳任怨。成绩应该归功于他们的奉献。

1962年，苏联撤走在我国的全部专家，《知识就是力量》杂志受到影响，于1962年停刊。直到1979年《知识就是力量》复刊，这本在人们视线中消失了17年的刊物，一经出现印数即达50万份，由此可见，读者对《知识就是力量》的怀念。

《荒岛怪蟹》事件

《荒岛怪蟹》是1960年刊登在《知识就是力量》上的一篇苏联科幻小说。前半部发表后，受到中宣部科学处的严厉批评，原因是这篇科幻小说被定性为"修正主义"，后半部被禁止刊登。

这篇科幻小说是一位编辑于1959年收到的稿件。故事讲的是一位美国科学家在一个荒岛上试验一种形似螃蟹、能吃掉敌方所有金属的武器。它在吃的过程中能即刻自动复制出与自己形状相同的、能吃金属的机器螃蟹。这位科学家在荒岛上埋布了许多金属，用来做试验。不料，机器螃蟹越来越多，把岛上的金属全部吃光后，继续寻找金属，最后找到科学家嘴里的金牙，争相吃掉了。这个稿件交我看后觉得没有意思，就压了下来。

1960年，国际局势紧张，重审这篇科幻小说，有"玩火者必自焚"的寓意，能够使人联想到"战争狂人"都不会有好下场。

遵照中宣部科学处指示，该文后半部没有续登。不少读者来信询问，要求继续登完。后来我们在苏联《真理报》上无意看到了这种机器已经制成的消息。因此，我"顶风"将该文的后半部刊登了。王顺桐书记为此找我谈话，问我为什么这么做？我告诉他，《真理报》的消息，这种机器已经造出来了。他没有再说什么，中宣部那边也没有再追问。没想到在后来的"文化大革命"中，这篇科幻小说成了"轰炸"我的一颗"炮弹"。

《知识就是力量》停刊后，我被任命为《科学大众》杂志第一主编。

党的领导小组组长

　　1961年，科学普及出版社图书编辑室和办公室等同志贴大字报抨击副社长荣一农。

　　在国家开展大炼钢铁追求农业高产的"大跃进"时，荣一农也要科学普及出版社的工作"大跃进"，他发动大家千方百计多出书，规定编辑室交多少万字的稿件，不完成便批评；追求数量，不顾质量，为了多出书，迫使编辑们不得不剪辑报刊，编辑人员戏称，他们的工作是剪刀加糨糊；连办公室负责收发工作的非编辑人员，也被要求编书，因完不成任务，急得哭鼻子。

　　范长江同志（时任国家科委副主任、中国科协党组书记）了解到此情，十分气愤，适逢国家精简机构，便把科学普及出版社撤销了。

　　科学普及出版社撤销后，科协保留了三个期刊：《科学大众》，主要面向干部，主编陈蕴山；《知识就是力量》，主要面向青年，主编是我；《学科学》，主要面向农民，主编钱家梅。

　　为了加强党对三个杂志的领导，科协党组成立了一个党的领导小组，领导三个杂志的党政工作。党的领导小组成员是我、陈蕴山和钱家梅三人，我是党的领导小组组长。

　　1962年，文化部部长吴愈之要为全国干部出版一套"知识丛书"。其中科学技术部分由中国科协负责编辑出版。为编辑出版"知识丛书"，范长江书记重建了科学普及出版社。

科学普及出版社副总编

重建的科学普及出版社

重建的科学普及出版社无社长、总编。科协人事处施爱椿找我谈话，说书记处拟任命我为出版社副社长，我表示还是愿意做业务工作。因此，科协书记处改任我为副总编。这时，出版社的党政工作仍由以我为首的原三人的领导小组负责。编辑业务工作，由贾祖璋和我分别负责。贾祖璋负责知识丛书编辑室的工作，我负责农村读物和工人读物编辑室的工作。

新科学普及出版社的机构和任务如下：

成立知识丛书编辑室，主要任务是编辑出版"知识丛书"。室主任叶耀芳，主力编辑王玉生。

成立农村读物编辑室，主要任务是编辑出版科协普及部交与的科普挂图和农业科技知识的图书。室主任高庄，主力编辑萧枕石。

继续出版《科学大众》（主编陈蕴山）、《知识就是力量》（1962年撤销）、《学科学》（主编尤力）。

《科学大众》以干部为主要读者对象，《学科学》是农村科普期刊，编辑部要定期到农村办公。

出版社没有办公室，财务工作由会计、出纳各一人负责，出版发行工作2人，炊事员2人。

见习贾祖璋编书

贾祖璋先生是科普出版界的老前辈，是原科学普及出版社副总编。他工作认真负责，严肃严谨，一丝不苟，精益求精；他对下属严格要求，细心指导，诲人不倦，是一位令人尊敬的前辈。

贾先生组织编辑一本书稿，选题无论由谁提出，都需要经他首肯。选题确定后，责任编辑提出组稿要求，经室主任认可后再交他审定，他重视遴选作者，为确保书稿的写作质量，他还要了解作者的情况。

对于组稿工作，他要求责任编辑亲去当面详谈。组稿后，要求作者先送详细写作提纲，经责任编辑、室主任、副总编三审，提意见修改通过后，再写样章。样章也要经三审同意。贾先生会对写作提纲和样章认真研读，与责任编辑和室主任一起研讨，提出对提纲和样章的修改意见及他对编写的意见。重点稿件，他则亲自动手修改，以保证书稿质量。

稿件脱稿后，先交责任编辑审读，提出具体意见（如对全书的章节、内容和表述做出评价，针对问题如何修改，提出意见）。后交室主任审读，提出意见。最后将注有二者意见的书稿送总编审定。贾祖璋先生逐字逐句通读书稿，仔细审阅责任编辑和室主任对书稿提出的意见，同他们一起商谈自己的意见，然后退回修改。对修改过的稿件，贾先生也要仔细阅读，若没有达到要求，便再次退回修改，直到内容和写作质量合乎要求为止。

贾先生不仅要通读发排的稿件，而且要通读清样，把好最后一道质量关。阅读清样时，他注意纠正错漏字，特别留心注释、引文、图字、外文字母这些容易疏忽的地方，以及插图的位置是否合适、美观。

贾先生特别重视从投稿人中发现科普写作人才，对于可以培养的作者，他会不厌其烦地给予帮助。对于内容单薄但题材好的稿件，他也绝不轻易"枪毙"，千方百计帮助改好，使其起死回生。

学习给农民、工人编书

1963年，农村甘薯黑斑病蔓延，农民迫切需要黑斑病的防治技术。群众反映，一些出版物介绍的有关技术不能解决问题。我去农业大学向专家请教后得知，因为一是没有触及技术的要点，二是没有图解表述不清。我请专家编绘了一张防治甘薯黑斑病的技术彩图，印制出版，农民们看后高兴地说："我们的难题就像窗户纸，一捅就破、一看就懂、一学就会。"这个困惑他们的问题最终得到了解决。

还有棉农因棉花芽苗移栽不易成活，影响了棉花产量很伤脑筋，希望解决这个难题。我们发现山西一个老棉农是棉花高产种植能手，他的芽苗移栽成功率很高，值得推广。我们将他的芽苗移栽技术绘制成一张彩图，印制出版。这张彩图一问世，棉农便如获至宝，解决了他们棉花芽苗移栽不易成活的难题。

为适应工人需求，我们请当时华中工学院（现华中科技大学）的赵学田教授修订了《机械工人速成看图》和编写了《机械工人速成制图》，这两本书全都发行了100多万册。

精神物质双丰收

科学普及出版社自1962年复建后，党的领导小组在中央调整方针和广州科技会议精神指导下，总结了出版社正反两方面经验，出版工作发扬了重视知识性和通俗化的特点，提倡严格、严谨、严密的三严作风，强调正确贯彻党的知识分子政策。因此，编辑和工作人员心情舒畅，情绪饱满，团结友爱，积极工作。有时为了赶稿子，晚饭后大家都自动到办公室埋头工作。要求入党的同志多了，积极参加党课学习的同志也多了。这时的科学普及出版社，是一个积极向上的、精神文明的出版社。

到1964年，出版社实现了精神物质双丰收。我们出版的图书因知识丰富，通俗易懂，赢得了读者欢迎。发行量的扩大，带来了丰厚的经济效益。科学普及出版社为中国科协在西城区三里河路二里沟的朝阳庵盖了一幢5层3个单元门的宿舍楼。

爱上科普工作

在编辑《知识就是力量》杂志的工作中，我学到了许多科学技术知识，例如，什么是超声波、低声波、激光、原子能和无线电，如何通过研究、利用，提高我们的科技水平，推动社会的发展等。

在编辑农村读物的工作中，拓宽了我对科学技术知识的认知。通过编辑植物保护图书，知道了稻、麦、棉、玉米等农作物有哪些病害，有哪些虫害，及其具体的防治方法。在推广活动中，我也亲身体验，学到了一些操作的技术。

想当初，我是无奈来做科普工作的，但到此时，我开始爱上这一工作了。

对科普工作的感悟

◎ 科普实际上是一个改造世界的任务。

◎ 科技的重大作用主要体现在：通过科普活动使广大群众掌握科技知识并使之应用于社会生产和生活的各个方面。

◎ 科普，对科学技术本身的发展和真正体现它的社会作用，都是必不可少的。

◎ 科普创作不是一个次要的从属性的科学任务，而是一个基本的任务。

◎ 把一个科学技术问题，用通俗生动的方式表达出来，就是科普创作。

◎ 专著：科学地反映世界；科普：形象地反映科学。

◎ 科普读物有两个重要方针：

一是帮助把科学成就运用到生产中去，发展生产、创造财富。

二是通俗易懂地向广大人民群众传播他们需要的科学技术知识、先进的科学思想和科学方法，把科学思想灌输到人民的意识中去。

◎ 科学越深入群众，理论就会越快地变成实际，为社会主义建设事业服务就会越有成效。

◎ 进步的科学家一向认为，宣传科学知识是自己的重要任务。伽利略的对话，法拉第的蜡烛故事，是了不起的科普典范著作。又如，俄国的罗蒙诺索夫、门捷列夫、巴甫洛夫等著名科学家，他们都将自己的科研成果用通俗易懂的方式转告给广大群众，这是他们的爱国职责。

◎ 一位伟大的科学家，也是一位热心、善于宣传和普及科学新知识的科普大师。

◎ "科普文艺"作品是具有长远意义的科普读物。它的影响在短时间是无形的，而在长远，却以无比的威力产生着有形的结果。正是这些作品，帮助青年们走上探索科学的道路，滋养了一批又一批的社会主义科学事业的接班人。

◎ "科学文艺"作品的主要对象是青少年，其本质是帮助青少年启发思想，开阔眼界，丰富知识，提高科学兴趣、进入科学大门的启蒙读物。

◎ 科技教育读物是具实用价值的科学读物。它的对象是战斗在各条生产战线上的广大工农兵群众。在"实现四个现代化"的进军中，迫切需要科技教育读物发挥作用。它的重要性在于能够直接地为社会主义生产服务，帮助新技术、新成果的推动与运用，帮助工人、农民、战士掌握某一门科技知识和生产技能。科技教育读物担负着培养建设人才，提高人们工作能力的重任。

遗 憾 的 事

1964年，我随中国科协副主席、党组书记范长江，科协常务书记王顺桐，先后到福建、河北遵化了解农村科学实验开展的好典型。为了推动当时农村科学实验运动，我组织了一套以农村青年为对象、图文并茂、以真人真事为背景的"农村科学实验故事"丛书。我对组织的这套书比较得意，又组织农业大学蔡教授编绘一套《农作物病害图谱》，对病害的位置、形状、颜色绘制得十分精确。两套图书校样已出，但三校时，在"文化大革命"中被摧毁了。我很心疼，这都是我付出的心血呀！

1965年，科协书记处调金默生来科学普及出版社担任社长。新社长上任后成立了办公室、人事科、出版科；配备了办公室主任，任命了郝素珍为人事科科长、阚缚为出版科科长。党政工作仍由党小组领导，金默生任党小组组长，我是副组长，成员分别为《科学大众》的陈蕴山、《学科学》的钱家梅和办公室主任刘某。

从1963年到1965年，每年都有大学毕业生分配到科学普及出版社。1963年来的是河北农大的毕业生、共产党员李书帧和陈金凤，他们被分到了科学大众编辑室。1964年来的是河北省立师范大学物理系的丁乃刚、范淑琴等4人，他们被分到知识丛书编辑室。1965年来的是操时杰、杨得春等4人，按规定，他们报到后先要去农村锻炼一年。这期间还有两位美术编辑报到，出版社编辑队伍扩大了。

"文化大革命"中被批斗

"四人帮"和所谓的"文化大革命"，倒行逆势，无法无天，蒙蔽挑唆思想单纯的青年，打倒所谓的"走资本主义的当权派"，革"封资修"的命，使好人受罪，还要下地狱，再踏上一只脚。

1966年，"文化大革命"开始，在某些心术不正之人的操纵下，我被打倒，靠边站了，天天打扫科协四层楼的厕所。很快我被编造了种种莫须有的罪名，被扣上了五顶大帽子——假党员、阶级异己分子、叛徒、特务、死不改悔的走资派，大会批，小会斗。科协的走资派、叛徒、特务被关进一个牛棚，而我因是"五毒俱全"的坏分子被单独关押。

我的所谓"罪行"仅仅是缘于一些诬告，包括偷抄党的机密文件、包庇有血债的父亲、对抗毛主席、发表修正主义毒草……说起来可恨又可笑。

所谓偷抄党的机密文件

1962年，国民党蒋介石妄图反攻大陆，对此，党中央下发文件要求向党员口头传达。科协党委办公室通知我去保密室看文件，在保密室，保密员张峰将这份文件拿给我，我坐在保密室的一张桌子旁边认真阅看。因要向党员传达，为了怕脑子记不住，我将重点做了些简单的摘记（不准将文件带出，也不允许拍照、不能照抄原文）。在部队查阅类似的保密文件，如需要传达，做一些纪要是可以的。我在看文件和做摘记时，保密员张峰和办公室负责人王海葵二人就在我对面坐着，他们始终盯着我，没有离开我，并且送我离开保密室。难道这叫偷抄机密文件吗?!

所谓包庇有血债的父亲

1965年，科协人事处整理干部档案，发现我的档案中有一封揭发信，说我包庇有血债的父亲。科协书记处分管人事工作的书记沈亦然找我谈话，向我了解此事。身正不怕影子斜，我请求领导派人调查。

沈亦然派科学普及出版社人事科科长和科协保卫处一位女干部，去雄县和霸县一带调查我父亲的情况。他们找到写揭发信的人，该人交代说，不认识我，也不认识我父亲，揭发的事是道听途说的。二人又去雄县、霸县政府有关部门了解我父亲王珍的情况。得到的答复是，霸县有一个姓王的有血债，这个人不是王珍，我父亲没有问题。他们回来后，将了解到的情况向沈亦然书记做了汇报。沈亦然告诉我说："你父亲王珍没有问题。"

所谓对抗毛主席

1961年，《知识就是力量》杂志连载了一篇名为《原子巨人》的科普文章，介绍什么是原子能，原子能具有巨大能量的有关知识。于是，有人就批判我说："毛主席说原子弹是纸老虎，你说原子弹是巨人，你是对抗毛主席！"

关于刊登《荒岛怪蟹》，是宣传修正主义的怪论，前文已述。

所谓假党员

革命群众凭常识认为，入党有年龄限制，我14岁入党肯定是假党员，造反派借此对我进行批斗，进住科协的工宣队也强迫我承认是假党员。这些年轻人不了解1938年抗日战争时的历史背景，情有可原。令人气愤的是，后来进住科协的一位军事学院的解放军高级干部，听说我不承认自己是假党员，便到出版社坐镇开批斗会，他气势汹汹，妄图用高压手段迫使我承认是假党员。他站起来，大声吼叫："你是小姐，你有什么觉悟！"我气得泪崩如雨。"文化大革命"结束后，此人走路遇见我总是低头不语，可能是悔不当初了。

造反派根据以上所谓的"罪行"，对我大会批、小会斗。在一次"宽严"大会上，将我从严处理，像押犯人一样将我单独关押，不准家人探视。我当时正患有严重的肾盂肾炎，血尿白细胞满视野。

1969年，党中央九大召开后，要清理"牛棚"，把关在"牛棚"的"牛鬼蛇神"们全都请出来，可是只有我和党组书记范长江二人仍然被继续关在"牛棚"。

"五七"干校

1968年，中国科协搬迁到河南确山县的"五七"干校。我大概不配做干校的学员，被下放到干校附近的土门、刘庄农村劳动。这里用于挑水的水桶很大，一个有北京的两个大，竟然还是生铁制作的，很重。用这样的水桶挑水，我没有因病体弱而畏惧，我挑起来了，感觉不错！麦收时，我还被召回干校参加抢收麦子。

自从我被隔离后，除被批斗外，几年来没有人和我说话，我也不可能和别人说话。待我被"解放"后，竟然不会说话了，后来经过了很长时间才逐渐得到恢复。当时我真想知道，《鲁滨孙漂流记》中的鲁滨孙与世隔绝那么多年，是否也不会说话了。

中国科学院科协办公室

中国科协在"文化大革命"中被造反派砸烂撤销,和国家科委一起并入中国科学院,所谓"三科"合并。中国科协和国家科委的机构被撤销,人员被遣散,科学普及出版社并入中科院的科学出版社。

中国科协成为中科院下属的一个办公室,办公地点在中科院大楼一层28室。

办公室有两位负责人,一位是原科协书记处书记王文达,一位是原国家科委科技局副局长杨沛。他们设法将原中国科协比较得力的干部陆续调到办公室。因是"三科"合并,科协办公室里也有中国科学院和国家科委的干部。我于1972年从干校调到了这个办公室。

这时,调到中科院科协办公室的原科协干部共有8人,分别是原科协办公厅范长江的秘书何志平,党委办公室的叶彦文,学会部的金昌汉,普及部的陶嫄、李敬台、章道义,科学普及出版社的江一和我。这些人成为后来重建中国科协的基石。

中科院科协办公室没有明确的工作安排。在"文化大革命"后期,上班就是学习。我们这些原科协的同志,极力设法恢复科协,请科协主席周培源向周总理提建议、打报告,请人大代表高士其在人民代表大会上提交恢复科协的提案,但都石沉大海,无济于事。我们成天学习,无所事事,很是难过,总想以科协的名义搞一些活动,但又无能为力。其间,我随王文达书记到天津南开大学会见化学学会的会长,了解该学会恢复活动的情况。全国总工会在遵义召开的技术革新技术革命大会,邀请科协领导出席,这是发挥科协职能作用的机会,王文达书记派我去参加了这次大会。

组织科学家与青少年见面活动

贯彻邓小平同志的讲话精神

粉碎"四人帮"后,邓小平同志重新担任了党的领导工作。他首先抓的是科学和教育工作。1977年8月8日，《人民日报》发表了邓小平同志"关于科学与教育工作的讲话"。这个讲话是邓小平同志在邀请30位科学家、教育家召开的座谈会上的发言。他强调"一定要把教育办好，要重视中小学教育，要把不重视学习的坏风气扭转过来"。

贯彻邓小平同志的讲话精神，提倡重科学重教育，科协义不容辞。我想到，中小学生特别崇拜空军英雄，如果邀请空军英雄来给他们讲学习科学文化知识的重要性，用英雄们的事迹激励学生们的学习热情，对肃清"四人帮"读书无用论的危害一定会有好效果。这个意见得到大家一致赞同。根据科协系统内科学家多的特点，最后拟定首先举办一个科学家与学生见面的活动。我将这个提议向王文达、杨沛汇报后，他们都表示赞成，并让我向院领导请示。打倒"四人帮"后，李昌同志主持中国科学院的日常工作，他认真地听取了我的请示汇报后，对我们的提议表示了赞同和积极支持。

组织了三场科学家与青少年见面会

科学院领导的表态，给了我们办公室的同志极大鼓舞，大家立即行动起来，分工合作，有的请科学家，有的联系学校，有的联系场地——中山公园音乐堂，有的联系新闻单位。没想到有32位著名科学家积极应邀参加与青少年的见面会。我们最后将原计划的一场见面会改为三场。

1977年的8月25日至27日，连续三天，我们在中山公园音乐堂组织了三场科学家与青少年见面会。中国科学院领导刘华清、胡克实，北京市领导刘祖春、白介夫，科协主席、书记处书记、顾问等同志出席了见面会。周培源、茅以升、严济慈、华罗庚、黄家驷、吴文俊、陈景润等32位著名科学家分别参加了三天的见面会。有19位科学家围绕学习的重要性发表了激奋人心的讲话。受邀的两位劳动模范，结合他们在生产建设中的切身体会，生动地讲述了学习数理化等科学知识的重要性。科学家、劳模们一起走下台与学生见面，与会的各校青少年代表兴奋极了，他们受到很大的鼓舞。这次见面会，对清除"四人帮"破坏教育工作所造成的恶劣影响，鼓励广大青少年学生学好科学知识，产生了积极的良好的作用。

在全国引起了很大反响

中国青年出版社及时将19位科学家的讲话编辑出版，书名是《科学家谈数理化》。这一活动轰动了北京，也在全国引起了很大反响。参加谈话的科学家们收到来自全国中学生、知识青年、教师和家长的近千封来信。他们普遍反映，当看到谈话会的新闻报道和听到电台的实况广播时，激动得热泪盈眶，认识到了自己肩上的责任重大，表示一定要把被"四人帮"耽误的学习时间抢回来。

几天时间，北京各新华书店内的有关数理化参考书销售一空。不久，全国其他9个省（市）也先后举办了类似的活动。

从8月8日邓小平同志的讲话发表，到25日召开见面会，仅仅有17天的筹备时间。在这期间，大家的热情高涨，干劲十足，圆满地完成了各项具体工作，显示出极强的工作能力。

活动结束后，我们又组织了部分青少年到中国科学院研究所和一些大学，开展参观、体验活动。这些活动促使他们进一步激发出爱科学、学科学，立志投身国家的科学技术事业的强烈愿望。

代表中央领导看望北京自然博物馆馆长

一天，李昌同志请我去他的办公室，我预感到可能要有重要任务。见面后，李昌对我说，胡耀邦同志收到了一封信，寄信者是北京自然博物馆馆长黎先耀，信中反映了博物馆目前的状况，要求加强博物馆的建设工作。胡耀邦同志当时工作很忙，李昌请我代表胡耀邦同志去自然博物馆看望黎先耀，要我当面认真听取他的意见，并将他的意见详细记下来转交给胡耀邦同志。

我带着这一光荣任务来到自然博物馆，见到了黎先耀，转达了胡耀邦同志对此事的关心。我仔细倾听、记录了他讲的意见，将了解到的自然博物馆的状况整理成书面文字，交给李昌，完成了这一光荣的任务。

中国科协普及部副部长

1977年秋，中国科协恢复。裴丽生同志任科协党组书记、副主席，他任命杨沛和我为普及部负责人。

为迎接1978年全国科学大会，中国科协参加了起草《全国十年科学技术工作规划》工作。裴丽生副主席将这个规划中的"十年科普工作规划"起草工作交给了我。任务完成后，我参加了1978年3月在人民大会堂召开的全国科学大会。这时我已任中国科协科学普及部副部长。

会后，裴丽生同志找我商谈，如何贯彻落实全国科学大会提出的"必须大力做好科学普及工作""广泛地普及科学文化知识，提高全民族科学文化水平"的战略任务，及如何解决"四人帮"造成的书荒问题。

召开全国科普创作座谈会

必须大力做好科学普及工作

为贯彻全国科学大会的会议精神，落实大会提出的"必须大力做好科学普及工作"的要求，解决书荒问题，裴丽生同志指示我，与教育部和出版局协商，由三家共同召开一个有全国各地科普作者参加的"全国科普创作座谈会"。

我代表中国科协与教育部和出版局的领导通过协商，三个单位的意见达成了一致。教育部副部长董纯才和出版局局长王子野表示十分赞同，大力支持，并同意由科协牵头组织这个座谈会。会议将揭批"四人帮"破坏科普创作的罪行，探讨促进全国科普创作的繁荣与发展。在这个座谈会上将由三家共同发起成立全国科普创作协会。

经科协普及部和原科学普及出版社的同志共同努力，我们整理了"文化大革命"前全国各地科普作者的名单，形成了全国科普创作队伍的班底。

为成功召开科普创作座谈会，裴丽生同志对会议筹备的每一项工作都考虑得非常细致。我负责起草了协会章程讨论稿；制定会议日程；成立了三个单位组成的会议筹备工作班子，将会务工作分解落实到每一个人；联系科普作者、译者，建立全国科普创作队伍联络网；给各省（自治区、直辖市）科协发会议通知，邀请所属地区的科普作者参会；以及落实接待、交通、文件、会场等问题。由于会议工作班子高效率的工作，座谈会于1978年5月20日在上海浦东饭店顺利召开，距全国科学大会闭幕仅两个月。

全国科普创作座谈会携手共创科普创作的春天

来自各省（自治区、直辖市）的科普作者、科普部门的负责人300多人参加了座谈会。与会的作者中，有些人被批斗后还没有作结论，有的人还戴着"反革命"的帽子，体现了各地科协对这次科普创作座谈会的重视。著名科学家华罗庚、茅以升、黄家驷，科普作家高士其，中宣部于光远出席了座谈会。董纯才主持座谈会，我担任大会秘书长。

科协副主席刘述周在大会上做主旨报告，他提出：科学普及创作要跟上形势的发展，要解放思想、繁荣科普创作，更多、更快地创作出优秀的科普作品。他肯定了过去科普创作的成绩是主要的，同时指出，从1972年到1977年，科学技术普及读物只出版了200多种，与我们这个当时有9亿人口的社会主义大国太不相称。他批判了由于林彪、"四人帮"的长期干扰、破坏，在科普创作问题上，存在着许多混乱的思想认识，以致许多同志还心有余悸。因此，必须彻底揭批"四人帮"，拨乱反正，正本清源，打碎精神枷锁，解放思想，充分调动科普作者、译者、编辑、电影编导、美术工作者、科普模型创作者的积极性，充分发挥他们的聪明才智，把科普创作繁荣起来。只有思想大解放，科普创作才能大繁荣。

他还批判了林彪、"四人帮"搞乱了从事科普创作是有功还是有罪的问题：在他们心目中，科技人员专心搞科学研究是"白专道路"，从事科普创作是"不务正业"，是"打野鸭子"，是追求个人私利。这种对科技工作者的污蔑，以及散布的"科普创作有罪论"等错误言论，必须彻底纠正过来。从事科普创作，是一种光荣的劳动，是有理、有功、地地道道的"正业"……

在大会上讲话的有著名科学家和科普作家、编辑家，包括华罗庚、茅以升、于光远、高士其、王子野、方宗熙、赵学田、史超礼、顾均正、郑文光、叶至善、李元、曹燕芳、张开逊、陶世龙，著名画家张乐平、沈云瑞、杨悦浦，中央人民广播电台科技组、上海科学教育电影制片厂等单位的代表。教育部副部长董纯才做了总结发言。

会议通过揭批了"四人帮"鼓吹的"读书无用论"和千方百计摧残科学文化、实行愚民政策的罪行，使科普作者们打消了思想顾虑，解放了思想，极大地提高了他们科普创作的热情和积极性，纷纷表示要携手共创科普创作的春天。

会议一致同意成立中国科普创作协会，讨论并通过了会章，成立了以董纯才为会长、我为秘书长的筹委会，负责成立中国科普创作协会的筹备工作。

全国科普创作座谈会代表的心声

会上，著名科普作家高士其、叶永烈、童恩正、肖建亨、李宗浩、甄朔南、王亚法、张峰八人题了一首诗：

献给未来科学的主人
——全国科普创作座谈会代表的心声

灯火映照着
少年们通红的脸膛，
队旗飘扬在
群星闪烁的夜空，
耳边震响着
嘹亮激越的鼓点，
我们置身于
鲜花、歌声汇成的海洋。
啊，激动的泪花呀，
你不要模糊我们的双眼，
让我们看一看，看一看，
这朵朵含苞怒放的蓓蕾。
啊，感情的波涛呀，
你不要冲击我们的胸膛，
让我们静一静，静一静，
谛听孩子们纯真的心声。
啊，看见了，看见了，
红领巾映衬着的张张笑脸，
那样幸福而又充满理想。
啊，听清了，听清了，
热烈欢呼中的，
那样强烈而又迫切求知的声浪。
这是九亿人对我们的期望。

我们，

全国科普创作会议的代表

来自天山脚下，钱塘江旁，

来自内蒙草原，金水桥畔，

来自祖国的四面八方。

受党和人民的重托，

来到具有革命传统的上海，

共同规划科普园地的耕耘和播种，

为了让科普创作百花怒放。

此诗于1978年6月1日在《文汇报》发表。

大会闭幕后，我立即着手筹备成立中国科普创作协会的工作，并开始将科学家与青少年见面会上28位领导和科学家、科普作家、编辑家、美术家的报告及发言汇集成书出版。

中国科普创作协会第一届会员代表大会

经过一年筹备，中国科普创作协会第一届会员代表大会于1979年8月14日在北京崇文门饭店开幕。参加大会的代表、特约代表和北京地区的来宾共计400多人。中国科普创作协会（后改名中国科普作家协会）正式成立。

中国科协副主席、著名桥梁专家、科普作家茅以升宣布，中国科普作协会员代表大会开幕。他在开幕致辞中说：我们这次会议，是在党和国家工作重点转移到社会主义现代化建设上来的大好形势下召开的。我们召开这次大会的目的，是贯彻落实党的十一届三中全会和五届人大二次会议的精神，动员全国的科普作家、科普作协的会员和广大科技文教工作者积极地行动起来，促进科普创作的大繁荣，更好地为提高全民族的科学文化水平和加快社会主义现代化建设服务。因此，这次会议的召开，是具有重要意义的。他说，从上海会议到现在，全国大部分省（自治区、直辖市）相继成立了科普作协，发展了会员，开展了活动。科普创作开始出现欣欣向荣的景象。上海座谈会以来的实践证明，科普创作成绩是显著的，主流是好的。但是，随着工作的开展，也出现了一些需要解决的问题。我们召开这次会议就是为了研究和讨论如何发扬成绩，克服缺点，进一步明确创作的方向，使科普创作更加繁荣起来，适应新形势的需要。上海会议曾经提出，经过筹备，在条件成熟时，正式成立中国科普创作协会。现在条件已经具备，因此，我们将在这次中国的科普作协代表大会上通过会章，民主选举中国科普作协的领导机构,宣告中国科普作协的诞生。他最后说,我们面临的科普创作任务是艰巨而光荣的,让我们在马列主义、毛泽东思想的伟大旗帜下,在党中央的正确领导下,沿着科普创作为社会主义现代化服务的道路奋勇前进吧!

董纯才做了中国科普作协筹委会筹备工作报告。他说,全国科普座谈会的召开,以及中国科普作协的成立,使广大科普作者、翻译、编辑、美术工作者、电影编导以及广大科普工作者解放了思想,振奋了精神,激发了科普创作热情。一年来,由于党中央和各地党委的重视,各有关部门的大力支持,科普创作情况发生了很大变化,由过去林彪、"四人帮"造成的万马齐喑的状况一跃而为生机蓬勃的大好局面。一年来已有24个省(自治区、直辖市)成立了科普作协筹委会,共发展了4000多名会员。中国科普作协为了交流各地科普创作活动的经验,编发了《简讯》。一些省(直辖市)创办了刊物,如四川办了《科学文艺》《科学爱好者》,广东办了《科学世界》,黑龙江办了《科学时代》,天津办了《科学生活》,湖南计划办《科学天地》,浙江计划办《科学24小时》等;科普读物也如雨后春笋般涌现。

从1978年5月到1979年6月,全国出版了1500余种科学技术普及读物;在报刊和广播、电视、电影和幻灯的科普作品中,有不少是科普作协会员的著作。1978年10月,筹办全国科普美术作品展览,得到科协和美协领导的支持。各地科普作协和美协都组织了科普美术作品创作;观摩了科普作协美展办公室提供的部分作品的草图。

为繁荣科普创作,提高创作理论研究,中国科普作协筹委会遵照会章规定创办的会刊《科普创作》第一期(试刊)正在付印,《科普译丛》也正在筹备中。

科协副主席刘述周做了题为《把科技知识普及到社会的各个方面》的报告。高士其、温济泽、贾祖璋、饶忠华、郑公盾、郑文光、王幼于、叶至善、方宗熙、施士元、赵学田、宋鸿钊、马大谋、李志超、宋征殷、陶世龙、郭治、孙幼忱、苏里坦、刘沙等在大会上发了言。

大会宣读了华罗庚自英国发来的贺信,大会还收到了文化部部长胡愈之、中国青年出版社总编顾均正及盲文出版社领导黄乃等同志发来的贺电和贺信。

大会通过了中国科普作协章程,推荐选出了第一届会员代表大会理事、常务理事、理事长、副理事长、秘书长和副秘书长。

董纯才致闭幕词。他说,我们这个大会开得好,圆满地达到了预期的目的。科普作协是科普创作者自己组织起来的群众组织,必须实行民主办会。会员的民主权利要得到充分的保障。科普作协以普及科学技术作为自己的基本任务，要为提高整个中华民族科学文化水平而服务，为社会主义现代化服务。对科普创作的题材、体裁和方法，对科普创作理论的研究和探讨，坚决贯彻百家争鸣的方针，提倡不同艺术形式、风格的自由发展，提倡不同艺术见解的自由争鸣；提倡互相学习，互相尊重，取长补短，共同提高。

董纯才最后满怀激情地说，中国科普作协是在"五四运动"60周年、中华人民共和国成立30周年的大喜日子里诞生的。我们要发扬"五四运动""科学与民主"的革命精神，奋发努力，创作出更多、更好的科普作品，向国庆30周年献礼！

8月20日下午中国科普作协第一次代表大会闭幕。

中国科普作协一次代表大会编发《简报》21期，受到参会者的欢迎。

中国科普作家协会第一届理事会

名誉会长：茅以升、高士其；

理事长：董纯才；

副理事长：王文达、方宗熙、叶至善、顾均正、贾祖璋、温济泽；

理事：王文达、王幼于、王天一、叶至善、叶永烈、顾均正、郑文光、符其珣、朱志尧、童恩正、姚允祥、赵学田、杨纪珂、张金哲、史超礼、方宗熙等75人；

常务理事：曹燕芳、常紫钟、仇春霖、伍律、宋征殷、谢础、高庄、阿巴斯·鲍尔汉等34人；

秘书长：王麦林；

副秘书长：王天一、仇春霖、陈蕴山、杨永生、姚允祥、章道义。

国家领导人接见

8月21日，党和国家领导人邓颖超、胡耀邦、姬鹏飞和陆定一接见了全体代表并同大家一起合影。陪同接见的有武衡（时任国家科委副主任）、茅以升、裴丽生、刘述周、董纯才。

胡耀邦同志来到代表中间做了亲切讲话。他说，实现科技现代化，科学技术是关键。因此，同志们的岗位是很重要的。去年几十位科学家倡导成立了中国科普作协筹委会；一年之间发展了4000名会员，虽是星星之火，10年总可以燎原吧！科普作协这个组织是很有意义的，具有强大的生命力。现在已经做出可喜的成绩，还可以做出更大的贡献。

胡耀邦同志对科普工作者如何在实现"四个现代化"中做出贡献，做了深刻的论述后，向代表们介绍了粉碎"四人帮"以来的大好形势，讲了三个问题：第一是要有科学预见，第二是要有科学方法，第三是要有科学态度。有科学的预见，才能提高信心和勇气，没有信心和勇气，"四化"是搞不成的。"四化"怎么搞？他说，要有一个正确的、科学的方法。这需要的一是专家和尖子，二是提高和普及相结合，走群众路线。普及科学的方法，就是走群众路线。科学工作者要有科学的态度。实事求是就是科学的态度，做到是不容易的。第一，不瞎说八道。这是实事求是的基础。第二，要调查研究。第三，要进行新的探索。一往无前干下去，总会干出成绩来的。有人说什么你们搞科普创作是"不务正业"，牛鬼蛇神的帽子都戴过了，还怕说"不务正业"！要有勇气。千秋功罪，历史自有公断。让他说去吧。你们这一界（科普创作界）还有谁没有平反，政策落而不实的？如果有，可以写信给我。最后，胡耀邦同志勉励大家说，现在是一个大有希望、大有作为的时代。我们的科学文化要繁荣昌盛。这是我们中华民族整个历史时代的要求。希望同志们顺应历史和人民的要求，克服困难，为党、为人民做出应该做出的贡献。我们都被胡耀邦同志的热情讲话感动了。

1978年上海科普座谈会和1979年科普作协第一次全国代表大会的会务工作，是在江一同志领导下圆满完成的；宣传和《简报》工作，是章道义同志负责完成的。他们为两个大会的成功召开，不辞辛苦做了大量工作，出色地完成了任务。我由衷地感激他们。

在1979年8月20日科普作协成立大会上，我被推任中国科普作协秘书长后，便开始在中国科协普及部副部长岗位上兼做中国科普作协的日常工作。

在董纯才理事长领导下，我和科普作协办公室的同志一起，陆续组织开办了科普创作与科普编辑讲习班，组织召开了科普创作经验交流会、学术讨论会，组织了首次全国优秀科普作品评奖工作，开展了科普创作评论，领导组织了《科普创作概论》和《科普编辑概论》的编写工作，创办了会刊《科普创作》。我主编该刊5年。通过这些活动，中国科普作协团结了广大科普编辑和科普作者、译者，提高了他们从事科普编创工作的积极性。

成立九个专业委员会

为便于不同专业的科普作家交流创作信息和创作经验，常务理事会决定组建九个科普创作专业委员会，推选主任带领会员开展工作。先后成立了少儿、物理、农林、电子、翻译、文艺、美术、少数民族、军事（国防）科普创作专业委员会。

1980年《科普创作》会刊创刊

《科普创作》会刊是为科普作协会员提供发表科普作品、交流创作经验、开展作品评介、探讨科普作品创作理论的园地；是团结联系会员的纽带。《科普创作》为繁荣科普创作，为我国社会主义精神文明和物质文明建设服务。

《科普创作》会刊由我兼任主编，陶世龙、汤寿根任副总编（专职）。本着"会员的会刊会员办"的理念，由科技领域内著名的科普作家、编辑家、翻译家、美术家25位会员组成编委会。由25个编委分别负责19个栏目，具体分工是：陶世龙、甄朔南和何寄梅（科普创作理论）；陶婭（科普讲演）；孔德庸（科普广播）；李逢武（科教电影）；楼青蓝（科普美术）；郑文光、饶忠华（科学小说）；孔宪璋（科学游记）；赵之（科学小品）；张锋（科学诗）；郭以实（科学童话）；王希富（科普曲艺）；郑延慧（少儿科普作品）；汤寿根（工交科普作品）；常珏（农业科普作品）；蔡景峰、兰思聪（医学科普作品）；刘一夫（军事科普作品）；李元（外国科普作品）；张开逊（科技发展动态）；谢础（科普报刊巡礼）。

编辑部配有一名责任编辑王惠林和一名美术编辑沈左尧。

《科普创作》的大事由主编和副主编共同商定。

《科普创作》要求发表的科普作品，思想性、艺术性兼备；题材的学科门类广泛，包括理、工、农、医、天、地、生等；表现形式多种多样，如小品、散文、报告文学、科幻、美术、曲艺等。

《科普创作》既是一个科普作家优秀作品的文库，也一个闪耀着智慧光芒的思想库。

我主编《科普创作》5期，其间组织过两次具有较大意义和影响的活动。

首先，组织科学幻想小说座谈会活动。

1978年上海科普创作座谈会和1979年中国科普创作协会诞生，大大鼓舞了科普作家们的创作热情，科普作品如雨后春笋般涌现，科幻作品纷纷问世，如童恩正的《追踪恐龙的人》、刘兴诗的《美洲来的哥伦布》等。

童恩正的科幻小说《珊瑚岛上的死光》被拍成电影，上映后很受欢迎。可是科幻作品的发展之路是曲折的，不久，有三篇科幻作品受到批评。意见和争论最大的是魏雅华的科幻小说《温柔乡之梦》。小说以人与机器人的奇特婚姻为主线，演绎出奇幻故事，博得科幻作家们的赞赏和好评，与此同时，也受到了一些科普工作者的抨击，他们认为小说内容荒谬，是社会上精神污染的反映，科普刊物不应刊登这类科幻作品。持不同观点的会员认为，科幻作品有缺点和错误可以通过批评与自我批评纠正，不应因此被抛弃，如孩子在澡盆里洗澡，不能把孩子和脏水一起泼掉。

为此，我们召开了科幻作品创作的座谈会。在京的理事长、秘书长，以及专业委员会主任委员等领导参加了会议。

名誉理事长高士其发言说，科学幻想小说属于科学文艺的范畴，它以宣传科学知识、启发人们思想、鼓舞人们向科学进军为宗旨，在科普的百花园中，无疑是占据着一席应有的地位，并且有着繁荣发展的前景。但是这种繁荣发展必须建立在严谨的科学态度和科学原理上，而绝不是随心所欲的自由创作。他说，科幻小说不仅在整个科学文艺中应该占有一定的比例，就是在一个科普作家的整个创作中也应有一定的比例。

中国科协党组副书记、副主席刘述周也参加了会议，发表了重要意见。

会议发言和相关学术观点，均在《科普创作》上刊登。我也为此撰写了一篇文章，题为《正确对待批评与自我批评》，在《科普创作》上发表。

为了崇尚自由探讨，座谈会没有结论。我们支持作者沿着正确方向通过创作实践去进行探索和验证。

其次，鉴于当时科幻文艺作品兴旺，现实题材的作品贫乏，主编们认为，应当引导创作现实题材科学文艺作品。

为鼓励、引导科普文艺创作更好地为社会主义现代化建设服务，促进现实题材科普文艺创作繁荣，我们《科普创作》编辑部联合几家报刊，举办了"现实题材科学文艺征文"评奖活动。这次征文活动受到广大会员和科普界的热烈欢迎和响应，收到稿件1500余篇；评出优秀征文奖16篇，征文奖30篇，鼓励奖35篇。这一活动对推动创作现实题材的科学文艺作品起到了积极的推动作用。1983年7月16日在北京举行了颁奖大会。在会上，董纯才讲话，裴丽生发奖。

这次评奖委员会评委有叶至善（主任委员）、仇春霖（副主任委员）、郑公盾、郑文光、陶世龙、叶永烈、伍律、庄似旭、许钟麟、肖建亨、金涛、张锋、赵之、饶忠华、郭正谊、黄宗英、常珤、童恩正、谢础、蔡景峰、黎先耀等。

奉命看望科普作家叶永烈

方毅副总理关心科普工作者

科普作家叶永烈在大学时期就开始写科普文章和创作科学幻想小说。20世纪60年代出版的《十万个为什么》书中的许多"为什么"的问题和答案都是他撰写的。他创作的科普作品的数量和品种是比较多的，其中《小灵通漫游未来》受到了广大读者热烈欢迎，发行了几百万册。

方毅副总理对科普工作者的工作和生活很关心，他请中国科协副主席裴丽生同志对叶永烈做一次专访，了解目前科普作家的工作和生活状况。

看望科普作家叶永烈

1979年1月，当我在忙于科普创作协会的成立筹备工作时，裴丽生同志派我去上海，执行方毅副总理交办的任务，了解科普作家叶永烈的工作和生活情况。

到了上海，我先来到叶永烈曾工作过的单位上海市科学技术协会和当时他所在的工作单位上海科教电影厂。这两个单位的领导和熟悉他的同志详细介绍了叶永烈的为人和工作情况。给我留下了深刻印象的是叶永烈的家。他的家不大，陈设简陋，只有床铺桌椅。靠墙是很简陋的书架，书架上有各种书籍和记事本，摆放得非常整齐，很有条理。书架上的东西，都有标记，要找什么，可立即找到。他试着做给我看，我亲眼所见的确如是，令我钦佩。他写文章更令我吃惊。他不拟提纲、不打草稿，而是一路写下来，直到完稿。他的这种能力来自于勤奋，得益于博览群书。

我回京后，将在上海了解到的有关叶永烈的思想表现和他的工作生活情况写成了书面汇报，交裴丽生同志转呈了方毅副总理。3月4日，方毅副总理在我呈送的汇报上做了这样一段批示：我看要鼓励科普创作，这项工作在世界各国都很重视。科协要和文化部一起奖励叶永烈对科普的贡献。

科普工作者的荣誉

1979年3月16日，文化部和中国科协在北京举行了颁奖大会，授予上海科教电影厂叶永烈"先进科普工作者"称号。中国科协副主席刘述周主持仪式，文化部部长黄镇讲话，他说，叶永烈同志是一位热爱本职工作，勤奋努力的好同志，他在做好本职工作的同时，还特别热心科普创作。我们要学习他热爱科教电影事业，热爱科普创作的精神，学习他艰苦朴素、严于律己的好思想，为发展和繁荣中国的科教电影事业和科普创作做出自己的贡献。

会上宣读了文化部和中国科协表彰叶永烈的决定，并授予了奖金1000元。

首届全国科普美术展览

举办科普美术展览"是一个创举"

1978年5月上海的科普创作座谈会，大大激发了与会的科普美术工作者的创作热情。出席座谈会的科普美术工作者，原中国科协普及部的美术编辑杨悦浦、孙连生和中国青年出版社的美术编辑共同建议，由科普作协筹委会策划举办一个全国科普美术作品展。

科普美术，是美术与科技相结合的产物，是普及科学技术的一种有效手段。经验说明，科普美术作品，群众喜闻乐见，是普及科学技术知识的一种好形式。我对这个提议十分赞同，因为我编辑出版过以漫画形式表现"普及植物保护知识"的挂图，很受群众欢迎，所以比较了解科普美术作品的作用。

科普创作座谈会建议由科协和美协联合举办一个全国的科普美展，得到了科协、美协领导和有关部门的支持。

科协副主席裴丽生认为，通过举办科普美术展览把全国的美术家和美术工作者都动员起来创作科普美术作品，是一个创举，指示科协普及部和中国科普作协筹委会成立了一个展览筹备工作班子。科协领导为这个筹备工作班子派了一名处级干部王绍臣，负责行政事务和后勤保障工作。接收参展作品、初审和布展方面的工作，由杨悦浦、孙连生和原科协普及部的三位美编负责。美术家协会方面派出张仃、郁风、邵宇、华君武参加筹备工作，他们平易近人，工作热情，非常认真负责，主要负责业务指导和审评作品。

上下结合，推动科普美术作品的创作

科普美术是以科普的需要作为美术创作的题材内容，广泛应用各美术画种，以不同的美术表现形式，通过艺术形象语言创作的美术作品。

举办首届全国科普美术展览，是美术家、美术工作者的新课题，各省（自治区、直辖市）科协普及部和科普作协的领导非常重视，他们亲自上阵，广泛动员本地区的美术工作者创作科普美术作品，组织美术与科普工作者一起研究、探讨科普美术作品的选题、绘画种类的选择、表现形式的选择以及画稿的构图等。

根据展览筹备工作组的要求，各地参展作品小样要送到北京集中观摩研究。经各地选拔，集中到北京的参展作品小样有共计1000多件（套）。这些小样画种繁多，有国画、油画、连环画、漫画、雕塑、水彩画和版画等；内容丰富，有伟大的科学家、科学先驱者画像，有重要的科学发现，有工农业科技新成果，还有生活中的科学小知识等。

中国科协副主席裴丽生、刘述周对各地送来的小样进行了仔细的观摩审查。美术家、科学家和科普作家在观摩小样后，对科普美术作品创作现状有了初步了解，认为在美术的表现形式与科技内容的结合上，还有拓展的空间，还需要下功夫。

为了进一步搞好科普美术创作，在此之后，我们又分别举办了3次进京集中观摩活动。活动得到了科协副主席刘述周，美协副主席华君武，著名科学家周培源、钱学森、茅以升、郑作新、章含英、钱伟长、高士其，著名美术家江丰、张仃、邵宇、吴冠中、张安治、郁风、李桦、阿老、李瑞年等人亲临指导。

展览喜获成功

1979年11月20日—1980年1月25日，在中国科协副主席刘述周亲自领导下，中国科学技术协会与中国美术家协会联合在中国美术馆举办了我国首次大型科普美术展览。展出国画、油画、板画、漫画、宣传画、连环画等品种的科普美术作品593件，其中137件作品获奖。

北京画家艾中信的《高士其》、关维兴的《奇妙的激光》、张乃光的《怎样照看婴儿》、毛水仙的《从小爱科学》、王为政的《重睹芳华》、苗地和张乃光的《科普漫画》、李荣山的《恐龙世界》等24件作品入选。

获一等奖的作品有晁德仁的宣传画《迎春》，杨松林、唐纪钊的《奇光异彩》等。北京画家阎振铎、赵大服、王盛君的油画《科学盛会》，张祖英的油画《巡天遥看一天河》，刘洛平、张道兴的《爱因斯坦故事》等作品获奖。

在筹备、评选、评奖等工作中得到江丰、华君武、张仃、邵宇、吴冠中、张安治、郁风、李桦、阿老、李瑞年等艺术家的支持和参与。钱学森、裴丽生、郑作新、章含英、钱伟长、高士其等知名科学家参与审查指导。

钱学森在审查时指出："科学工作也要讲创造性，这和你们艺术家常说的灵感一样，科学也靠灵感，没有这个也不行。"他认为，全国科普美展确实达到了原来的目的，科普美术经过大家的努力，琳琅满目了。用各种途径、方式介绍科学知识，针对不同的对象介绍不同的知识，这是个很大的成绩，今后大家还要朝这条路发展。他的意见的要点在《美术》杂志上发表。

科学家和美术家茶话会

1980年1月5日，由中国科协和中国美协共同举办了科学家和美术家新年茶话会。会议由裴丽生和华君武主持，美协方面有吴作人、王朝闻、张仃、邵宇、伍必端、李桦、古元、吴冠中、李松等；科协方面有钱伟长、林巧稚、郑作新、章含英、杨显东、方宗熙以及许多科普画家约130人出席。

会上，科学家钱伟长在谈到科学家与艺术家交朋友的重要性时说："我现在像是求婚的时候，我有热烈的心情求爱，希望你们帮帮我的忙。"华君武立即响应："我接受钱伟长同志的求爱要求。"他说："科协为我们做了一件很重要的工作，初步建立起了一支科普美术队伍，这是我们过去所忽略掉的。希望科学家帮助美术家去了解、学习、懂得科学。"

高士其说："科普美展开创了一条科学走进美术领域，美术走进科学领域的道路。"

王朝闻说："隔行不见得隔了山，美术家与科学家都需要幻想，幻想也是科学发明。美术也需要创作的灵感，表现形式是可以不同的，总归是有共同的规律性的东西。"

这次聚会是新时期美术家与科学家首次举行的大规模的联谊活动。这次展览和各种活动虽然是我组织领导的，但是参与具体策划和组织展览及各种活动的，主要是科协的杨悦浦、孙连生和中国美协的阚凤岗和卢开祥。

这个展览受到科技界和美术界高度赞扬。令大家特别高兴和感动的是，敬爱的全国政协主席邓颖超同志前来为展览剪彩。

科普美术展览在各地开花

中国科协、中国科普作协和中国美术家协会举办全国科普美展后，又在上海举办了首次科学漫画和科普书刊插图展览。1980年5月至7月，上海、陕西、贵州、辽宁、山东、四川、湖北、江苏等地科普作协，也分别举办了科普美术展，受到观众热烈欢迎。这些不同内容、不同形式的科普美术展览，还深入基层巡展，传播了先进的科学技术，对促进国民经济发展，提高人民群众科学文化知识水平和素质很有成效。

浙江省海盐县展出的科普美术展品，是在广场上展出的。有人统计，在大太阳下，一小时有176人观看了这个科普美术展览。群众反映说，这是真正的科普。此后，有十几个省（自治区、直辖市）成立了科普美术协会。

科普美术展览的举办，涌现出一批科普美术家；科普美术协会的建立，凝聚了一支人数可观的科普美术创作队伍。科普美术创作在全国显现出遍地开花的大好局面。

科普创作的春天

1978年5月召开的上海科普创作座谈会，解放了广大科普创作者的思想，振奋了科普创作精神，激发了科普创作的热情，一直到1979年6月，这是科普文艺创作繁荣的一年。

这一年，各省（自治区、直辖市）科协都纷纷办报纸、出版科普读物。黑龙江出版了《科学时代》，天津出版了《科学生活》，江苏出版了《大众科学》，浙江出版了《科学24小时》，福建出版了《迎春花》，广西出版了《科学生活》，四川出版了《科学文艺》，云南出版了《奥秘》画刊，贵州出版了《大众科学》。

科普作品如雨后春笋般涌现，科学童话、科学相声、科学诗、科学小品、报告文学和科学幻想等，作品总数达1000余种。

不少科幻作品很受青少年读者欢迎。如上海科普作家叶永烈的科幻小说《小灵通漫游未来》发行了150万册，他的科幻小说《世界最高峰的奇迹》，被天津人民美术出版社改编成连环画《奇异的化石蛋》，在少年儿童中广为流传；四川科普作家童恩正的科幻小说《珊瑚岛上的死光》，被改编成电影上映；黑龙江作者魏雅华的科幻小说《温柔乡之梦》，不仅读者欢迎，科幻作家们也十分赞赏。

科幻的劫数

读者喜欢科幻作品，认为"今天的科幻就是明天的现实"。诺贝尔物理学奖获得者杨振宁先生说："科幻常常是发明的先导，可以说，没有科学的幻想，就没有人类的进步。"

1979年7月，自然博物馆的科普作家甄朔南在《中国青年报》上发表文章，对上海科普作家叶永烈的科幻小说《世界最高峰上的奇迹》提出了批评。他认为这篇小说中的科学幻想违反科学，是伪科学。而科幻作家们却认为，这篇科幻小说太拘泥于现实，幻想不够。

叶永烈的这篇科幻小说讲的是一群中国科学家，在海拔8000多米的珠穆朗玛峰发现了许多恐龙蛋化石，其中有一枚很奇特，用X射线透射，发现这枚蛋里有完整的蛋黄，经过科学攻关，科学家们施以适当温度，45天后一条小恐龙破壳而出……

哈尔滨科普作家魏雅华的科幻小说《温柔乡之梦》，讲的是一个男青年与他研制的女机器人结婚的浪漫故事。小说受到读者欢迎，也得到了文学界科幻作家们的好评，认为这是一部科学和文学结合得比较完美的作品。然而这篇科幻小说却受到了一些科普界人士的严厉批评，认为小说是宣扬西方资产阶级的生活方式，是资产阶级自由化的产物。

对科幻小说存在的认识、评价问题，《科普创作》编辑部召开了一个座谈会，科协党组刘述周副书记参加了会议。会上个别人认为，科协不接受科幻作品。但多数人认为，科幻小说创作中的问题，可以批评教育，要扬优弃劣，不应废除。正如给孩子洗澡，我们不能把孩子和脏水一起泼掉。刘书记在会上强调，科幻作品要注意避免受到社会上资产阶级自由化思想的影响。

会后，我写了一篇文章《正确开展批评和自我批评》，文中讲的是，批评要与人为善，被批评者应闻者足戒。没想到，这场争论最终的结果是，出版局下发了一个文件，主要内容是科普刊物不准刊登科幻作品。随后，叶永烈退出科幻创作，其他科幻作家也纷纷封笔。此后超过10年，全国几乎没有一篇科幻作品问世。

从此，科幻期刊从20余家锐减至1家——四川的《科学文艺》(多年后改名为《科幻世界》)，在其最困难之时，每期仅有700多份发行量。

组建科普创作研究所

1980年，邓小平同志批转了高士其写给中央的"关于在中国科协成立科普创作研究所的建议"。

科协党组书记、副主席裴丽生同志责成黄汉炎（普及部部长）、我（普及部副部长）、章道义（普及部处长、中国科普作协秘书长）三人，筹备组建"科普创作研究所"的工作。

关于"科普创作研究所"的领导人选问题，裴丽生同志与我说，拟请一位科学家任所长，由我任正局级副所长。我没有接受这一职务，我认为我比较适合做组织工作和群众工作。

在此之后，科协为"科普创作研究所"成立了一个领导小组，由三个人组成：组长黄汉炎，组员是我和梅光（办公厅人事处处长）。研究所的日常工作由章道义负责。领导小组成立后，组织专家开展了科普创作的专题研究工作，与科普作协联合编写了《科普创作概论》和《科普编辑概论》两本书。

复建科学普及出版社

复建后出版的第一本书

1978年6月，中国科协复建了科学普及出版社（原科学普及出版社于1968年并入科学出版社），恢复了《知识就是力量》杂志。

复建后的科学普及出版社，首位负责人是一位女同志王某，她带领首批七八个人入住友谊宾馆科技会堂，与我们普及部在同一楼层，办公室相距不到20米。这几个人是科学普及出版社复建后的第一批工作人员，是很可贵的。其中一位黄明鲁是做编辑工作的，常到我们普及部这边串门。一天，他来跟我讨论工作，正好我这里有一个很好的选题——《中学生数学竞赛试题和题解》。这是"文化大革命"后第一次举行的中学生数学竞赛的试题。我把试题和答案给他，对他说，"文化大革命"前，科学普及出版社原副总编辑贾祖璋先生曾出过这种书，很受学生欢迎。黄明鲁拿回这本书编排出版后，发行了100多万册，学生们如获至宝。这是科学普及出版社复建后出版的第一本书。

汪浩社长

1981年，原国防出版社的社长汪浩同志出任科学普及出版社社长。这时，出版社的组织机构已健全，人员也齐备。副社长有四位：负责行政干部工作的高明，负责出版和发行工作的张成、王剑英，负责编辑工作的陈蕴山。这四位都是中华人民共和国成立前参加革命工作、素质较高的老同志。两位副总编：王天一是位资深编辑，矫永平是位留苏的农业专家、共产党员。

出版社初建有三个编辑室，其中一个是科技史料编辑室，室主任都是熟悉工作的老编辑。此外的两个期刊编辑室是《知识就是力量》杂志编辑室和《科学大观园》杂志编辑室。

出版社的设置比较齐备，设有办公室、人事、财务、印制、发行等部门，还有三个社属企业，分别是科普书刊印刷厂、劳动服务公司和在深圳设立的东方科技服务中心，还在广东、新疆设有两个分社。

1982年，国家实行干部离退休制度，规定年满60岁的干部都要离休或者退休，汪浩社长按此规定离休了。

1980年科学普及出版社复社后，汪浩同志克服困难逐步建立了编辑室，配备齐了编辑、出版等工作人员，使各项工作步入正轨，为复建科学普及出版社做了重大贡献。

科学普及出版社党委书记、社长

充满困难的重返

汪浩同志离休后，裴丽生书记任命我为科学普及出版社社长。

科学普及出版社曾是我的伤心之地，我在普及部工作很好，不愿再回去了。王顺同书记动员我说，根据当时科协的干部情况，确实没有其他人选，他让我顾全大局。我是共产党员，要以党的利益为重，只能服从命令。

1982年12月，中央组织部任命我为科学普及出版社党委书记、社长。

我初到出版社上班，人事科张静领我到各部门看望大家，我看到的是冷眼、冷漠和无语。多数人是观望，少数人不服气，个别人有气。

这一年，中国科协召开第二届会员代表大会，推选周培源为主席，裴丽生为党组书记、副主席。我当选了中国科协全国委员会委员。

为了解情况，我访问了一位已退休的原科学普及出版社的老编辑。据他介绍，现在出版社同志之间的关系不正常，分派系，谁都不服谁。"文化大革命"派性斗争的流毒，阻碍了出版社的和谐，派性不除，无法开展工作。只有消除派性，团结共事，才能使出版社步入正轨。

打开出版社的工作局面

要打开出版社工作的局面，首先要解决领导班子的团结问题，促使几位社领导团结共事。我曾尝试通过个别做工作化解矛盾，但公说公有理，婆说婆有理，未见成效。我的第二个办法是实行集体领导，化解社领导之间的工作矛盾。对于工作中的问题，大家充分议论，共同决策，分工承担自己应负的责任。这一办法使得派性起不了作用，彼此之间虽然尚存芥蒂，但不妨碍协同共事。

随着集体领导的施行，大家就编辑部门报送的选题，集体制订年度计划，集体讨论各部门的工作；干部的调整选拔工作，也都是领导集体商定，下面的派别也就逐渐化解了，感情上的隔阂也开始逐渐淡化了。

打消派性，除去隔阂，团结共事，并非易事，是较艰难的，只能耐心从事，"见其诚心，而金石为开"。

1983—1984年，我们先后提拔了四个二十几岁、德才较好的青年干部，他们分别是党委副书记戴生寅（中组部后备干部、大学生）、编辑室主任吴之敬（大学生）、马英民（女，中国科学技术大学编辑出版专业毕业）、办公室主任陈家俊。这几个青年干部上任后，出版社同事之间的紧张关系逐渐好转，个别不安定因素受到了制约，工作局面出现了新气象。

令人瞩目的工作成绩

1983年，我被党中央书记处任命为第二届中国科协党组成员。

1983年秋，科学普及出版社已发展成为中央级较大型的出版机构。出版社拥有220名工作人员，下属一个东方科技服务公司。到1985年年底，总社共出版图书1130种（包括重印和重版书），发行总数为11600多万册。

其中有老一辈科普作家的科普作品选集；有适合广大干部阅读的《现代化科技知识干部读本》、"现代化信息丛书"和《控制论和科学方法论》等；有面向农村的"农村技术干部培训丛书""农业新技术丛书""农业生产实用技术丛书"和"经济生物丛书"等；有面向工矿和科技人员的《全面质量管理电视讲座》《机械工人技术培训教材》《职工业余文化补课教材》《BASIC语言》和《电脑——原理、应用和发展》等；有针对青少年的《化学辅导员》《少年百科全书》、"儿童科学文艺丛书""少年科学文艺丛书"、《青少年健康顾问》；还有针对幼儿的《婴幼儿家庭教育》和《宝宝看图长知识》等。为了帮助科技人员学习外语，还出版了《英语科普文选》和《农科综合英语》等系列书。这些书籍的出版发行，适合了社会各方面的不同需要，其中有些书的发行量达到几百万册。

科学普及出版社重建以来，有不少图书先后在各种全国性优秀读物评比中获奖，如《化学辅导员》《今日电子学》《健康漫谈（养生之道）》《农业靠科学》《健康与食物》《小儿常见病问答》《拍脑瓜的故事》《大海妈妈和她的孩子们》和《猪八戒逛星城》等。期刊中也有不少文章曾在全国性评比中获奖，如《没有不能造的桥》和《救救蓝天》等。仅1983年世界通信年，全国通信优秀作品评选中，《现代化》和《知识就是力量》就有8篇作品获奖。

此外，科学普及出版社还制作发行了声像产品，为发展科普事业开辟了一

条新路。几年来发行的幻灯片、录音带和录像带，受到广大城乡读者欢迎。

那几年，我除了出版社本职工作、党组工作外，还兼做中国科普作家协会的工作，兼任中国科普作家协会的第二届副理事长。

不辜负党和国家赋予的使命

始终自认为是一名战士

回顾以往，我曾是八路军的一名小兵，人民空军中的一名军人，复员后我无论做什么工作，始终自认为还是一名战士。作为战士，就必须将工作视为党和国家赋予自己的使命，就不能辜负这一使命。

我的革命人生，分为两个部分：

第一部分，军旅生涯的人生历练。

参与了地方抗日活动、参加八路军、在延安抗大学俄文、参与创建老航校的工作、参与创建人民空军的工作。

第二部分，在科普路上不断前行。

在《知识就是力量》杂志社的工作、在中国科协普及部的工作、在科普作协的工作和在科学普及出版社的工作。

努力前行，只为使命

我始终遵从自己的信念，为心中的追求，努力前行，只为使命。

1938年，参与地方抗日活动中加入中国共产党；

1939年，在八路军第一二〇师战火剧社任副班长，为战斗部队做宣传工作，经历了战场的考验；

1940年，在八路军第一二〇师被服厂任文化教员，通过开展文娱活动，缓解了工人们的苦闷、思乡和不安心情绪，振奋了他们的工作热情，提高了他们的工作积极性，得到了上级领导的认可；

1945年，在延安抗日军政大学军委外文学校学习俄文，学习刻苦，成绩在班里达到前三名；

1947年，在东北民主联军航空学校卫生队任政治指导员，荣立了"小功"一次；

1954年，在空军司令部任翻译科科长，荣立三等功一次；

1958年，复员到中国科协，首任《知识就是力量》杂志编辑室主任，负责主编工作。通过努力工作，杂志赢得广大读者欢迎，印数从4万册增到12万册，3年提高3倍，成为全国发行量最高的两份科普杂志之一；

1978年，任中国科协普及部副部长；

1978年，组织成立了中国科普创作协会（中国科普作家协会），被推选为首届科普作协秘书长；

1981年，被选为中国科普作协第二届常务副理事长（后任第三届、第四届副理事长，第五届终身名誉理事长）；

1982年，中组部任命，为科学普及出版社党委书记、社长；

1983年，中央书记处任命，为中国科协党组成员；

1983年，任中国科协第二届全国委员会委员（后连任第三届全国委员会委员）；

1986年，荣获中国科普作协在第四届全国代表大会上授予的"成绩突出的科普作家"称号；

1987年，被中国科学技术协会职称评审委会评为译审（翻译系列高级职称）；

1987年，荣获国家新闻出版署和中国出版工作者协会颁发的"为科普出版事业做出了积极贡献"奖励；

1988年，入选中宣部出版局出版的《编辑家列传》，书中称"王麦林是勇于创新的实干家，一位在许多书、刊、文、图中付出了大量心血，然而却没有留下自己姓名的人"；

1994年，因从事科技新闻和科普宣传工作成绩显著，荣获北京市新闻工作者协会和北京科技记者编辑协会表彰；

1996年，因为科学普及出版社做出了贡献，荣获科学普及出版社表彰。

衷心感谢以上各单位授予我的奖励、表彰和荣誉，这是对我的鼓励和鞭策，生命不息，我将为科普事业工作不止！

继续战斗

离休不离科普

遵照党中央规定，我于1986年9月离休。

回顾我入党以来，虽然努力学习、认真贯彻党的方针政策，不遗余力地努力工作，总是想方设法把工作做好，但是，我做的工作不多，贡献不大。聊以自慰的是，我从没有做过以权谋私、假公济私、损公肥私、损人利己的事，从没有做过对不起党和对不起同志的事，我无愧于中国共产党党员的称号。感谢党对离休干部的关心，我离休后，生活较充实，心情安好，努力保持身心健康，牢记使命，继续为科普事业奋斗。

举办农村科普美术展览

1986年我虽然离开了工作岗位，但我仍担任着中国科普作协常务副理事长的职务，仍在继续从事科普工作，为科普事业发挥余热。

为响应党中央建设社会主义新农村、科学种田的号召，助力农村科技致富，在科普作协理事会议上，我提出由科普作协美术专业委员会牵头，联系农业部、林业部三部门联合举办"全国农村科技致富科普美术展览会"。

这个建议得到农、林两部的热烈响应。三部门联合发文，启动了参展作品的征集工作。经过一年的征集和筹备，各地科普作协、科普美协的科普美术工作者积极响应号召，为展览会创作了大量高水平的科普美术作品，"全国农村科技致富科普美术展览会"于1988年成功展出。

参展的科普美术作品形象地介绍了我国各地农、林、牧、副、渔各业众多先进的科学技术。在各地巡回展出后，很受欢迎。中国科普作协被授予"全国农村科技致富科普美术展览会"优秀组织工作奖。

筹备召开中国科普作协"三大"

中国科普作协第三届会员代表大会将于1990年召开，在这次会议上将要完成换届工作。

作为中国科普作协第二届常务副理事长，既要做好大会的筹备工作，又要做好换届的准备工作，要起草第二届科普作协工作报告，落实会议议程、修改章程、财务报告、审计报告，各地区、各专业委员会按名额分配产生代表、新一届理事长、副理事长、理事、常务理事及秘书长的人选；要召开常务理事会、理事会讨论工作报告及以上各项事宜；还要落实会址、经费等会务工作。工作紧锣密鼓，一直到5月31日大会召开。

大会再次推举我任副理事长，因我已经离休，日常工作由新任常务副理事长负责。但我仍要参加常务理事会、各项会议和活动。

我参加了1991年在重庆召开的"高士其科普基金首届发奖大会"、在成都举办的"世界科幻创作学术交流会议"、辽宁省科普作协在丹东召开的"科幻创作年会"、科学文艺专业委员会在吉林召开的"松花湖科学诗会"、少儿专业委员会在烟台召开的"少儿科普创作经验交流会"；在云南瑞丽召开的"少数民族科普创作讨论会"、翻译专业委员会在上海组织的"中学生科普英语竞赛颁奖大会"；江苏省、浙江省和山东省科普作协举办的"科普美术展览"以及科普作协老会员的聚会活动等。

通过参与这些活动，走基层，下沉到各地开展科普工作的现场，摸情况，有利于在自己的岗位上发挥积极的作用，多做工作，做好工作。

建立科学文艺创作奖励基金

2013年，为繁荣科学普及文艺作品的创作，我拿出和老伴积攒多年的100万元，捐献给中国科普作协，设立了一个科学文艺创作奖励基金。经科普作协第五届理事会决定，将这一奖励基金命名为"王麦林科学文艺创作奖励基金"，基金用于每两年开展一次的"王麦林科学文艺创作奖"的评选活动，奖励为科学普及文艺作品的创作事业做出贡献的作者。

从2013年到2019年，已有3位科普作家获奖。第一位是擅长写科学游记和报告文学的著名科普作家金涛；第二位是以创作科学幻想小说和人物传记作品著名的科普作家叶永烈；第三位是著名科学诗人郭曰方。

翻译、编辑科普图书

翻译《他们登上金星》与《大众相对论》

1986年，科学普及出版社外文编辑曹珉英约我翻译两本书，一本是《他们登上金星》，一本是《大众相对论》。

《他们登上金星》的原书名是《明天9点钟发射》，苏联阿·伊万诺夫著。书中介绍苏联研制、发射金星探测器——金星-7、金星-8宇航站在金星着陆的情况。由于科技人员的辛勤劳动和坚持不懈的努力，终于揭开金星之谜，实现了人类多少年来的梦想。

本书用幻想与现实相结合的手法，生动描述了这一重大的科学技术成就。对书中不少与科技无关的叙述，我做了删节，编译成书。全书13.3万字，由科学普及出版社于1986年出版。

《大众相对论》直译是《为了千百万人的相对论》，作者是美国著名科普作家马丁·加德纳。此书原是英文版，苏联原子能出版社翻译成俄语出版。我于1988年将俄文版翻译成了中文。

相对论问世以来，出现了许多普及相对论知识的著作，仅我看到的有关科普图书就有六七种。但是我十分赞赏苏联原子能出版社出版的这本著作，因为它与众不同。首先，书中有100多幅精美插图，形象描绘了相对论的一些基本概念，使一些与常识相悖的难理解的概念变得通俗易懂。其次，本书不仅讲解了相对论的基本原理，而且还介绍了狭义相对论和广义相对论是怎样建立和发展起来的。全书11万字，于1989年由上海科学普及出版社出版。

2012年，我将此书修订再版，书名译为《为了人人晓得相对论》，与原书名较为贴近，由科学普及出版社出版。

主编《俄英汉基础辞典》

1987年，编辑曹珉英求我主编一本砖头大的《俄英汉基础辞典》，将俄文的词条译成中文。这是电子工业出版社的约稿，要求将32个俄文字母所列的每个词条全部释文译成中文。这是个工作量太大、非常细致的活。为完成这一编译工作，我请了几位离退休的俄文翻译，一齐上阵，奋斗3年终于完成。1989年，由电子工业出版社出版。

编辑《科技新星》

1990年，《人民日报》先后刊登了数篇报告文学，讲述了13位科技工作者的感人事迹。"再造手"的创造者、上海市第六人民医院骨科主任于仲嘉教授；

杂交水稻专家袁隆平……他们是一批在新中国成长起来的专家，各自在自己的专业领域内勇于开拓、创新，发明、创造，纷纷取得了不凡的科研成果，为我国科学技术的发展做出了贡献，有的成果获得了国家的奖励。我想把这13篇文章编辑成书出版，广泛宣传他们不畏困难，对科学不倦探索、追求的精神和事迹。

我和《人民日报》社记者何黄彪（《记频谱治疗机发明家周林》一文的作者）谈了我的想法，他很赞同我的意见。此后，我将这13篇文章编辑成书，书名为《科技新星》，于1990年由科学普及出版社出版。

合编"娃娃爱祖国"丛书

《科技新星》的事做完了，我还要再找事做。我找中国少年儿童出版社经验丰富的资深编辑郑延慧（中国科普作协常务理事、少儿专业委员会副主任委员）商量给儿童编一套科普读物。我们一拍即合，决定丛书名为"娃娃爱祖国"。

"娃娃爱祖国"为适应儿童的阅读兴趣，采用顺口溜的形式，介绍了我国的20种珍稀动物和我国建设的累累成就。这部丛书是我和郑延慧合作而成，著名老科学家严济慈先生为丛书题写了书名。1991年3月，由中国电影出版社出版。

翻译《在地球之外》

1999年2月，春节假满上班时，章道义同志手里拿着一本俄文书《在地球之外》急求翻译。这本书是苏联科学院院士齐奥尔科夫斯基（宇宙航空、火箭飞行和星际交通的航天之父）撰写的，是一本世界名著。

湖南教育出版社计划于1999年8月出齐一套《世界科普名著精选》，这本书是其中之一。原译者于2月交稿时，出版社发现翻译质量有问题，不能采用，需要重译，但时间很紧迫。章道义是这套书的编委会副主任，为了给他们救急，我接了这个任务。这本书18万字，必须在2月底保证交出译稿。

18万字的翻译任务要在三周内完成，一个人做有困难，我请了经验丰富的翻译齐仲合作。我们没负期望，按时保质保量交稿，使出版计划的完成得到了保证。

这本书于1958年在苏联科学出版社出版。书中故事起始于2017年，一群来自不同国家的科学家和技工，乘坐自己建造的火箭飞船到太空旅行。他们绕地球飞行后降落在月球上，然后继续飞行到了火星附近，最终返回地球。在他们勇敢探索精神的鼓舞下，地球上的人们大批移民到外层空间，住进环绕在地球轨道上的温室城市。书中讲述了探索者们在火箭飞船里的飞行生活，描绘了太空城内移民社会的画面，揭示了在月亮上、小行星上、太阳系空间发生的种种奇妙现象。

为中国老科协工作

主编《老年年鉴》

1990年6月6日，我受中国老科协委托主编《老年年鉴》。这是一本资料性的工具书，要求具有权威性和使用价值。内容涉及老年工作和老年活动的基本情况和主要成果，如有关老年人和离退休人员的福利待遇、医疗保健等方面的政策；老年工作的组织机构；老年团体、老年大学及其活动情况；老年病的防治和老年健康的有关知识；老年医学和老年学的科学研究；老年生活的书籍报刊；老年工作者、离退休干部、老年职工等老年人发挥余热、辛勤劳动的事迹等。要求年鉴提供全面的、精确的实事资料；提供概要的背景情况；为研究发展趋势提供可参考的资料；提供有关事件及发展的信息和线索，提供某些指南性资料等。

为完成此任务，我组织成立了工作班子，成立了七人编委会，确定了年鉴的内容（要求资料密集、信息量大、可参考价值大）、栏目、框架结构、编辑要求和分工、进度和完稿的时间。

为达到快速、高效、质好的要求，我们处处争取时间，采取集中上班、流水作业。为了保证质量，我们要求全体编委与出版社编辑一起，集体审定各栏样稿。各栏稿件，必须有两位主编交叉审稿，由二至三位主编与责任编辑一起用流水作业的方法通审，校对工作要在出版社完成。

正在大家都全力投入这一工作时，不知何故，中国老科协却将这一工作停办了，半途而废，我们为此而拼力做的工作也全白费了！

编《金秋科苑》

1994年，我被邀加入了中国老科协《金秋科苑》刊物的编辑工作。没想到工作开展不久，不知何故，这一刊物停办了，我又做了虚功。

参加中国老科协召开"三大"的筹备工作

1997年，我作为中国老科协的理事，参加了中国老科协"第三届会员代表大会"的筹备工作。我担任的是宣传组的工作，为大会提供宣传材料，编纂优秀论文集、重大决策案例、老科学家名录；还要与人民画报社合编《奉献在金秋》画册，宣传老科技工作者的风采。这些宣传材料，也是为老科协成立10周年献礼，掀起中国老科协的宣传高潮。

我还参加了中国老科协评选优秀老科技工作者、表彰科技著英的工作。

中国老科协陶嫄秘书长打算为离退休老科技工作者办件好事，建一个康复中心，但苦于没有合适的选址。正巧我知道颐和园北面的屯店村有土地出租，我陪陶嫄前往考察。陶嫄对土地的位置、面积、租金等问题了解得很细致，对建康复中心的规划也有了一些想法，后因经费筹集出现了问题，只好搁置了。

我在中国老科协工作了一年多的时间。

在科协直属老科协的工作

中国科协为发挥离退休干部的余热，成立了离退休干部协会。首任理事长是科协书记处老书记王文达，我是第二届理事长和第三届副理事长。在此期间，我为协会的工作付出的时间比较多。

为了使科协离退休人员的生活过得健康愉快，能够老有所为、老有所学、老有所乐，在我担任第二届理事长时，要求理事会面向会员，多开展一些服务活动，多办一些实事。

为老会员祝寿

为老会员祝寿，是协会开展的一项很有特色的敬老活动。会员从75岁开始，年龄在逢五和逢十时，协会都会为其举办重阳节祝寿活动。

贺岁活动

在元旦和元宵节期间举办新年贺岁聚会活动。贺岁聚会活动已成为协会的传统活动，延续至今。我们还计划于重阳节为会员举办欢庆金婚、银婚的活动。

组织参观新农村和新兴农业

为满足会员希望了解现在农村变化的愿望，我们组织会员参观了房山区的韩村河村。这个村生活富裕，家家户户住二层小楼，村里有小学和中学，学生上学不花钱。会员们亲眼看到社会主义初级阶段新农村的美好生活，深受鼓舞，更加热爱我们的党和国家。

为满足会员想了解新兴农业的情况，我们还组织会员参观了农作物的无水栽培，使会员们大开眼界，增长了知识。

老有所学、老有所乐、老有所为

为了落实老有所学，我们组织了电脑学习班、足底按摩学习班、养生保健知识讲座和摄影讲座等。

在老有所乐方面，我们开展了许多活动，如棋牌赛、唱革命歌曲、学跳交谊舞、办书画展、组织旅游等，成功组织了到四川和内蒙古的旅游活动。

在老有所为方面，为发挥余热，大家想了多种办法，如提议开展科技咨询服务、科普进学校、科普进社区活动、为科协承担一些工作任务等。但是这些计划，因种种原因没有实现，让大家十分遗憾。

中国科协离退休干部协会第三届理事会，陈蝶华任理事长、我任副理事长时，协会在会员老有所为方面做出了成绩。

一是由我主编了8期4开的《社区科普》小报，很受群众欢迎，新街口街道还为此小报写了歌词，编了歌曲。协会接到宁波科协来信，要与我们合办《社区科普》，使之升格为正式出版物。但是，科协的决定是将《社区科普》报与《大众科技报》副刊合办。合办的结果是《社区科普》被《大众科技报》副刊替代了，把我们费了九牛二虎之力创办的《社区科普》报撤销了。

我们做的第二件老有所为的事，是开展了科普进社区的活动。组织会员深入居民社区，以讲座或咨询的形式，由离退休的专家为社区群众普及科学知识，为群众答疑解惑，受到了社区群众的欢迎。

健全组织建设

在组织建设方面，发展了会员，健全了会员登记、财务管理等制度，印制了会员通讯录，建立了办公室，安装了电话，明确了挂靠单位。

我参加了两届中国科协直属老科协理事会的工作，历时8年。

整理留存珍贵的历史记忆

我还和其他同志先后合编及主编了5种较有价值的史料图书。

《感念东北老航校》

编写《感念东北老航校》的工作异常繁重，这本书汇集了200多位曾在东北老航校工作过的老同志撰写的回忆录，由我协助张开帙组稿、审稿，编纂成书。他亲自给在东北老航校工作过的同志发了100多封组稿信，附写了样稿以供参考。大家怀着对东北老航校的深情厚谊，撰写了在老航校的学习和工作经历。回忆录再现了老航校人在极端艰难困苦的条件下艰苦奋斗、百折不挠的革命精神。老一代革命军人在中国共产党的领导下，为建设人民空军奉献了自己的青春，铸就了人民空军的光荣传统。回忆录为今天的青年了解那一段历史提供了真实史料。

本书汇集了206篇文章，100万字；分上、下两册，于2001年5月由蓝天出版社出版。

《雏鹰展翅的岁月》

这本书也是我和张开帙合编的。书中的每一篇回忆，都是曾在中国东北老航校工作过的日籍工作人员撰写的，他们是1945年"八·一五"日本投降后，被我军收编的一批日籍航空技术人员。

在东北老航校创建60周年时，他们回到了中国——心中的第二故乡，回忆起在东北老航校的工作和受到的教育，回忆起从侵略者到为中国人民空军工作的思想转变过程。他们倾诉了回国后因在中国工作的经历所遭遇的困难处境。但他们无怨无悔，成立了"航七会"（航七，表示空军第七航校）"日中和平友好会"，积极从事日中友好活动。

《雏鹰展翅的岁月》的内容分为12个章节，分别为绝处逢生、收编后的初始任务、去通化参加建航空学校、建队和建校后的工作、飞行训练、老航校的机务和气象教育、外场的能工巧匠们、机械厂和修理厂的建设和发展、日籍汽车司机和医护人员、师生情深、回国前后及实现了回"娘家"愿望。全书40万字，于2010年2月由蓝天出版社出版。

1945年10月被东北民主联军收编的这批日本航空队的航空技术人员，从1946年3月到1949年11月，在东北老航校工作的3年多时间里，在中国共产党政策的感召下，通过政治学习提高了思想觉悟，摆脱了军国主义思想束缚。他们不怕苦、不畏难，想方设法，极端负责、圆满地完成了教学、飞机维护、修理等各项工作任务。

他们与中国同仁共同为建设中国人民空军培养了两期飞行教员26人、三期飞行学员126人、领航员24人、四期机械学员322人、场站人员38人、航修厂练习生228人、气象员12人、通信员9人。

1949年11月到1953年，在他们回国前的3年中，继续在空军第七航校（即原老航校）工作，又为人民空军培养了三期飞行员、一期女飞行员和相应数量的地勤人员。他们教出的学生在抗美援朝空战中，击落击伤美国空军飞机40多架，其中美国王牌飞行员戴维斯就是他们的学生击落的。

《情系航空——一个航空机务老兵的回忆》

这本书叙述的是张开帙同志从事航空机务工作的经历。

张开帙1937年在国民党空军机械学校学习，是中共地下党员。1945年10月奉命从延安赴东北参加建设老航校，1946—1949年在老航校任训练处机械科科长，为空军培养了四期322名机务干部，是我军航空机械教育的创始人。航校初建时，他带领学员在东北各地为航校搜集了五列车的航空燃料和航空器材。

1949年北平和平解放，他带领学生接收了北平南苑飞机修理厂，被任命为厂长。这个厂在他的带领下，为老航校修理了教学需要的美国P-51等型号飞机，还为1949年10月1日开国大典修理完好17架飞机，安全地飞越天安门广场上空接受检阅。

中国人民空军成立后，他首任空军航空工程部外场处处长、外场部部长和空军司令部机务部部长，从事人民空军工程机务工作38年，是人民空军外场工程机务工作的创始者。

他参加了我国前13次核试验中的12次，开创了核武器试验的航空机务保障工作。他组织领导了投掷核弹飞机的三种改型，两架取样和运送核部件的歼击机、运输机和一种直升机的改装等工作。他为国家的航空事业贡献了一生。本书50万字，于2008年1月由蓝天出版社出版。

《空军翻译耕耘录》

这本书是空军成立以来800名翻译工作的实录。

1949年，根据中苏两国政府协议，苏联将派专家和顾问帮助我国在陆军的基础上建立空军。此后，苏联政府派数百架飞机和800多名顾问专家，来我国帮助建立航校和部队。但是没有翻译，工作就无法进行。刘亚楼同志任空军司令员后，立即着手解决翻译问题，他说，没有翻译，向苏联学习建设空军，就是一句空话。要过河，没有桥和船是办不到的。

空军党委在中央军委和周总理大力支持下，在极短时间通过招聘、抽调、借调等办法筹集了大批俄文翻译到空军，最多时达800多名，从而保证了苏联专家援建工作的开展。

空军建军以来，在发展壮大的各个阶段，都有空军翻译默默地奉献。他们虽无丰功伟绩，但他们善于学习，克服了开始不懂航空技术的重重困难，忍辱负重、任劳任怨、不畏严寒酷暑，协同苏联及其他国家的专家和我国的相关人员一起圆满完成了各种繁重的工作任务。如速建航校、培养各类航空技术人员、修建机场、雷达情报、通信导航、领航保障、气象勤务、战斗勤务保障、航校和部队的机务保障，航空工业的接收、建设、移交，航空装备器材的订货和供应，对17国的外援外训，以及高空运输，国土防空，编写条令条例、翻译教材、教范及大量技术使用说明书等；特别是保证了抗美援朝作战。刘亚楼司令员不止一次说"空军翻译是有功的"。

空军翻译的工作，经历了五个时期：

初建时期：1949年10月—1950年；

抗美援朝时期：1951—1953年；

现代化建设时期：1954—1960年；

防空作战和编写条令教材时期：1960—1965年；

重建发展时期：1966年至今。

全书分为两部分：第一篇是专题文章15篇；第二篇是各人经历与美好回忆126篇。

2006年4月空军原副司令员何廷一为本书题词：空军的翻译是有功的。

2006年，空军原副司令员王定烈题写条幅：在我国人民空军建设中，翻译人员起到了不可替代的作用。

2006年3月，空军原副参谋长姚俊题诗：空军象胥（象胥为古代翻译称谓）忆耕耘，双语科技造诣深。搭桥铺路建伟业，引进消化再创新。

《空军翻译耕耘录》上、下两册共100万字，于2009年由蓝天出版社出版。

《延河畔的外文学子们》

这本书是70多年前在延河畔学习俄文的34位学员撰写的回忆录。

1937年，日本帝国主义侵略中国。为了抗日救国，寻求革命真理，这些同学少小离家，长途跋涉，有的冒着敌人的炮火，越过封锁线；有的辗转躲避国民党反动军警的追捕，从四面八方，奋不顾身奔赴革命圣地延安。抗战时期的物质生活条件虽然极端艰苦，但他们乐观向上、刻苦学习。

1945年抗日战争胜利后，他们又以高涨的热情以各种形式参加了解放战争和后来的抗美援朝战争。在建设社会主义新中国的事业中，他们分别在外交、教育、科技、铁道战线，在人民解放军空军、炮兵、装甲兵、火箭军和通信兵等战线的工作中，为中国人民的革命和建设大业，做出了瞩目的优异成绩。学子们的人生经历丰富感人。

本书由我与同学何理良合编，50万字，于2013年由外语教学与研究出版社出版。

笔 耕 不 辍

离休之后，我有更多时间关注科普研究，翻译科普文章，从一名曾经的编辑转身为作者、译者、编者。

撰写的文章

《科普创作的先驱——董纯才》，刊于《科普创作通讯》，1990年第5期；

《祖国的珍稀动物》，收入"娃娃爱祖国丛书"，1991年3月；

《硕果累累》，收入"娃娃爱祖国丛书"，1991年3月；

《意外的意外》，刊于《儿童时代》，1991年第4期；

《什么样的人才算有教养》，刊于《科学大观园》，1991年第5期；

《我所看到的美国科普》，刊于《科学大众报》，1995年5月；

《纪念贾祖璋先生逝世10周年》，刊于《迎春花》，1998年第7期；

《不要忽视科普文艺作品的创作》，刊于《迎春花》，2000年第2期；

《科教兴国需要发展科普文艺创作》，刊于《科普创作》，2000年第2期；

《现代人为什么要讲文明》，刊于《社区科普》，2000年；

《让我们都做文明人》，刊于《社区科普》，2000年；

《人民航空事业的先驱——常乾坤》，收入《感念东北老航校》，2001年；

《刘亚楼司令员对翻译工作人员的关怀》，收入《空军翻译耕耘录》，2009年；

《〈雏鹰展翅的岁月〉编者的话》，2010年；

《〈延河畔的外文学子们〉前言》，2013年。

翻译的文章

《现代人和瑜伽》，刊于《知识就是力量》，1990年第6期；

《地球生物圈贫瘠吗》，刊于《知识就是力量》，1990年第8期；

《科里德的人力飞机（原题〈神奇飞行术〉）》，刊于《科学之友》，1992年第8期；

《家庭幸福与心理相容》，刊于《科学之友》，1992年第12期；

《怎样拯救不育者》，刊于《知识就是力量》，1992年第11期；

《生命的两种语言》，刊于《知识就是力量》，1993年第3期；

《展示毫微克的人》，刊于《奥秘》画刊。

求知、求学

学 习 绘 画

1993年，我参加了总参北极寺干休所举办的书画学习班，学画写意花鸟。在学习班，我系统地学习了色彩知识，掌握了一些花鸟的画法及落款、用章的规矩。通过作品欣赏课，我了解了中国书画艺术的发展径流、历代书画名家的艺术风格。因为我的学习成绩进步得很快，后来又参加了绘画研究班的学习。1994—2011年，在干休所每年举办的迎春书画展和其他画展上，都有我的作品参展。有诗为证："离休收笔复提笔，丹青生趣墨生辉。文明华夏可添瓦，道是无为却有为。"

学习集邮收藏

我还参加了集邮收藏协会。通过老师授课，我了解了集邮的意义；学到了邮品的分类；了解到邮票、邮戳、邮签等方面的知识。协会组织我们参观集邮收藏展览，开阔了我们的眼界，我认识到方寸之间知识万千，集邮可以使人学到许多知识。我对集邮逐渐产生了兴趣，开始了自己的收藏。我的邮票收藏侧重于航空航天和科学技术方面，现在我的收藏数量虽然还不成气候，但我已体会到了乐趣。

干休所每年都举办集邮收藏展览，展出的藏品丰富多彩，琳琅满目，我发现收藏火花和门票也很有意义，也很长知识，从而理解到了收藏的真谛。

上老年大学

1999年，我参加了总参保障部在北极寺干休所举办的老年大学。我学习了一期电脑图片制作课程（photoshop软件的使用），初步掌握了这一软件的许多功能，如将照片翻转、拼接、添加景物等。我在将照片制成了漂亮的贺年片和年历的过程中，体会到软件赋予电脑的强大功能；感悟到科技的发展给人们带来的便捷。

用纪念品记录旅游经历

离休后，我和老伴游历过祖国的许多名山大川和名胜古迹。北到黑河，南到三亚的天涯海角，东到抚远、山东半岛的"天尽头"（胡耀邦同志题写），西到新疆的喀什。我们还到了西藏的拉萨、日喀则（边境小县亚东）。每到一地，我们都要购买具有当地标志的纪念品，以为留念。

我们发现所到之处，几乎都有便于携带的、具有该景点标志的筷子和手帕。因此，筷子和手帕成了我们购买收藏的重点。比如滕王阁、蓬莱阁、岳阳楼、庐山、武夷山、秦始皇兵马俑、都江堰、天安门、人民大会堂和毛主席纪念堂的筷子和手帕。

虽然这些筷子和手帕的质地粗糙精细不一，但是其自身的独特性、纪念性，使它们也极具收藏价值。它们记录了我们众多的难忘经历。在总参离退休干部局集邮收藏协会举办的"纪念建党90周年集邮收藏展览"上，展出了我和老伴收藏的部分筷子和手帕。

筷子，古称箸，是中国古代的发明创造，凝聚华夏民族的智慧与灵气，被誉为中国之国粹，东方文明标志性代表。筷箸文化源远流长，绵延千载。

随着我国社会的发展和科学技术的进步，筷子的制作不断创新。材质多种多样，金银铜铁锡，牙骨玉竹木，无所不有；工艺丰富多彩，绘雕镂漆镶层出不穷。筷子已不仅是中国家庭必不可少的日常用品，它已成为收藏家们所垂青至爱的工艺品。我展出的筷子有革命圣地的筷子、名胜古迹的筷子、酒店饭店的筷子；各种材质的筷子；日本筷子。

手帕是人们在日常生活中为随时保持清洁而随身携带的物品。随着社会的发展进步，制作手帕的布料、工艺、花样、色彩多种多样，层出不穷。但是现在人们的习惯改变了，手帕逐渐被纸巾代替了。纸巾使用时虽省事，但既浪费资源又造成污染，为了实现低碳生活，应提倡使用手帕。我收集的手帕，主要是旅游纪念品和日本朋友赠送的日本手帕，有名胜古迹类、生肖类和丝绣类等。

优秀共产党员

从离休到现在，我一直被选任科学普及出版社第六党支部书记。

1994年6月，被评为科学普及出版社优秀党务工作者；

2005年6月，被评为科学普及出版社优秀共产党员；

2011年7月，被中国科协党委评为科协直属单位优秀共产党员标兵；

2017年，被评为中央直属单位优秀共产党员和中国科协优秀共产党员标兵；

2019年，被党中央授予先进离休干部。

"先进事迹"宣传画

2018年，科学普及出版社发表《赤诚党性　科普人生——优秀共产党员麦林同志先进事迹》的宣传画。文字如下：

革命人生

麦林，曾用名王麦林，女，汉族，92岁，离休干部，1938年11月加入中国共产党。曾任中国科协党组成员、科学普及出版社党委书记、社长，现为科学普及出版社第六党支部书记。她矢志不渝、豪迈乐观，跋涉于漫漫革命征程，曾燃起了一代人心中的温暖与豪情，也成为年轻一代人的镜鉴与楷模。

科普卫士

2016年5月，习近平总书记在"科技三会"上发表重要讲话，"科技创新、科学普及是实现创新发展的两翼，要把科学普及放在与科技创新同等重要的位置。"2017年4月，92岁高龄的麦林同志学习讲话精神，在身体已不能久坐的情况下，坚持分4次才完成写给中国科协党组书记、书记处书记尚勇同志的一封近千字的关于加强科普创作的建议信，离休不离科普事业。

无私捐赠

2013年，麦林同志将几乎全部积蓄100万元人民币，无偿捐赠给了中国科普作家协会，设立中国科普届第一个科学文艺创作奖励基金——"王麦林科学文艺创作奖励基金"，开慈后学，激励后人。

年幼参加革命

麦林同志13岁参加革命，特别是到八路军后，经历了艰苦战争环境的磨炼，打牢了革命理论的根基，坚定了全心全意为人民服务、为共产主义奋斗终生的决心。从军队到延安再到中国空军初建时期，凭着顽强的革命意志和强烈的爱国心，出色地完成了一次次党赋予的革命任务，为中国空军的建设立了功。

转业到地方

20世纪50年代，麦林同志转业到地方，投入到科学普及工作中，作为《知识就是力量》的创刊人之一，凭着一股顶着困难上的精神，把《知识就是力量》办成了全国受欢迎、发行量大的杂志。同时她也是我国科学美术的倡导者和组织者、中国科普作家协会创始人之一。

迎难而上

麦林同志永远不向困难低头，不计个人得失，一生变换了很多工作，临危受命，她不仅欣然接受，而且做出了突出成绩。她工作有创造、有办法，她的言行激发了一代代编辑和作者创作的积极性和原创性，迎来了科普创作的春天。

优秀党支部书记

麦林同志离休31年，始终担任离休党支部书记，现今92岁高龄的她在思想上、政治上、行动上与以习近平同志为核心的党中央保持高度一致，十分注重抓支部建设、抓支部党员教育，强化服务意识，创新工作方法，无私奉献、求真务实、率先垂范。

自我评定

麦林同志在2017年年初党员自我评定中写道："我入党后，树立了为共产主义奋斗的信念，能够积极工作，起模范作用，遵守纪律，严守党的秘密，但是是感性的。到1942年延安整风学习才真正树立了理性共产主义世界观，树立了无条件的、全心全意为民服务的思想，没有私心杂念。对党的指示、方针任务，一贯做到闻风而动。这一切已经成为我这个共产党员的习惯，这都是由于党对我的长期的教育。我至今没有改变。"

党和国家的肯定

中宣部出版局于1988年编辑出版的《编辑家列传》中讲道："王麦林是勇于创新的实干家，一位在许多书、刊、文、图中付出了大量心血，然而却没有留下自己姓名的人。"麦林同志曾多次荣获原国家新闻出版总署和中国出版工作者协会表彰，多次被评为优秀党务工作者、优秀共产党员、先进党员标兵。

"王麦林精神"

2019年4月，在"王麦林科学文艺创作奖"座谈会上，科协党组副组长、书记处书记徐延豪讲话，提出从三个方面学习"王麦林精神"：

第一，深刻认识和学习"王麦林精神"的内涵和时代价值。王麦林先生是一位心系国家人民的知识分子楷模，是投身科普事业、践行使命的杰出典范。王麦林先生无私奉献的大爱精神和道德风范，科学严谨、勤勉敬业的科普创作态度，值得现在的广大科技工作者，特别是从事科普创作工作的同志们认真学习。

第二，充分发挥"王麦林精神"在科普战线的传承引领作用。我们传承"王麦林精神"，不仅要把科普创作队伍建好、用好，更要调动、吸引、鼓励更多的科技工作者参与到科普创作中来，使科普创作不断有源头活水，竞相奔流。

第三，深刻理解新时代对科普工作的新要求和新期待。肩负起新时期科普创作工作的历史使命。2019年是中国科普作协成立40周年，协会组织不断发展壮大，工作机制更加完善，汇集和团结了全国的优秀科普作家以及广大热心科普创作的人士。新时期，协会要以习近平新时代中国特色社会主义思想为指引，大力弘扬和宣传像王麦林先生这样杰出的科技工作者的事迹，让广大科普工作者认识到，从事科普工作也能做大事、做贡献，为促进我国公民科学素质提升、促进社会主义文化繁荣贡献更多的智慧，在实现中国梦的伟大征程中继续发挥更大作用。

感谢党和国家、科协领导和科学普及出版社的同志们对我的鼓励，我将永远是一个忠诚党的党员，做党指示的老有所为、老有所学、老有所乐、老而不朽、老而志坚的好党员。

麦林文选

科普研究

　　自从1958年调到中国科学技术协会工作，我与科普结下了60多年的不解之缘，这里收录了我近40年与科普工作相关的28篇文章：有在职时期的重要工作会议发言、会议纪要，有关于科普理论与实践研究的论文，有写给领导、同事及各地、各刊科普工作者的书信，还有回忆、纪念科普名家的小传、悼词。这一次，我把它们按时间先后顺序编排在一起，循着时间脉络，既可以一窥我国科普工作各个时期理论方针、指导思想、认识水平、工作重点的发展演变轨迹，也可以了解我对科普工作逐渐加深的认知和体验过程。相信读过这些文章的读者，就更能够理解为什么我会创立"科学文艺创作奖励基金"，从而大力促进科普创作的发展。

祝《科普译丛》创刊

　　在科学普及花坛上，又有一朵人们早就盼望的花——《科普译丛》开放了。它将在我国社会主义现代化建设的新长征中，为繁荣科普创作，提高整个中华民族的科学文化水平贡献自己的力量。

　　把外国的科普作品翻译成中文，将其展现在我国读者面前，是迅速传播现代科学技术知识，发展我国科学文化事业的一个重要手段。科普翻译工作是科学普及事业的一个重要组成部分。科普译者队伍是科学普及队伍的一支重要方面军。

　　中华人民共和国成立30年来，在党的领导下，科普翻译工作和整个科普事业一样，有过蓬勃发展、欣欣向荣的兴旺时期，曾产生了许多优秀的科普翻译工作者，介绍了许多外国的优秀科普作品，传播了大量新型科学技术，吸取了可以借鉴的科普创作理论和写作技巧，对我国的社会主义建设和科普创作的繁荣、发展起了良好的作用。但是，科普翻译工作也经历过"左倾"机会主义的污蔑、打击和破坏的苦难年代。翻译外国作品，介绍现代科技知识，借鉴外国经验，被认为是洋奴哲学，迷信思想，许多翻译作品被打成毒草，翻译工作被迫停顿，翻译人员遭到迫害，翻译组织和队伍被破坏和拆散。

如今，党和人民赢得了伟大的胜利，为中华民族重新安排了美好的前景。为了完成党在新时期的总任务，积极地促进科普创作工作的恢复和发展，应运诞生了一个崭新的科普群众团体——中国科普创作协会。特别令人高兴的是，中国科普创作协会继创办《科普创作》丛刊后，又与北京科普创作协会联合创办了《科普译丛》。

《科普译丛》为我们开辟了一条引进外国科普创作经验的新渠道，使我国的科普创作在新的形势下，更加丰富多彩，更加繁荣和提高，更好地为社会主义现代化建设服务。

《科普译丛》为读者打开了一个新窗口，可以从这里看到国外科学技术和科普创作工作进展的现状和前景，可以开阔眼界、增长知识、启发思想。

《科普译丛》为译者提供了一个发表译作的新园地，为我国科普创作者开辟了一个吸收外国优秀文化财富的新源泉。让移植的外国科普作品在我国科普文坛上生根开花，供我国的科普译者和作者欣赏、研究、借鉴。若与我国的实际相结合，将会培育出我国具有新风格、新水平的科普创作成果。

《科普译丛》的编辑方针是：新（内容新颖）、活（生动活泼）、广（题材广泛）、精（精选精编），即思想性、科学性和通俗性的有机统一。这是一个好方针，既继承了我国科普翻译工作的传统，又为在新形势下办好译丛提出了一个较高的标准。

要使《科普译丛》为我国具有中等文化程度的广大读者喜闻乐见，争相阅读，在生产、科研、教学、宣传等各方面起到一定的作用，编辑部还要努力奋斗。

祝《科普译丛》在党的领导下，在编者、译者、科技工作者、美术工作者、出版印刷工作者同心协力下，在广大读者的热情支持下，出色地完成自己的使命，不断地完善，不断地进步。

（1981年春）

在中国科协少儿出版工作会议上的发言

庐山会议以后，特别是十一届三中全会以来，在党的正确路线指引下，少年儿童读物的出版工作有了很大的发展。记得1978年在庐山开会时，全国出版的少儿读物只有200多种。现在仅各地送到大会展览的就有3000多种，内容和形式也多种多样、丰富多彩，质量有了很大的提高。学龄前儿童读物也引起了各方面的注意。特别是在社会上了解到，3岁儿童的智力已经相当发展。他们在这时所受到的教育对今后的成长影响很大。按照科学育人的规律，应该从3岁开始就要进行德智体美的教育。幼儿读物的工作越来越受到各方面的关心和重视，适合幼儿需要的读物正在不断涌现。这样的大好形势，实在令人感到可喜可贺。

我们这次会议是在党的十一届六中全会后召开的。党中央十分重视少年儿童的教育工作，今年中央书记处专门召开了加强少儿工作的座谈会。这次会议，也可以说是我们响应党中央号召的一个具体行动。

在新的形势下，少儿读物的出版工作也出现了一些新的情况和新的问题。因此，这次会议是开得很及时的。

会议期间，大家对如何搞好少年儿童读物的编写、出版和发行等工作提出了许多很好的意见和建议。

会议开得很好，收获很大。请允许我代表科技界祝贺大会的成功，并借此机会，向少儿读物作家、编辑、美术、出版和发行的工作者们为少年儿童所付出的心血和劳动表示衷心的敬意和感谢。

我相信，这次会议以后，我国少儿读物的创作和出版工作在各级党委的领导下，在多家创作和编辑出版部门的共同努力下，必将出现新的繁荣，创作和出版工作的质量必将达到新的水平，为社会主义的四化建设和高度的精神文明建设培养一代新人做出更大的贡献。

下面我想借此机会对少儿读物的出版工作提几点希望和意见，供参考。

一、充分发挥已出版的少儿读物的作用

目前，我们已出版的少儿读物有3000多种。其中名著的数量可能尚未达到历史上最好的情况；品种和数量可能还不能完全满足各种年龄的少年儿童的需要；有个别少数作品可能还有这样那样的缺点和问题。但我认为大部分图书的内容是好的和比较好的，对少年儿童的德智体美的教育是有益的。

但是，据了解，其中许多作品（图书和刊物）印数不多，甚至很少，有的只有一二万册；有的只有几千册，许多儿童看不到。

例如，广西出版的一本小学生看的有关植物的科普读物，写得不错，内容比较充实，也比较通俗易懂、生动活泼，但只印了5000册；吉林出版的一套学龄前儿童看的《儿童科学画库》也不错，其中有唱片，小孩可以动手在上面画画、剪纸和折叠，但一般每本只有一二万册，最多的一本才印了9万册。

而另一方面，家长和幼儿园的老师们却买不到，甚至还不知道有这种图书。

作家们、编辑和美术工作者们辛辛苦苦编写出的作品，特别是业余作家们，他们是牺牲了休息时间忘我地为孩子们写作的。本来可以有更多的孩子看到他们的作品，可结果印得这样少，发挥不了应有的作用。

一方面是有作品，出了书；另一方面是不知道或买不到。这就影响了已经出版的少儿读物的作用的充分发挥。

科普读物有这样的问题，其他读物也有这样的问题。我们希望有更多更好的作品问世，更希望新的作品问世以后要能够充分发挥作用。让应该看到这些读物的孩子们都能看到。

与此同时，我认为，应当发掘已出版的读物的潜力，把那些好的和比较好的读物重印再版，让应该看到还没有看到这些读物的孩子们都能看到，使它们的作用能够得到充分的发挥。

这是不是解决当前少儿读物不足的一个多快好省的办法呢？请大家参考。解决这个问题也不太容易，但事在人为，只要大家动脑筋想办法，互通有无，通力合作，这个问题不是不可以解决的。

二、适当增加少儿科普读物的品种，努力提高少儿科普读物的质量

十一届三中全会以后，各出版单位都开始重视出版科普读物，以适应建设四个现代化的需要。三年来，无论是少儿出版社还是一般出版社，是少儿科普报刊还是一般少儿报刊，都出版和发表了不少少儿科普作品；并且有不少优秀的科普作品，受到了读者的欢迎和国家的奖励。这些科普作品对培养少年儿童爱科学，学科学，立志向科学技术进军，为四个现代化建设做贡献，对增长少年儿童的自然科学知识，开阔眼界，启迪思想，训练他们耳聪目明心灵手巧，对增强少年儿童爱祖国爱人民的事业心、责任感，鼓励他们好好学习，天天向上以及对培养少年儿童讲究科学方法和科学态度起到了良好的作用。

但是，现在出版的少年儿童科普读物，不论是科普图书还是科普期刊，品种和数量都比较少。这几年出版和发表的科学幻想、科学童话和数学习题之类的作品比较多，各地的少儿报刊一般比较喜欢发表科幻小说，而针对少年儿童学习和生活实际需要的科技知识，特别是培养少年儿童动手动脑能力的科普作品比较少。

科普期刊，包括目前全国新创办的《我们爱科学》《少年科学》《少年科学画报》《少年探索者》《智慧树》《小学科技》《少儿科普报》等少儿科普期刊，其对象大多都是初中生，而且都是综合性的，缺少适合小学生看的和对某一学科有特殊爱好的小朋友阅读的科普刊物。

现在许多中学成立了各种学科小组，如红十字小组、气象小组、动物小组、园艺小组、农业小组、中草药小组等，阅读综合性科普刊物满足不了他们学习专门科学技术的需要。没有少儿专业科普刊物，对于从小培养专门人才是不利的。在外国，有从3岁到初中毕业每一种年龄少儿阅读的刊物，和各种专业性的少儿科普刊物，如《少年技术家》《少年农艺师》，等等。

目前，我国少儿科普读物的质量也不够高，有不少作品知识陈旧，而且有科学错误。例如，电子技术已经发展到大规模集成电路时代，可是，有一篇科幻小说描绘的机器人还是用电子管装的。有的科普作品还把月亮说成是九大行星之一；就是在去年评奖的少儿科普作品中也存在科学错误。

有的科幻作品追求离奇的情节，胡编乱造一些荒诞的故事，如所谓故宫出现宫女跳舞的幻影，有的宣扬西方资产阶级的生活方式，实际上起了转移他们建设社会主义伟大理想的作用。有的竟瞎说看手相算命有科学根据，甚至滥用现代的科学技术，用什么波呀、场呀、粒子流呀等证明有鬼魂存在。其中有些东西虽然不是在少儿报刊上发表的，但是有些上了画刊，孩子们是会看到的。

还有一些未经实验证实，违背基本科学原理的东西，像让孩子表演特异功能等。这些尚需研究和探索的东西也大肆宣传，对孩子一点好处都没有，是十分有害的，希望编辑出版部门认真注意，切实加以克服。

科学普及读物应该宣传科学，讲究科学，应当造就有远大理想的献身社会主义四个现代化的革命接班人，不能制造迷信、宣传假科学、培植庸夫俗子。

希望编辑出版部门为少年儿童提供营养丰富、精美可口、容易消化的科学精神食粮，绝不能给他们错误的掺杂毒素的东西。注意提供适合农村儿童的科学读物，适当增加少年专业科普期刊。从事科普编辑出版工作的同志都应努力学习，不断提高思想觉悟和政治业务水平。

（1981年10月7—11日）

1981年中国科普作协专职干部会议纪要

为交流工作经验和研究1982年的工作，中国科普作协于1981年12月10日至16日在南宁召开了专职干部会议。参加会议的有中国科普作协和各省（自治区、直辖市）科普作协的秘书长或副秘书长及专职干部共52人。

中国科协书记处书记、中国科普作协副理事长王文达，中国科普创作研究所负责人梅光，广西科协副主席、广西科普作协理事长蒙古同志出席会议并讲话。

北京、上海、天津、河北、湖南、江西、江苏、广西、山东、山西、湖北、福建、安徽、辽宁、吉林、黑龙江16个省（自治区、直辖市）的17位同志在会上介绍了该省（自治区、直辖市）科普作协的工作经验。包括如何组织和引导会员根据发展国民经济和建设社会主义精神文明的需要，进行科普创作的经验；提高会员创作水平的经验；维护会员正当权益，提高会员创作积极性的经验；同有关方面搞好协作关系，充分利用各种阵地出版和发表科普作品的经验，以及整顿组织和培养后备力量的经验。

（一）

会议集中讨论了如何加强党对科普作协工作的领导，当前和今后一个时期科普作协的方针任务，科普作协专职干部的工作职责，以及"二大"开法等问题。对"二大"的开会时间和规模、筹备工作、会章修改，对科普作者、编辑、科普作协的组织管理干部的奖励等问题，提出了意见和建议。会议开得紧凑，情绪饱满，气氛热烈，畅所欲言。大家一致反映这次会开得好，收获大，明确了方向，增强了做好工作的信心。

会议认为，在党中央的亲切关怀和中国科协、各省（自治区、直辖市）科协的直接领导下，以及有关部门的支持下，两年来，科普作协努力贯彻党中央二中全会以来的方针政策和中国科协"二大"与中国科普作协"一大"以来的决议，使全国科普创作出现了前所未有的大好形势。

1.到目前为止，全国有28个省（自治区、直辖市）成立了科普创作协会。全国和省级会员达到7147人。

2.发动和组织会员创作了大量科普作品。仅据北京、上海、广东、湖北、内蒙古、湖南、江西、陕西、山东等省（自治区、直辖市）科普作协的统计，1597位会员创作出版的科普图书就有660种，发表科普文章14883篇，并涌现出一批直接为国民经济服务的质量较好的科普作品。这些科普作品对发展生产和建设社会主义精神文明起了良好作用。

各地还创作了大量科普美术作品，举办了科普美术展览，为科普画廊提供科普美术资料，编绘、出版挂图、画册和幻灯片、画册，并创办了科普美术刊物多种。上海、天津、辽宁、广西、内蒙古、安徽等省（自治区、直辖市）科普作协，把科普创作扩展到电视、电影领域，与电视台和电影制片厂合作编写科普电视片和电影的文学脚本。

3.创办了省（自治区、直辖市）以上的科普定期刊物23中，其中15种刊物的发行量为141万册。

4.提高了科普创作水平。如江西省科普作协，通过举办科普创作研究讨论会修改作品200余篇，使其中一半作品提高了质量得以发表。

5.锻炼和培养了科普作协的专职干部。他们在创业中，积极发挥主动性、创造性，为繁荣科普创作做了大量工作，并积累了一定的工作经验；对我国的科普事业做出了贡献。

6.维护会员的正当权益，向有关方面反映会员的意见和要求，帮助会员解决一些实际问题。

会议认为，科普创作的成绩是很大的，方向是正确的，主流是健康的，应该充分肯定。但是，由于有关领导缺乏经验，工作不够得力，存在软弱涣散状态，在大好形势下，也出现了一些缺点和问题。主要是，一些科普作品和会办刊物的内容与党的方针任务聚合得不紧密，不大切合广大干部和工农群众学习科学技术的需要。个别刊物刊出了鬼魂和上帝等反科学、伪科学及低级庸俗的东西。其数量虽然很小，但影响很坏，必须高度重视，认真克服。

（二）

根据两年来的工作实践，大家体会到，为繁荣科普创作，不断提高创作水平，引导科普创作为党的中心工作服务，以下经验是行之有效的，应当重视和推广。

1.宣传科普创作的重要意义，排除影响进行科普创作的思想障碍；关心和维护会员的正当权益，向有关方面反映会员的意见和要求，帮助会员解决一些实际问题，为进行创作创造必要的条件。调动和发挥会员与科技文教工作者从事科普创作的积极性，保持它们的创作热情。

2.建设一支具有社会主义觉悟和一定科学文化素养，又热心于科普工作的创作队伍；采取各种措施组织会员深入实际，了解群众学习科学技术的需要，举办培训班、讨论会和研究会等，提高会员的思想水平和创作水平。

3.了解创作情况，对创作思想进行研究和指导，开展创作评论和优秀作品的评奖等方法，引导科普创作沿着正确方向健康发展。重点是抓方向，抓质量，抓队伍的培养和提高。

4.同新闻出版等宣传单位建立密切关系，为发表和出版科普作品创造条件。

5.作协是一个跨行业、跨学科、跨部门的业余从事创作的群众团体。与社会各方面有着广泛的联系，工作量大面广，政策性强，要做好上述工作，必须有一支具有一定政策水平和组织活动能力，能密切联系群众的专职干部队伍。科普作协工作开展得好坏，在很大程度上，取决于专职干部的工作情况。专职干部应该充分理解自己工作的重要性，积极主动地努力完成肩负的光荣使命。

6.要依靠会员办会。

7.关键是加强党的领导。

会议强调指出，党的领导是做好各项工作的根本保证。党对科普创作的领导，主要是对创作思想的指导，保证科普创作贯彻党的方针政策，为党的中心工作服务。科普创作脱离这个方向，就意味着脱离了党的领导。因此，科普作协的领导和专职干部必须认真学习党的方针政策，并及时向会员进行传达。要及时向上级党委请示汇报工作，在党的领导下，解决创作思想上的问题。指导创作思想要坚持双百方针，注意正确处理生产题材与生活题材的关系，基础知识与应用技术的关系，当前需要与长远需要的关系，面向城市与面向农村的关系，中级科普与初级科普的关系，重点读者对象与一般读者对象的关系。还要正确处理各种体裁之间与形式之间的关系，全面体现科学性、思想性、知识性和趣味性，防止片面强调某一方面而忽视另一方面。

会议认为，指导创作的主要方法是开展科普创作的评论。科普创作评论包括表扬好的和批评坏的。不论是表扬还是批评，都要实事求是，以理服人，不能以偏概全。特别要提倡自我批评。

（三）

关于当前和今后一个时期科普创作的任务，大家认为应当是，坚持科技工作为经济建设服务的方针，从当前当地生产和生活的需要出发，普及科技知识，宣传辩证唯物主义，为提高人民群众的科学文化水平、促进社会生产力的发展，建设社会主义物质文明和精神文明服务。对科普作协1982年的工作，大家的意见是，以做好以下四项工作的实际行动迎接科普作协"二大"的召开。

1.在深入调查研究的基础上，发动和组织会员遵循国家建设的十条方针，以及建设社会主义精神文明的需要，重点创作一批切合实际、质量较高的科普作品。特别是有关发展农业的科普作品；提高干部科学管理水平和人民群众科学知识及生产技术水平的科普作品以及破除封建迷信的科普作品。

2.组织科普创作评论队伍，把科普创作评论积极开展起来。在发动群众开展评论的基础上，各地科普作协要有计划地重点对优秀的和个别错误倾向比较严重的作品进行深入的评论。

3.办好会刊《科普创作》。《科普创作》应加强其对科普创作的示范和指导作用。地方科普作协的科普刊物，要明确编辑方针，努力办出各自的特色。

4.做好召开科普作协"二大"的各项准备工作。包括起草工作报告，提出修改会章的草案，草拟优秀科普作者、编辑、组织工作者奖励办法；整理登记会员，整理登记会员组织，发展一批水平较高的科普作者入会。

关于科普作协"二大"的开法，大家意见一致，议程为：①工作报告；②修改会章；③改选理事会；④制定优秀科普作者、编辑、记者和科普作协组织工作者奖励办法。并建议于大会闭幕后开表彰大会，表彰工作30年以上的老科普作者和老科普编辑、记者。

关于地方组织问题，多数同志意见，地（市、县）科普创作协会（组）应作为中国科普作协的地方基层组织，会员为三级会员。另一种意见认为，根据科普作协会员条件，只宜在省（自治区、直辖市）一级建立科普作协的地方组织。

（四）

现在科普作协的组织机构和人力与它担负的任务很不相称，影响了科普作协工作的正常开展。许多省（自治区、直辖市）的科普作协没有专职干部，甚至没有兼职干部。有的有一名专职干部，但得兼任会办刊物的编辑工作，顾此失彼。因此，与会同志强烈要求由科协委派专职干部或副秘书长（至少普及部有一位部长分管科普作协的工作），并配备一定数量合乎条件的专职干部。不要由科普刊物的编辑人员兼任科普作协的专职干部，以保证其能够集中精力办好刊物。对现有干部，要采取措施提高其政治业务水平，如召开工作经验交流会和举办学习班等。

会议强烈要求设法解决当前存在的科普创作的出版问题。

由于各地科普作协与有关方面协作较好，而且多数省（自治区、直辖市）科普作协创办了刊物，所以在科普短篇文章的发表问题上，矛盾已趋于缓和。但因科普作协本身没有出版权，各出版社人力有限，又有他们自己的出版任务，因此科普图书的创作和出版的矛盾目前仍比较突出，需要尽快妥善解决。大家建议，在有条件的单位成立科学普及出版社，或在各大区成立科学普及出版社分社来解决这个问题是可行的。科学普及出版社的分社由当地科协领导，自负盈亏，由总社分给分社一定数量的书号；保证各分社的出版工作协调健康地进行。希望由科学普及出版社报中国科协领导研究解决这个问题。

会议建议各地科协加强对科普作协的领导。有专人做科普作协的工作，把这项工作列入科协领导的议事日程。科协党组应当研究科普创作和科普刊物的问题，帮助解决工作中的困难。科普作协的专职干部应多向科协领导请示汇报工作，主动争取领导支持。

会议还提出，希望中国科普作协经常深入地方进行调查研究，对地方科普作协的工作给予支持和指导。

许多同志反映，目前仍存在轻视科普创作的现象。一部分科技人员热衷写科学论文，不屑于写科普文章；有些单位的领导仍把从事科普创作看作不务正业。科协领导在1978年上海科普工作座谈会上提出的"但是创作的成绩应该列入科研、教学人员的考核标准，有贡献的科普作者，应同其他科研、教学人员一样，在生活上给予适当照顾，在政治上给予应得的荣誉"还远未实现。科研教学人员因为从事科普创作而影响定职评级的仍不乏其例。大家一致要求，在科普作协第二次代表大会之前，将科普创作工作者的社会地位，用国家法规确定下来，以便有法可依，有规可循。建议中国科协党组责成中国科普作协进行调查研究，拟出条文，呈报中央审批。

（1981年12月16日）

给新疆科普工作者的信（节选）

根据党中央十三大的基本路线，科普创作如何适应新形势做出更大的贡献，今后的方向、任务、出路、前途，以及如何介入精神文明建设等问题，都是从事科普编创同志所关心和思考的大问题。

我对当前科普创作的情况，特别是不同层次读者对科普读物的意见和要求缺乏调查研究，但是有几个问题可以谈一点自己的看法。

第一，经济的发展和社会的进步，永远离不开科普的作用，历史已经证明，这是一条客观规律，而科普创作是科学普及不可缺少的重要环节，是科普工作的源头。社会需要科普创作，从这个意义上说，科普创作是前途无量的。有些人可能对科普和科普创作的作用认识不足，或暂时无暇顾及，但我们从事这一工作的同志应当有坚定的信念，不能因此而妄自菲薄，心灰意懒。如果放弃科普创作，或不努力使作品切合社会需要，那么科普创作自然不会存在于社会，或被社会所冷落以至淘汰。这就等于社会主义建设这台机器中的一个零件脱落或发生故障而影响整个机器良好运转。不管别人是否重视这个"零件"，但作为零件本身，应当坚守岗位，充分发挥自己的作用。

第二，我国社会主义初级阶段的经济发展战略，把发展科学技术和教育事业放在首位，使经济建设转到依靠科技进步和提高劳动者素质的轨道上来。这对科普工作包括科普创作提出了更高的要求。经济建设依靠科学技术和劳动者素质的提高，都要通过广大群众实现。这就需要提高广大群众的认识和觉悟，使他们乐于去学习和掌握必要的科技知识和乐于把科技成果运用到生产和生活中去。而科学技术越深入群众，普及越快，劳动者素质的提高便越快，依靠科学技术进行经济建设就越有成效。所以，科普创作的任务比以往更加重要和艰巨。

精神文明的建设、唯物史观的形成，向来有赖于科学技术的普及。科普创作既能为物质文明建设服务，同时又能为精神文明建设服务，具有双重功能。在新形势下，我们应当更加努力工作，加强调查研究，用各种方式创作出针对性强，既切合群众需要，又为他们便于接受和乐于接受的科普作品。及时引进国外的科技成果和科普作品，也是很重要的。

第三，现在科普创作事业面临重重困难，原因很多。我以为当前主要困难是缺乏经费。坐等增拨经费，一般来说几乎是不可能的，我们应当乘改革的东风，坚决、勇敢、积极主动地去自筹经费，走自力更生的路，才能摆脱困境。有了钱就好办事，工作就不会受制了。也只有自己谋求到足够的经费，协会才能独立自主，上海等地科普作协的经验说明了这个问题。全体会员，特别是协会的领导，都应当为此出力，做出贡献。

"山重水复疑无路，柳暗花明又一村"，相信你们一定会做出新的成绩。

（刊于《宝地》，1981年）

应把批评视为诤言

不久前，邓小平、胡耀邦同志在一次会议上指出：在全国思想战线和文艺界的领导上存在着涣散软弱的问题，必须认真开展批评和自我批评，克服各种错误倾向，特别是对于那种企图脱离社会主义轨道，脱离党的领导搞自由化的倾向，要进行正确有力的批评和必要的斗争。胡耀邦同志并指出，不仅思想战线和文艺界存在这个问题，其他部门也不同程度地存在这个问题，也要加强思想政治工作，加强党的领导。这些指示切中时弊，对指引我们沿着社会主义大道阔步前进，至为重要，应该坚决贯彻执行。

粉碎"四人帮"以后，特别是党的十一届三中全会以来，党所制定的正确路线和各项方针政策像阳光雨露，使"文化大革命"中奄奄一息的科普创作获得了新生。广大科技工作者和科普作者在党的领导下，拨乱反正，摆脱了长期禁锢他们思想的精神枷锁，奋勇地重新拿起了笔，纷纷为祖国建设四个现代化而努力进行科普创作，使科普创作园地很快出现了百花盛开、欣欣向荣的新气象。

几年来各地出版的科普图书和报刊，以及通过报刊和电台发表的科普文章如雨后春笋，创作题材之宽广，体裁、形式和风格之多样，发行数量之大，都是前所未有的。尤其使人高兴的是，一支具有相当数量和一定水平的科普创作队伍已经组织起来，并在成长壮大，科普创作水平和作品质量不断提高。仅去年在全国性评奖中获奖的优秀科普作品就达200多件。这些科普作品比较及时地介绍了现代的新兴科学技术，传播了最新的科技信息，普及了大量有益的科技知识，对提高广大人民群众的科学文化水平，促进工农业生产，发展科学技术，开创青少年一代爱科学、学科学、用科学的新风，以及在实行计划生育，增进人民健康等方面都起了积极的作用。但是，在肯定成绩的同时，必须看到，科普创作还远不能适应"四化"建设的需要。

从当前已出版的科普读物来看，直接为发展国民经济服务的，面向农村的和适合文化水平较低的读者阅读的科普读物比较少。个别同志由于不善于正确处理历史转折时期发生的新情况、新问题，或不能有力抵制社会上资产阶级自由化思潮的影响，还发表了一些有错误倾向的作品。如有的作品宣传迷信，贩卖低级庸俗的东西，虽然为数不多，但危害很大。这些问题应该引起我们注意。同任何工作一样，科普创作在发展的过程中，也会产生这样或那样的缺点和问题。在大量好的和比较好的科普作品中，夹杂着某些粗糙的、有缺点错误的作品，犹如大河奔流，泥沙俱下一样，不足为怪。问题在于对这些有错误倾向的作品，缺乏及时的、认真的分析和批评。往往是虽然发现了问题，也有所议论，但是讨论展不开，批评也无力。有些好心的同志，一听到要对科普创作或编辑出版工作中的问题进行讨论和开展批评与自我批评，总是担心怕否定成绩，影响创作积极性，因而片面强调"要看主流，要多鼓励，要正面引导"。不错，科普创作的成绩是主要的，主流是好的，成绩应该发扬，好的作品应该奖励，对于错误倾向应该进行正面引导。我们开展评奖优秀科普作品的活动，就是为了鼓励好的和以好的作为榜样，对科普创作的方向和应具备的思想性、科学性、艺术性和通俗化，进行正面的引导。但是对于支流的问题，不能因为有了成绩就可以置于不顾，更不能把缺点错误掩盖起来，或只强调进行正面引导而放弃批评。只有以科学的态度开展批评和评论，才能引导读者正确鉴别真伪优劣，消除不良影响，帮助编辑克服和避免工作中的错误，激励作者提高创作水平。运用批评的武器惩前毖后，治病救人，于国、于民，于编辑、于作者只有益处，毫无害处。繁荣科普创作和做好任何工作一样，需要鼓励，也需要批评。鼓励和批评都是推动工作前进的动力，二者相辅相成，不可偏废。施肥浇水与剪枝除草并举，科普创作园地才能万紫千红，群芳吐艳。

批评是一件好事。有的同志口头上也这样认为，可是一谈到批评，他们总是有些紧张，好似惊弓之鸟，畏首畏尾，退缩不前。这是一些同志在"文化大革命"中种下的心病。由于党的批评和自我批评的优良作风被林彪、江青一伙严重地败坏了，他们动辄乱打棍子，胡扣帽子，一些同志至今心有余悸，谈"批"色变。不是视批评如猛虎，害怕批评，就是怕被别人说打棍子，不敢批评。因此，科普创作上的批评和自我批评没有很好地开展起来，对出现的问题没有能够做到防微杜渐。现在，我们应该放心地解除顾虑了。我们党已经认真地总结了正反两方面的经验，绝不允许再用棍子打人了。三中全会以来，党中央再三声明，进行批评一律不许围攻，不搞运动，还多次强调，要坚定不移地贯彻执行"双百"方针，充分发扬学术民主，坚持"三不"主义，不抓辫子，不戴帽子，不打棍子。三年来的事实，已经充分证明了党的政策是兑现的。我相信，划清批评与棍子的界限，以实际行动开展正确的批评和评论，害怕批评的心理是能够很快消除的。

此外，在一段时间内批评与自我批评的空气淡薄，是否与我们有些同志爱吹不爱批也有一定关系呢？个别同志对自己的作品只乐意听肯定、赞扬的意见，不乐意听不同的批评意见，缺乏自我批评的精神，甚至听见批评，不问青红皂白，就认为是打棍子，甚至反唇相讥，本来社会上就有"多栽花，少栽刺"的问题，面对这种情况，批评者更要望而却步了。

鲁迅先生对文艺批评做过精辟的论述。他在47年前就曾指出："文艺必须有批评；批评如果不对了，就得用批评来抗争，这才能够使文艺和批评一同前进。如果一律掩住了嘴，算是文坛已经干净，那所得的结果倒是要相反的。"（《看书琐记（三）》）这是说，文艺是在不断地接受批评中健康发展的；批评也随着文艺的发展而发展，如果拒绝批评，文艺便不可能健康发展。对科普创作的批评，也是同样的道理。科普创作如果没有批评便会像一潭死水，使政治微生物在其中肆无忌惮地繁殖，而变得腐臭了。科普作品之需要批评，犹如人之需要空气和阳光。人无完人，金无足赤，"倘要完全的书，天下可读的书怕要绝无，倘要完全的人，天下配活的人也就有限。每一本书，从每一个人来看，有是处，也有错处，在现今的时候一定是难免的。"（鲁迅《〈思想·山水·人物〉题记》）同其他作品一样，任何科普作品，即使是比较成熟作家的作品，都难免有缺点和错误。开展正确的批评，及时说说某些不足，不仅不会贬低作品的成就，相反可以提高其影响。

对科普作品进行批评和评论是对科普作家的一种支持和爱护，这种支持在某种意义上说要比赞美和颂扬更为重要。科普作家应当欢迎批评，把批评视为诤言，把批评者视为诤友。当然，也不是凡是批评就一定能收到好的效果，都是对的。我们提倡的是科学的、实事求是的、全面的分析，言词、语气应力求中肯、平和。做到了这些，在一般的情况下，被批评者是能够考虑接受的。但是批评与创作一样，很难做到准确和百分之百的正确，言词也难免有时过激。我们听取批评时，不应过多地计较批评的方式，而应首先要考虑批评意见的精神实质。对于你觉得顺心的、逆耳的、正确的、失实的，要都能听得进去，冷静对待，认真思考。

对错误倾向不提出批评，采取自由主义的态度，不是爱护同志的态度。对错误倾向进行批评，不要怕得罪人，不要怕说闲话。否则不能使错误倾向得到克服和改正，而达到帮助同志的目的。一些同志即使一时对正确的批评意见接受不了，也不必着急。随着作品在社会上产生的不同效果，他们终归会认识到对他们提出批评是正确的。

科普创作的批评和自我批评开展不够，是协会领导的思想政治工作不够。《科普创作》过去对于科普创作中出现的某些错误倾向没有及时地开展有说服力的批评，发动大家来批评监督也做得不够，我们要进行自我批评。

六中全会的决议，给我们树立了批评和自我批评的光辉典范。邓小平同志在第四次文代会上的祝词中谈到文艺批评时说：虚心倾听各方面的批评，是不断进步，不断提高的动力。在文艺队伍内部，在各种类、各流派的文艺工作者中间，在文艺家与广大读者之间，都要提倡同志式的友好批评。在从事创作与文艺批评的同志之间；在文艺家与广大读者之间都应开展批评。批评必须坚持的原则，也是开展科普批评必须坚持的原则。我们要好好学习，努力实践。现在，我们科普作者所得到的进行创作的权利和条件，所受到的爱护和尊重是30年来没有过的。在这种情况下，就越要经常地进行批评和自我批评，特别是经常开展自我批评，要善于总结经验，开展正常的批评和评论，使社会主义科普创作更加繁荣兴旺。

（刊于《科普创作》，1982年第1期）

在科幻小说创作会上的讲话

辽宁省科普创作协会在丹东召开科学幻想创作座谈会，对繁荣科幻创作起到了促进的作用，我代表中国科普创作协会表示感谢和祝贺。下面谈一点个人意见。

一、建设社会主义需要科学幻想

国家的"七五"计划把科学技术进步和智力开发放在了重要的战略地位。我认为，不仅建设社会主义需要科学技术进步和智力开发，建设共产主义同样需要科学技术的进步和智力开发。而科学技术的进步和智力的开发，都需要科学幻想。

1.有了科学幻想才能打破传统的束缚，科学技术才能得以发展，有了科学幻想，才能鼓舞人们向科学技术的高峰不断攀登。宇宙航行学、航天技术、遗传工程、分子生物学，等等，不都是由幻想变成现实的吗？

2.因为科学幻想展望了科学技术的未来，描绘科学技术高度发达时的美好空间，所以可以启迪智慧，开发智力，构筑理想，促进科技人才的生成和涌现。

3.科学幻想是以小说、童话等文学形式表达科学技术内容的文学作品，社会主义文学的功能和基本任务是进行爱国主义教育、共产主义教育、美的教育，所以科学幻想小说、科学童话等有助于社会主义精神文明的建设。

基于上述三点，我认为，科学幻想作品的创作应当振兴，应当繁荣。

这几年科幻作品的落潮，有客观原因，也有主观原因。我觉得，应当好好找一找主观原因。把主观上的原因找到了，我相信，科幻创作一定会很快出现新气象。丹东这几年的科幻创作不是并没有后退而是在前进着吗?!

记得，胡耀邦同志在中国科普作协成立大会上接见全体代表时说，"有人说什么搞科普是'不务正业'，追求名利，牛鬼蛇神的帽子都戴过了，还怕说'不务正业'！要有勇气，千秋功罪，历史自有公断，让他说去吧！"有志者，把腰板挺起来！

二、提倡百花齐放，百家争鸣

鼓励和支持科幻创作改革创新，自成流派。鼓励和支持自由探讨，相互切磋的良好气氛和宽松和谐的环境，对不同学术思想、观点，不能限制，更不能压制，应当互相尊重，互相探讨，取长补短，共同提高。

对于格调不高，内容不健康，甚至有错误的作品，应不应该指出来呢？应该。但是，应该用商讨的办法，不应该指责、非难，打棍子，更不能把作者完全否定。

三、希望在提高创作水平和作品质量上下功夫

科学幻想有社会科学幻想和自然科学幻想。从科学技术协会及其领导的科普创作协会来说，希望创作自然科学方面的科幻小说，并希望在提高创作水平和作品质量上多下功夫。

（1982年夏）

寄希望于魅力

忠华同志：

你嘱写的稿是一定要写的。因生病、事多，拖到现在才草就了一篇，字数还超了，不知是否可用？请酌情处理吧。

《魅力》试刊好，一问世就被"抢劫"一空。事实已经证明，《魅力》确实是有魅力的。《魅力》深受各方面，特别是科普报刊、广播电视等作者、记者和编辑的欢迎，其主要原因是内容丰富多彩，它吸引着读者，使人读后有收获。

《魅力》是中国科普创作协会报刊委员会主办的，现在是中国科普记者协会的会刊。它是介绍和研究如何办好中国的科普报刊、广播和电视的园地。通过介绍经验、提供知识、发表评论……来提高中国科普记协会员和其他科普编辑记者的编采水平，从而提高科普宣传刊物的质量。它是科普创作和出版界的重要丛刊。它的任务是重大而光荣的。

1978年12月召开的党的十一届三中全会决定工作重点转移的正确方针，促进了各方面工作的迅速发展，科普工作也不例外。1979年8月成立了在中国科协领导下的中国科普创作协会。随之，各省（自治区、直辖市）甚至一些地、市、县也成立了科普创作协会。科普作协的会员们为"四化"建设普及科技知识，写了大量科普文章，于是各种内容的科普图书、报刊应运而生，势如破竹，呼啸而生。仅以科普期刊来说，"文化大革命"前只有十几种，在粉碎"四人帮"后，党的三中全会以前，只有几种，而现在，是110多种！大部分日报，有些晚报都有科技副刊。仅正式发行的科技报，就有30多种。中央和各省（自治区、直辖市）都有科普广播电视科技节目。3年左右的时间，得到这样异乎寻常的大发展，证明了党的十一届三中全会以来的方针政策是合乎国情，顺乎民意的。按照党所指引的方向前进，一大批作者成长起来了，一大批编辑成长起来了，它们向社会，向广大人民群众提供了大量的科技知识和技能，对"四化"建设，对人民的科学技术知识和人民素质的提高，对社会主义物质文明和精神文明的建设立下了汗马功劳。我们看到成绩时，要饮水思源，在今后的工作中，时刻记住不要脱离党的领导。

任何事物在前进的过程中，特别是在快速的发展过程中，难免不犯这样那样的错误。例如，我们有的期刊就刊登过一些在思想上和科学上有错误的东西。一些糟粕的来源是"文化大革命"残渣的泛滥，是有的同志在我们实行开放政策的今天不能自觉地抵制资产阶级思想的侵蚀的结果。数量虽然不多，所代表的思想也不是主流，但影响很坏。根据中央整顿报刊的指示精神，中国科普作协在中国科协的领导下，进行了一系列工作。例如，召开了科普报刊年会，转发了领导同志指出刊物中的错误的信件，召开了科普创作思想座谈会和科普创作评论座谈会，等等。现在，科普报刊在方向上和质量上都有所进步和提高。回忆这段历史，是为了对发展中的事物难免发生的缺点和错误要能正确地认识和对待。遇到这种情况需要冷静，只要主流是好的，绝不要因为出现了什么错误而灰心丧气，但是要认真总结经验教训，吸取了有益的教训，就能迅速把错误改正，继续前进。

科普工作是社会性很强的工作，它和社会的各个方面都有联系，会受到各方面的影响，有好的影响，也有坏的影响，当前一定要注意资产阶级自由化的倾向及极"左"思想残余的影响。要做到这一点，就要自觉地、不断地观察和研究社会，用马克思主义的哲学指导我们的工作。

我们近年来的实践证明，热诚的、说理的科普评论是繁荣科普创作和做好编辑工作的有力动力。《魅力》应当把它视为重要武器，特别要注意那些带方向性的新作品、新事物和带方向性的不良倾向，不失时机地开展评论。这样，不仅使我们的科普书、刊、报和广播、电视的优点能不断地得以发扬，前进中的缺点和错误得到及时改正，而且可以从中培养人才，团结同志。

综合性科普报刊如何更紧密地为"四化"服务？为生产服务？《魅力》应该发动编辑、记者、作者以及读者一起来明确解决这个问题。有的同志认为，为国民经济发展服务，为生产服务面窄了，多数读者就不愿意看了，综合性科普刊物的性质就改变了，就失去了生命力。这是误解。为国民经济发展服务涉及国家建设的各个方面，上至天文下至地理，理工农医、数理化、天地生选题多多，都是广大人民群众关心的问题，读者面怎么会窄呢？

社会上有一种批评，说科普报刊内容重复，不少是大同小异，因此得出结论，是不是刊物多了。根据我们国家的情况，110多种刊物，不是多了，而是很不够的。之所以给某些人没有什么东西刊登的印象，主要是我们有些专业性科普刊物不专，地方性科普刊物没有地方特色，都想面向全国，向全国发行，争着刊登认为是全国范围读者需要的那些东西。谁愿意看那些一般化的东西呢？我们的刊物一定要有自己的特色，一个专业性科普刊物，就要在这个专业范畴大显神通，这不仅能够抓住本专业的基本读者和爱好者，而且还能吸引住本来并不一定对它感兴趣的读者群众。《航空知识》《无线电》杂志都是办得好的。

一个地方的科普刊物，主要应面对本地区的读者。例如，安徽的科普刊物应当介绍淮河平原的开发，黄山的风景，淮南、淮北的煤矿，徽墨、宣纸、舒席，等等，不仅使本省人增长知识，外省人同样喜欢看。意大利演了一系列中国电影，20世纪30年代的电影赢得了很多的赞誉，关键是有民族特色。这都说明什么呢，共性寓于个性之中，马克思主义哲学的这一论点，我们一定要掌握。希望《魅力》介绍、交流、研究和探讨科普刊物如何办出特色以及大家关心的科学性与趣味性如何相结合的问题。

综上所述，我们要自觉地、积极地遵照党中央制定的方针工作，自觉地研

究社会，适应社会的需求，不断修正前进中的问题，千方百计提高质量，极力扶持新人、新事。

（1982年8月28日）

科普与生产力

在社会生产发展过程中，起决定作用的是生产力。构成生产力的要素是具有一定科学技术知识、生产经验和劳动技能的劳动者，与一定技术相结合的生产工具为主的生产资料及劳动对象。在科学技术不发达的古代，生产力的发展，主要依靠增加劳动者的数量，提高劳动者的劳动强度。那时的生产工具很落后，只靠体力干活，所以社会生产力很低。18世纪以后，科学技术越来越多地应用于工农业生产，通过对生产力各要素的作用，促进了生产力的发展。18世纪到19世纪初，发生了以使用蒸汽机为标志的第一次技术革命。它的结果，1848年的《共产党宣言》中有如下的评价："资产阶级在它的不到100年的阶级统治中创造的生产力，比过去一切时代创造的全部生产力还要多、还要大。"19世纪70年代开始的电力时代，是第二次技术革命。人类开始出现了用电作动力、照明、通信为基础的文明生活。19世纪末、20世纪初，由于物理学发生革命，自然科学进入了现代科学阶段，从而于20世纪40年代出现了原子能、电子计算机、空间技术，开始了第三次技术革命；生产力因此而日新月异地发展。三次技术革命对生产力的发展，一次比一次深远广大。现在科学技术与生产力的关系已日趋一体。例如，20世纪初，国外劳动生产率的提高，由于采用新科学技术成果的只占20%，而现在，已经达到60%～80%。有的工业，如电子工业则达到100%。说科学技术是生产力不仅有理论根据，而且有实践证明。我国工农业生产的发展情况也充分说明这是一条颠扑不破的真理。所以党的第十二次代表大会坚定而响亮地提出，"经济振兴必须依靠科学技术的进步，在本世纪内实现国民经济总产值翻两番，科学技术是关键"。

"科学技术是生产力"是从它同生产实践相结合的结果来看的。科学技术在未应用于生产实践，作用与生产力的三要素之前，它只是知识形态的、潜在的生产力，不是直接的生产力。所以马克思说，科学技术是"变成"直接生产力的（《〈政治经济学批判大纲〉草稿》）。就是说，科学技术要有一个"变成"生产力的阶段。这个"变成"的阶段就是将先进的科学技术向劳动者广泛传播，在生产中普遍推广应用的科普工作阶段。使掌握先进科学技术的劳动者越多，在生产实践中应用先进科学技术越广，社会生产力就提高增长越快。这是一条颠扑不破的真理。如果不认识有"科普"工作这个阶段，或对这一阶段工作的重要性认识不足；不抓或抓不好科普工作，科学技术便很难被广泛地应用于生产中去而很快地变成直接生产力。据说，这些年我国的科研成果实际应用的，只占可以应用的15%～20%。80%～85%的科研成果没有得到应用。其原因很多，但是，忽视科普工作，或没有做好科普工作也是一个重要原因。

科学技术转化为直接生产力为什么不能缺少和必须做好科学技术普及工作呢？

科学技术变成生产力，只有使科学技术作用于生产力的各个要素才能实现；就是要及时地用先进的科学技术武装劳动者，用先进的科学技术不断制造先进的劳动工具，改造落后的技术设备和用先进的科学技术分析改造劳动对象，发现新的原料材料。其中最重要的，是用先进的科学技术武装劳动者。只有劳动者掌握了先进的科学技术，才能有效地使用和改进劳动工具，才能有效地改造劳动对象。如果大批劳动者缺乏应当具有的科技知识，不会或不会熟练地使用新技术、操作新设备，要将科学技术变成生产力是不可能的；不仅如此，甚至还有可能破坏生产力。

劳动工具的进步，是生产力发展水平的重要物质标志。先进的、高效率的劳动工具是由人设计制造出来的。在科学技术发展日新月异的情况下，要想进一步提高生产力，就要不断研究新技术，制造新设备；不断进行生产技术和设备的改造、革新和更新。因此，人们也要随之不断地进行知识更新，不断提高科学技术水平。不但工人农民需要知识更新，科学技术工作者尤其需要知识更新。科技工作者继续进行知识更新，才有可能研究出新理论，设计出新机器，制造出新设备。

科学技术的发展，使得学科的划分越来越细，学科之间相互交叉，彼此渗透的情况越来越多；新的科技成果，往往在若干学科的交叉点上产生。隔行如隔山，科技工作者在研究本专业的课题时，难免要了解一些与之有关的其他行业的科技知识，因此必须辅之以科普工作。特别是一个人不可能同时掌握各种科技知识和生产技能，即使一个人掌握了各种科学技术知识和生产技能，也不可能形成社会生产力；只有众多的人熟练掌握先进的科学技术，才能把先进的科学技术应用于生产实践而变成强大活跃的社会生产力。

应用科学技术时，具体对象和条件是千差万别的，因此要针对具体对象和生产的实际情况普及有关的科技知识。

普及教育，在城乡普遍开办各级各类学校是提高职工和工农群众科学技术水平的根本措施。科学文化水平越高，掌握与运用先进科学技术越快。同是日本制造的热轧钢机，在日本工厂使用，半年时间，就达到年产量3万吨的设计标准。而我们用了3年时间，才达到设计产量的1/2。主要原因就是我们职工的科学文化水平低。但是，单靠学校教育满足不了广大人民学习科学文化和技术知识的要求，就是科学技术发达的国家也不例外。为了解决这个问题，许多国家都致力于兴办各种社会教育事业。党的十一届三中全会以来，我国的电视、广播、函授、补习进修等各类学校如雨后春笋般纷纷破土而出，欣欣向荣。虽然如此，仍然远不能满足需要。而开展科普工作，则可以大大弥补这一方面的不足。

科普工作也是一种社会教育；但它与学校教育不同，有自己特有的优越性。

1.科普教育可以不受空间、时间和师资的限制。田头、地角、车间、庭院、舞台、银幕、广播、电视、图书、报刊都可以用来做课堂。用一天、半天也可以传授一种技术，或阐明一个科学原理。科学家、工程师、医生、农学家、技术员、土专家、田秀才、劳动模范、老农、熟练工人，都可以是教员，能者都可以为师；还可以巡回讲授，因此可以广泛深入地传播某种科学技术知识，积少成多，由浅入深地不断提高全民族的科学文化水平。

2.科普教育不像学校教育循序渐进地、系统地进行教授；它可以针对当地当前的需要，把最先进的、最急需的科学技术通俗易懂地教授给人民群众。人们在生产实践中，在技术革新，技术改造，推广科技成果，使用新技术、新设备、新工艺、新材料中，需要什么就讲授什么，急需什么就先讲什么，可以一事一讲，边学边做，学用结合，立竿见影。教学内容和方式方法可以因人因事而异，把科学技术迅速转变为直接生产力。

3.科普教育是一种社会性工作。同全国各地和各行各业有广泛的联系，因此可以把各行各业中相同专业或工种的科学技术人员或工人农民中的技术骨干组织起来进行培训或进行技术交流，再通过他们和其他途径，把科学技术转变为生产力的有关知识和方法迅速地传播和推广到社会上的各个方面；也可以通过科普给不同学科和专业的人们搭起鹊桥，使他们联合起来去解决需要他们在一起共同研究解决的科技难题，以早出成果，促进生产力的进一步发展。

4.科普教育还由于用先进的科学思想和科学方法武装人们的头脑，因此有助于汲取辩证唯物主义，改造形而上学和唯心主义的意识形态，建设社会主义的精神文明，而对生产力的发展起推动作用。

经济振兴既要依靠科学技术的进步，也要依靠科学技术的普及，这是一个普遍的规律。实现四个现代化的过程，实际上就是不断应用现代科学技术的过程，也就是不断向广大干部和群众普及现代科学技术知识的过程。因此科普工作不是可有可无，无关紧要，而是不可缺少，必须做好的。我们一定要大力做好科普工作。

（1982年11月）

在学习党的二中全会文件检查精神污染会上的发言

检查在科普创作和科普编辑出版的作品中，有没有精神污染的问题，不是对这个问题统一认识的问题，而是学习讨论应该怎么抵制、消除精神污染，今后坚持不搞精神污染的问题。

怎样抵制和消除精神污染呢？

第一，要很好地学习中央二中全会的文件和邓小平同志、陈云同志的讲话，深刻、完整、准确理解文件和讲话的精神，统一思想认识。

第二，根据二中全会的精神对我们的工作进行自上而下的检查。例如，科普作协领导在涣散软弱方面具体表现是什么，其原因是什么？都应当进行认真的检查和总结。这样，才能切实改进工作而不走过场。

各专业委员会也要开会讨论怎样消除精神污染；大家也都清理一下，自己是否受了什么精神污染，散布过什么精神污染，在社会上造成过什么危害？在科幻小说作品中有一些问题，其中有的问题比较严重。例如，利用科幻形式发泄对党或社会主义不满，否定马列主义等。首先是自觉检查，用自我批评的武器，实事求是、认真严肃地进行自我清理。

第三，各专业委员会，特别是科学文艺、科普美术委员会和评论委员会应该写一些评论文章；对带普遍性的重要的问题写些有分析的、以理服人的、以情动人的高质量的批判文章，以消除某些作品在社会上的影响。

科普作协系统主办的刊物也要检查有无散布精神污染的问题。

去年中国科协普及部曾发过通知，科协系统的科普刊物都要进行一次检查，并写出检查报告。主管部门应按中央宣传部去年发出的对刊物加强领导的指示，加强对刊物的领导。

另外，我们应对外国的科幻理论进行批判的借鉴。有的同志把别人的精神垃圾当作好东西。如有的科幻小说受了"未解之谜"的影响。对外国的精神垃圾对我们科普创作的影响，一定要抵制和清除。

科普创作要坚持为社会主义服务，为人民服务的方向，更好地为建设社会主义物质文明和精神文明服务。消除精神污染，这是今后科普作协长期奋斗的任务。

（1983年10月）

30年来的科学普及出版社

科学普及出版社是在前中华全国科学技术普及协会（以下简称"科普协会"）的出版工作的基础上创建起来的。1951年科普协会成立不久，就着手组织力量开展科普图书的编辑出版工作。起初，主要是出版我国著名科学家的科普讲演稿和根据科普展览资料编成的挂图或画册。这些图书在全国广为流传，受到地方科普组织和人民群众的热烈欢迎。1954年，科普协会接办科普期刊《科学大众》，中国科学院郭沫若院长为该刊题写刊名，竺可桢副院长兼任编委会主任委员。1956年，科普协会又创办了两种科普期刊《知识就是力量》和《学科学》。前者是与团中央和原劳动部联合创办的，由科普协会具体负责，周恩来同志亲笔为其题写刊名；《学科学》是为农民学科学办的。科普协会通过这些书刊积极地为国家经济建设和提高人民的科学文化水平服务，同时也为正式创办科学普及出版社奠定了基础。

1956年，中国处于前所未有的历史转折时期，具有重大历史意义的党的八大胜利召开。党中央提出了"向科学进军"的激动人心的口号；制订出了我国第一个科学发展规划；一个规模宏大的人民群众学科学、用科学的浪潮正在掀起；在广大科技工作者和职工中涌现出了大批科普积极分子。科学普及出版社就在这样的历史背景下诞生了。

科学普及出版社根据科普协会的"结合生产，结合实际，小型多样，力求广泛"和"依靠党的领导，依靠人民群众，依靠广大科技人员的总方针"，围绕第一个五年计划和第一个科学发展规划，以书刊为手段普及科技知识。在这个方针指导下，在筹建科学普及出版社期间就出版了像华中工学院（今华中科技大学）赵学田教授的《机械工人速成看图》那样影响较大的优秀图书。而《科学大众》《知识就是力量》和《学科学》三种杂志的发行量，在当时全国科普期刊中也都名列前茅。

然而，1957年以来，科学普及出版社的工作同样受到了极"左"思想的多方面冲击。例如，错误地将工农兵与科技工作者对立起来，把依靠科技专家批判为所谓"专家路线""脱离群众"。错误地将知识与实践对立起来，把坚持本社出版物的知识性的特点和介绍现代科技知识批判为"脱离实际""崇洋媚外"。1958年"大跃进"时，也在编辑出版工作中大搞"放卫星"，片面追求数量，严重地降低了出版物的质量。这一年科普协会与中华全国自然科学专门学会联合会合并为中国科学技术协会后，中国科协就将出版社撤销了。1961年遇到精简机构，因此下放了出版社大批业务骨干，图书出版业务中断，只保留了《科学大众》《知识就是力量》和《学科学》三个期刊。

1962年，中宣部和文化部布置中国科协出版胡愈之老主编的"知识丛书"自然科学部分。中国科协就以此为契机，以三个刊物保存下来的业务骨干为基础，恢复了科学普及出版社的图书出版业务，先后成立了两个编辑室，分别编辑出版"知识丛书"、学生读物、农村读物及少量工人读物。1963年，《知识就是力量》杂志由于当时众所周知的中苏关系的原因而停刊，之后将其业务并入《科学大众》。

科学普及出版社恢复图书出版业务后，出版社党的领导小组在中央的调整方针和广州会议精神指导下，总结了以往正反两方面的经验，重申并发展了重视知识性、思想性和通俗化的特点，提倡"三严"（严格、严谨、严密）作风，书刊质量有了很大提高。同时强调并正确贯彻党的知识分子政策，编辑和出版工作人员的心情比较舒畅，从而使科学普及出版社进入稳步发展的时期。例如，"知识丛书"分门别类地介绍干部所需要的科技知识，内容充实，通俗易懂，获得普遍好评，成为影响较大的科普丛书。

周恩来同志代表党中央在三届人大提出四个现代化的宏伟目标之后，眼看科学普及出版社的工作即将飞速发展之时，极"左"思想重新抬头，而且变本加厉，愈演愈烈。尤其是在"文化大革命"期间，科学普及出版社更遭到林彪、"四人帮"反革命集团的严重破坏。到1969年，机构被撤销，干部队伍被拆散，书籍、纸型和档案等荡然无存，蒙受了难以弥补的损失。

粉碎"四人帮"后，迎来了科普工作的春天。1978年5月，中国科协在上海召开科普创作座谈会，拨乱反正，正本清源，为重建科学普及出版社打下了良好的思想基础。6月，国务院正式批准重建科学普及出版社，出版社获得了新生。

重建之际，百废待兴。为数不多的几个工作人员先在北京科学会堂会议楼一间与普及部共用的大房间里搭起了业务班子。为了适应"四化"建设新形势，在当时编辑人员奇缺的情况下，迅速创办了科普期刊《现代化》，为各级干部提供"四化"建设需要的新的科技知识和信息。并且立即着手拟订当年的图书选题和出版计划，积极开展组稿活动。到1979年，出版社规模初具，编辑部开始划分理工、农医、综合和期刊四个编辑室。此时，在邓颖超大姐的亲切支持下，应广大读者的要求，停刊达16年之久的《知识就是力量》杂志也开始恢复出刊。

1980年夏天，出版社迁往紫竹院公园办公。这一年，又根据中国科协领导的指示，创办了国内第一个科技历史文献资料性期刊《中国科技史料》，选登我国历代，特别是近现代的第一手科技史料，作为科技现代化的借鉴。邓小平同志亲自为它题写刊名。1981年，又创办了文摘性科普刊物《科学大观园》。

1983年秋，魏公村新建大楼竣工，全社职工喜气洋洋迁入新楼。如今，科学普及出版社已建成拥有220名工作人员的较大的中央级出版机构。此外，还有东方科技服务公司、科普书刊印刷厂和劳动服务公司三个社属企业以及广州、新疆两个分社。截至1985年年底，总社共出版图书1130种（包括重印和重版书），发行总数为1.16亿册。其中，有老一辈科普作家的科普选集，有适合广大干部阅读的《现代化科技知识干部读本》、"现代化信息丛书"和《控制论和科学方法论》等；有面向农村的"农村技术干部培训丛书""农业新技术丛书""农业生产实用技术丛书"和"经济生物丛书"等；有面向工矿和科技人员的《全面质量管理电视讲座》《机械工人技术培训教材》《职工业余文化补课教材》《BASIC语言》和《电脑——原理、应用和发展》等；有为青少年和幼儿服务的《化学辅导员》《少年百科全书》"儿童科学文艺丛书""少年科学文艺丛书"《青少年健康顾问》《婴幼儿家庭教育》和《宝宝看图长知识》等；为了帮助科技人员学习外语，又出版了《英语科普文选》和《农科综合英语》等系列书。这些书适合社会各方面的不同需要，其中有些书的发行量达到几百万册。

科学普及出版社重建以来，有不少图书先后在各种全国性优秀读物评比中获奖。如《化学辅导员》《今日电子学》《健康漫谈（养生之道）》《农业靠科学》《健康与食物》《小儿常见病问答》《拍脑瓜的故事》《大海妈妈和她的孩子们》和《猪八戒逛星城》等。期刊中也有不少文章曾在全国性评比中获奖，如《没有不能造的桥》和《救救蓝天》等。仅1983年世界通信年全国通信优秀作品评选中，《现代化》和《知识就是力量》就有8篇作品获奖。

科学普及出版社还编制发行了声像出版物，为发展科普事业开辟了一条新路。几年来发行的幻灯片、录音带和录像带，受到广大城乡读者的欢迎。

除此之外，科学普及出版社还开展了与外国合作出版的业务。

自1979年起，与美国时代·生活出版社合作出版了《少年科学知识文库》（一套10卷），发行7万套，赢得了社会赞誉。1982年，又与美国时代出版公司《发现》杂志社合作出版《发现》中文版（季刊）。1983年，与国际水稻研究所合作出版了《看图种稻》一书的中文版。1984年，应约为亚非国家编辑出版了"自然科学普及丛书"英文版和法文版。

经过几年的工作实践和学习培养，一批新的编辑出版干部已经成长起来，其中不少人成为业务骨干。编辑出版工作制度也在不断完善，这些都对保证书刊的质量和各项工作的顺利进行起着积极的促进作用。

科学普及出版社取得的这些成绩应该归功于党在十一届三中全会以来的正确领导。而中国科协领导对科学普及出版社的关怀，国家出版局对科学普及出版社的及时指示，中国科协各部及其所属的学会、协会、研究会以及各界的支持，都保证了科学普及出版社工作的健康发展。当然，这些成绩也是广大作者、译者和科学普及出版社全体工作人员共同劳动的成果。借此机会，谨向30年来对科学普及出版社的工作做过贡献、给以关怀的同志们和朋友们表示诚挚的谢意。

科学普及出版社30年来，特别是重建8年以来，在党的阳光照耀下，已呈现出欣欣向荣的景象。但是毋庸讳言，它在前进中还面临不少问题，需要付出艰巨的劳动，一个个地去加以解决。1986年，第六届全国人民代表大会第四次会议通过的"七五"计划向科普出版工作提出了更多更高的要求。因此，科学普及出版社更须团结奋斗，通过改革开创新局面，为实现"七五"计划，为建设社会主义的物质文明和精神文明做出新的贡献。

（1986年5月2日）

科学诗前途广阔
——在"第一次全国科学诗会"上的讲话

同志们：

我首先代表中国科普作协，对我们国家的第一次全国科学诗会的召开表示热烈的祝贺。

我能够参加我国有史以来第一次科学诗会感到非常高兴。刚才张锋同志讲了，这次诗会确实是自盘古开天辟地以来，自《诗经》问世以来的第一次。在古代，诗人墨客在一起吟诗作赋、以诗会友，这是我们自古以来的一个文化传统，可是科学诗会在我国却是第一次，所以我的心情是激动的。

这几年在科普创作的园地里，科学诗这朵鲜花在茁壮成长。现在，据我了解，我们有一大批科学诗诗人涌现出来，出版科学诗集20余种，这些都是过去所没有的，也是有史以来的新事物，所以是一件非常令人高兴的事情。

科学诗不仅是我们科普创作园地里的一朵鲜花、一个新的品种，它也是我们诗歌艺苑里的一个新品种。科学诗的大量出现、大量出版，《科学诗刊》、科学诗集的面世，以及我们这次科学诗盛会的召开，都说明了我们科普创作的繁荣，在这里我对辛勤培养这枝鲜花的园丁们表示崇高的敬意和衷心的感谢！

下面，我想谈一点粗浅的意见供大家参考。

第一，我觉得科学诗是大有前途的。科学诗是科学和诗的结合，高士其同志把它叫作科学和诗的结晶。用科学的术语来讲，是不是可以把它说成是科学和文学的交叉学科、科学与诗的交叉学科？我觉得科学诗在较短时间内有这样一个大的发展，这是由于我国进入了以科学技术建国的新时期，是我们时代发展的必然趋势。

不仅是科学诗，我觉得科学文艺也都在出现这种趋势，因为在科学技术高度发展的这个时代，在我国"四化"建设一靠政策、二靠科学的时代，科学的题材必然要在我们的文艺作品中反映出来。文学是时代的镜子，而想要把科学技术更广泛地传播，也要依靠文学的形式。科学文艺这种形式之所以受到人们的喜爱，是因为它比一般论述性的科普文章更能引人入胜。好的科学文艺作品，包括科学诗在内，所起的作用是很大的，因为它能震撼人心。在科学上，杂交有杂交的优势，科学诗就具有这种杂交的优势。我觉得我们应该很好地培育和发展科学诗这个新的科普品种，因为现在我们不仅需要一般的诗歌，在科学发展的时代，更需要唱响科学技术的诗歌。

第二，我想谈谈科学诗怎样为社会主义、为人民服务。现在一说起科学诗，在人们的概念里，一般是把它放在科学普及的范畴里面。那么，自然而然就会提出这样的问题：究竟科学诗起什么作用，它怎样为两个文明建设服务。这几年，我们提出的科普工作的任务，首先是要面向经济建设，要为经济建设服务，这当然是非常正确和非常必要的。这些年的科普创作也是向这方面努力的，在这方面做了大量的工作，在振兴经济、发展工农业生产等方面起了很好的作用，在精神建设方面也发挥了应有的作用。

但是，现在我们对科普工作的任务理解得还不是十分全面。最近，胡启立同志在中国科协"三大"上，向我国科学工作者包括从事科学文艺的工作者提出了两大任务：一个是脱贫，一个是治愚。

过去，我们科普作协对脱贫是很重视的，做了大量工作。但在治愚方面，我们做的却很不够。虽然我们也做了一些工作，比如破除迷信之类。我们的科普作品有不少是属于开发智力、培养能力方面的，但治愚这个任务我们认识不够。治愚是我们科普工作者的一个非常重要的任务，不仅是科普工作者，也是文学艺术工作的一个重要任务。从某种意义上来说，我觉得治愚比脱贫更重要，如果治不了愚，那么贫也难脱。

现在，我们国家在脱贫致富方面靠什么呢？我们靠两个东西：一靠党的政策；二靠科学。为什么在"文化大革命"的时候，我们的生产遭到那么大的破坏，国民经济已经到了破产的边缘？我觉得最大的问题就是不科学，就是那时的政策不对头。自从党的十一届三中全会以来，我们的政策好了。为什么好了呢？就是科学了，明智了，摆脱了愚昧，所以才有了好政策。

普及科学的目的就是为了治愚，只有治了愚才能够普及科学，才能振兴经济，才能发财致富。要是不破除愚昧，还在那里求神拜佛，生产能搞得上去吗？

最近，大家在报纸上看到邓小平同志已经提出了政治体制改革的问题，现在我们在搞经济体制的改革、教育体制的改革、科学技术体制的改革，但是人们越来越认识到如果不进行政治体制的改革，我们经济体制的改革也搞不上去。政治体制的改革包括了人们的思想观念的变革，首先是观念，是思想上的改革，这些都属于治愚。

过去，我们为生产服务，为振兴经济服务，这是完全正确的。今后，我们还要这样做。但是，我们光搞为生产服务，为振兴经济的科学普及是不够的，今后我们还要花大力气，多做摆脱愚昧和落后这方面的工作，把它提到战略的高度上来，把精神文明的建设这个议题提到战略的高度上来。

第三，我想谈谈科学诗的创作与发展问题。我们要进一步进行科学诗的创作实践和开展科学诗的理论研究。

目前，有人对科学诗还抱怀疑态度。因为诗歌要有一定的意境，讲究情趣。科学的情趣、意境怎样表达出来呢，有的同志认为，科学诗这个概念不能成立，我认为这可能是对科学诗缺乏研究。有这样或那样的怀疑也是难免的，但我们应该允许实践、允许探索、允许创新。实践是检验真理的标准，要从实践来看科学诗究竟能不能成立。

从我看到的一些科学诗诗作和《科学诗刊》所刊载的一些作品来说，我觉得科学诗是有发展前途的，是应该承认的。在这些科学诗篇中，它们既有科学又有诗的意境，有情有趣，对我的内心有很大的触动。比如我看到的谭楷、张锋、叶永烈、郭曰方、孟天雄等人的一些诗作，这里面有科学、有意境、有情趣、有哲理，是很不错的。这都说明科学诗是有生命力的。若要进一步证明，还须进一步实践，对科学和诗的完美结合还要做进一步的探索，还要进一步探索科学诗在为两个文明服务这个重要主题方面发挥更大的作用。

我觉得我们科学文艺作品是很有吸引力的，比如四川《科学文艺》上的作品是很受读者欢迎的，一开始创刊就发行20多万份。这是时代的需要，读者需要这样的作品，读者不仅要看单纯的文学作品，而且还要看科学文艺作品。但是，如果我们的文艺没有科学的内容，或者光有科学而没有文艺，就会失去很多读者。

如果科学诗没有科学，和一般诗歌一样，那就没有特色；如果我们科学诗不成其为诗，那也不行，我们的诗必须是诗，才能吸引读者，才能有魅力。

我所说的科学诗是指广义的，不是狭义的科学诗。比如科学方法、科学观念、科学思想、启迪智慧、开发智力等，都是科学诗的领域，都是我们普及的范畴。不要把科学诗的概念定得那么狭窄。

一种意见是，认为科学文艺是用文艺的形式来普及科学知识。但另一种意见是，认为科学文艺是科学题材的文艺，是文艺和科学的一种交叉，这种说法我看也有它的道理。

那么，我们的科学诗该怎样理解？我觉得二者不可缺一，既不要把科学诗单纯地理解为普及科学基础知识，好像没有科学技术基础知识就不能称之为科普。但也不能远离科学技术范畴，否则就不能称之为科学诗。就好像写实题材的文学作品一样，你要是没有写实，就不叫写实文学；如果光讲实事，没有文学，那就不是文学作品。科学诗如果没有诗意，光讲点押韵，那就不是科学诗，而叫科学快板。科学诗必须二者兼备，才能有生命力，有魅力。

我们对这方面还要进行研究，还要进行很好的实践，只有实践才能提高，在实践中百花齐放。科普创作要百花齐放，科学诗也要百花齐放。

科学诗的体裁，在《科学诗刊》上我就看到了各式各样的，在这方面也可以创新。我们应该提倡创新，提倡探索，要保护创新，要为创新创造条件。在创作上要允许失败，因为探索可能成功也可能失败，不能因为探索出了一点问题，就指责一番，就把探索本身也给否定了，这样是不利于创作繁荣的。我觉得今后我们在科学诗的创作中也应该这样。因为我们已有相当多的实践，在此基础上，有必要上升到一个新的高度。

我们科学诗的诗人们要注意总结经验，把它们逐渐地上升到理论高度上来。反过来指导我们科学诗的创作实践。在理论探索这方面也要坚持百家争鸣的方针，允许人讲话、允许不同意见存在，不能搞一言堂。不同观点，不同学派的争鸣是正常的，对不同的意见不能采取咄咄逼人的态度，应该共同探讨，在争鸣中来提高。创作中的创新，应该得到保护，得到支持。同时，我们也不能忽视适当的引导，应该形成一种互相理解、互相尊重、互相信任的气氛。这就要求我们要坚持"百花齐放，百家争鸣"的方针，使我们的科学诗得到繁荣和发展。

今后，我希望科普报刊和一些文艺报刊为科学诗的发表多创造条件。今天出席会议的，有各省（自治区、直辖市）科普作协的负责同志，还有科普作协系统刊物的编辑同志及一些文学刊物的编辑同志。我希望大家都来为科普创作

153

园地中的科学诗这朵奇葩浇水施肥，给它提供适合的土壤，为使这朵鲜花茁壮成长做出我们的贡献。

（刊于《科学诗刊》，1986年）

在农村科普美展工作会议上的讲话

首先，我代表四家主办单位向各位代表表示热烈欢迎，同时向广元市政府的领导，市科委、科协领导对农村科技致富科普美展工作会议在广元召开所给予的大力支援和热情关照表示衷心的感谢。

市委领导对科普美术工作的高度重视，对来参加会议的同志无微不至的关怀，使大家感到无比的温暖，我们受到很大的鼓舞，一定要尽最大努力把这个科普美展办好，来作为我们对广元市委和市政府领导的报答。

其次，下面谈一点个人的意见：

大家都知道，用美术这一为广大人民群众喜闻乐见的艺术形式普及科学技术，是在党的十一届三中全会以后才在全国各地蓬勃发展起来的。在"文化大革命"前只有数得出来的几个美术工作者从事科普美术创作。那时发表科普美术作品的阵地也很少。只有几个科普报刊和一些科普图书及少数的科普展览刊登科普美术作品。那时的科普美术犹如星星之火，就是这点星星之火在"文化大革命"中也被糟蹋得"奄奄一息"了。

粉碎"四人帮"，特别是党的十一届三中全会的召开，极大地鼓舞了当年的科普美术工作者，使他们重新迸发了为开展科普工作而进行科普美术创作的强烈愿望。在中国科协领导的亲切关怀和鼎力支持下，为了振兴科普美术创作，中国科普创作协会联合中国美术家协会于1979年举办了我国有史以来第一次全国的大型科普美术展览。这次展览大大促进了科普美术创作，造就了许多科普美术创作人才。

如今，科普美术已经拥有一支上万人的基本创作队伍，并成立了自己的组织。已有15个省（自治区、直辖市）成立了科普美术协会或研究会。所有的省（自治区、直辖市）的科普创作协会内也都成立了科普美术专业委员会。科普美术作品遍及几百种科普报刊，几千种科普图书，几十种科教电影、电视片、幻灯片以及画廊、橱窗和各种科普展览。

此外，据不完全统计，从第一届全国科普美展以来，仅全国和各地举办的各种科普美术展览就有40多次。其中有13个省或市举办了2次，有2个省举办了3次，哈尔滨铁路局的科普美协每年都举办1次科普美术展览。这些展览有综合性的，有专题性的。诸如农村多种经营科普美展、林业知识科普美展、动植物知识科普美展，以及祝你健康、人体知识、破除封建迷信、爱鸟等科普美术展览。并且创办了多种科普美术期刊，如广东的《科普画刊》、浙江的《知识画刊》、山东的《求知》画刊、云南的《奥秘》画刊、北京的《少年科学画报》等；还有多种科普美术小报。我看到的，仅四川省就有温江、绵阳等3个市（县）出版了科普美术小报。

由此可见，科普美术创作和科普美术事业是欣欣向荣、蒸蒸日上的。

几年来，各地科普美术协会和科普作协科普美术专业委员会发动会员和科技、美术工作者创作和发表的大量科普美术作品，传播了大量科技知识和科技信息，对开发人的智力，培养人的能力，对发展生产、振兴经济、生态平衡、环境保护、计划生育、优生优育、卫生保健、破除迷信等起到了良好的作用；并同时发现和培养了一大批科普美术创作人才。成绩是显著的。

我想借此机会向那些对发展科普美术事业做出贡献的同志表示诚挚谢意和亲切慰问。

再次，科普美术这几年能够比较迅速地发展起来，当然归根结底是由于党的政策好，但是还有两个重要原因。

一个原因是科普美术本身的魅力。因为科普美术具有直观、形象的特点。用美术形式传播科学技术，人们一看就懂，又能得到美的享受，能够引人入胜，人们普遍喜爱这种科普形式。

另一个原因是，由于科普美术创作的繁荣，科普美术作品在"两个文明"建设中能够起到良好的社会效果，使人们开始逐渐认识了科普美术创作的重要性。

今后，随着科学技术的日新月异，科学技术信息的层出不穷，人们将越来越需要科普美术作品。因为看图学知识，既省时间，又能较快地解决问题。谁有很多时间去啃书本和阅读大量的文献资料呢！

日本、美国等科学技术发达的国家，几年前就已出版以图为主的科普读物了。我们国家的广大干部和群众的文化程度普遍比较低，甚至还有许多文盲呢。听说广元的文盲占该市全部人口的60%～70%。所以科普美术创作，在科普工作中具有重要作用。科普美术工作者和科普编辑、出版工作者，要预见到这个趋势，要努力去适应这个趋势，争取发展科普美术，鼓励、繁荣科普美术创作，勇敢地担负起这一重要、光荣而又艰巨的任务。

应该看到，科普美术创作虽然做出了很大成绩，出了不少科学性、艺术性都比较好的作品，但是与科普工作的需要还远不相适应。

　　这几年无论是在科普美展上展出的和在科普美术刊物上发表的作品，严格地说，有许多还不能算是科普美术作品。我以为主要以画面表达科学技术（也要表达发明创作的思想过程和方法、手段等），辅以必要的文字说明，或基本上不用文字说明，单从画面就能使人看懂科学技术内容的美术作品，才是科普美术作品。

　　例如，缪印堂、方成等同志创作的关于普及环保知识的漫画，没有什么文字，但是人们一看就懂，而且能从中受到深刻的教育。

　　集科学性、艺术性、思想性于一炉，确是科普美术佳作。如果主要靠文字说明，画面只是作为装饰点缀，或只画些与科学技术无关的人际活动情节，并没有表现人如何认识自然改造活动的情节，那就不能算是科普美术作品。

　　当然，画科技领域里的人和事的美术作品也是需要的，但那不是普及科学技术的美术作品。要创作科学内容与美术形式结合得比较好的科普美术作品是比较难的，但是应该去探索，应该知难而上。

　　随着学科向综合性发展，从分支走向交叉，科普创作的方法也正朝着集体化、协约化方向发展。现在不少科普作者已经认识到，必须集中大家的知识、智慧和技巧才能创作出好的科普作品。我看科普美术创作也应该在这方面做些探索。例如，可以同科学家和工程技术专家合作，在艺术构思和脚本创作上，还可以和科普作家、科普编辑家合作。只要肯努力，肯下决心去探索、去实践，一定会创作出美好的科普美术作品的。

　　最后，中国科学技术协会、农牧渔业部、林业部、中国科普创作协会联合举办农村科技致富科普美术展览，其目的，一方面是为了宣传科学技术对促进农村经济建设所起的重大作用，传播和推广先进的科学技术，使科普美术为进一步发展农村经济服务；另一方面是通过举办展览提高科普美术创作水平，特别是用美术形式表现科学技术的水平，进一步促进科普美术创作的繁荣，以适应科普工作和广大群众对科普美术作品日益增长的需要。

　　这次科普美展的内容和对展品的要求，都写在联合通知所附的展览计划上了。这里不再赘述，只对计划做点说明。

　　第一，为什么提出展出100个选题。想法是，要办好这次展览，达到预期的目的和效果，展品的选题一定要少而精。选题太多，观众必然走马观花，印象不深，效果不好。

　　选题要对路，并且是比较重要的，经济效益好的，适合广大农村推广，才能引起观众的兴趣，达到传播推广先进科学技术的目的。把选题制定好是办好这次展览的前提。为了使选题品种比较齐全，兼顾农林牧副渔各方面，并且每一个选题都有分量，都过得硬，又不重复，所以有必要召开这个会议，大家一起来通盘规划和商定。希望大家仔细听取各地提出的选题介绍，认真讨论，共同把选题制定好。

第二，少而精还意味着，展品的内容要精练，要突出关键，把科学技术关键表示清楚。内容不要庞杂，隶属不要出差错。使观众容易学，容易记，容易做。

第三，这次展览特别强调，一定要在美术形式表现科技内容方面下功夫，要有所突破。这是这次科普美展能否打响和成败的关键。因为这次展览不是一般的农村科技致富科普展览，而是农村科技致富科普美术展览，就是用美术这一艺术形式普及农村科技致富的科技知识的展览。这就要求用美术这一艺术把科学技术真实形象地画出来。这就是科普美术创作，就是科普美术。它的特点和它的生命力就表现在这里。

如果美术不是用来主要普及科学技术，那就不是科普美术。没有科技内容的美术展览，也就不是科普美术展览了。如果举办那样的美术展览，就达不到科普的目的。办没有科技内容的美术展览，肯定比不上美术家协会；办没有美术艺术的农村科普展览肯定比不上农学会、林学会。那就违背了原来举办农村科技致富科普美术展览的宗旨，而且会损坏科普美术的声誉，使参观者对科普美术发生误解，影响科普美术的发展。

运用美术形式表现科学技术，是科普美术创作的一道关卡，突破这道关卡，就可能创作出美术形式与科学内容结合完美的作品，使科普美术创作升华到一个新的高度。

希望大家千方百计突破这道关卡，力争创作出广大农民喜闻乐见的、最好的科普美术作品，把这次科普美展办好。争取好于第一次全国科普美术展览。

这次科普美展办好了，就可以进一步促进科普美术创作的发展，就能使科普美术在国家的"四化"建设中发挥更好更大的作用。

希望大家排除万难去争取胜利。我的话说完了，谢谢大家！

（1987 年 6 月）

痛悼老编辑孔宪璋同志

1989 年 4 月 15 日，《知识就是力量》老编辑孔宪璋逝世。孔宪璋同志是《知识就是力量》的老编辑、主力编辑、功勋编辑。他安葬时，只有我和他的夫人陪伴。他对《知识就是力量》的发展做出了重要贡献。我永远纪念他。

　　　兢兢业业　埋头苦干　全心全意干科普
　　　勤勤恳恳　扎实谨慎　精益求精为人民

（1989年）

科普创作的先驱——董纯才

　　我一向十分崇敬的、视为师长的科普老翻译家、作家和教育家董纯才同志默默地告别了他心爱的事业，带着他美好的愿望一去不返了。我为科普界又失去一位成就赫然的前辈和良师感到伤痛。

美好的回忆

　　我是1942年在延安学俄文时知道董纯才这个名字的，因为那时我看了他翻译的苏联作家伊林著的《十万个为什么》和《人和山》两本书。这是我有生以来第一次看到科普读物，它们使我感到新鲜、奇妙。此前我竟不知道世界上还有这种书。又由于译者董纯才这名字是如此的响亮，我把他的译文视为"纯才"，所以从那时起我就崇拜董纯才了。虽然一直到1979年以前我从未见过他，但是多少年来，这个名字我都是记忆犹新的。后来，我又见到不少署名董纯才的大作，并知道他是一位教育家，对他就更加崇敬了。

　　我第一次面见董纯才是1979年5月，中国科协在上海召开的全国科普创作座谈会上。

　　当我知道董纯才同志将参加我们召开的科普创作座谈会时，我为能即将亲聆他的指教和目睹他的风采而欣喜不已。

　　我们终于迎来了董老。我面前的董纯才是一位慈眉善目的长者。个子不高，两鬓微白，面庞丰润，唇薄显着坚毅，眼小闪闪有神，虽然与我当年想象的形象不尽相同，但在我的心目中，他的形象仍同我过去想象的那样高大。此后，董老被与会的同志一致推选为中国科普创作协会筹委会的主任委员，我被推选为秘书长。在中国科普作协成立时，他被选为理事长，我被选为秘书长；在中国科普作协第二次全国代表大会上他被选为名誉会长，我被选为副理事长。所以，我和他有了较多的接触，对他也有了较多的了解，因此也增强了我对他的敬佩之情。

对科普一往情深

　　董老毕生从事教育。他上大学学的是教育，走上社会开始从事的工作是教育，参加革命后在上海，抗日战争时期在延安，解放战争时期在东北解放区，中华人民共和国成立后直至去世，他一生始终战斗在教育战线上，为我国的教育事业做出了杰出的贡献。董老的一生，同时也是从事科普的一生。1930年，他开始工作的晓庄学校（陶行知先生创办的一所乡村师范学校）被国民党当局封闭，陶行知先生被通缉，被迫到日本避难。董老回汉口家中暂住后，于翌年春到中央大学生物系补习植物学。这时，他翻译了法国著名昆虫学家法布尔的科普著作《科学的故事》，从此开始了他的科普创作。

1931年七八月间，陶行知先生从日本回国。他看到日本工业发达与科学发达有密切关系，便和董纯才等晓庄学校的几位师生共同创立了自然科学园，开展起"科学下嫁运动"，把科学下嫁给劳苦大众。这也叫科学大众化运动，用现在的话说，就是普及科学的运动。为此，从1931年9月到1933年，他们用两年多时间编辑科普读物"儿童科学丛书"108种，其中董纯才一人编写了23种。在此期间，他们还为世界书局编辑了一套小学教科书、一套农民识字课本和农民常识课本。董纯才和一位同事合编了其中的小学自然常识课本和农民常识课本。1932年，他们又用自己的稿费为自然科学园创办了以少年儿童和小学教师为对象的《儿童科学通讯学校》（函授学校）。董纯才为该校编写了生理卫生知识讲义。这期间，董纯才还写了《攀缘的动物》《游泳的动物》《爬行的动物》《行走的动物》《田螺》《河蚌》《虾蟹》《蚯蚓》《动物大观》等科普读物。从1932年起，他先后翻译了苏联著名科普作家伊林的《几点钟》《不夜天》《白纸黑字》（后改名为《黑白》）《十万个为什么》《人和山》《五年计划的故事》，以及英国的少儿科普读物《世界动物奇观》等。

通过阅读法布尔的科普名著《昆虫记》和翻译伊林的科普著作，他体会到，用文艺形式写科普读物能够引起读者的兴趣，并收到良好的科普效果。于是，他从1935年开始学习运用生动有趣的语言写科普作品，先写了一本30多篇的《动物漫话》，以后又学习用艺术笔法和故事体裁进行写作，他试用小品文的形式写的《麝牛抗敌记》《凤蝶外传》《狡猾的狐狸》《蜻蜓和它的孩子们》《善歌的画眉》《海里的一场战斗》等，受到读者的欢迎。他的这些作品，启迪和教育了一大批青少年，其中有人看了他翻译的《人和山》后奔赴延安参加了革命。他到延安后，继续从事科普创作，为《解放日报》的副刊写了许多科学小品，如《马兰纸》（是陕甘宁边区由于国民党的经济封锁缺乏纸张，边区人民在党的自力更生方针指引下发明创造用野生的马兰草作为原料造纸的故事。当时我们在延安工作和学习用的都是这种纸）以及《一碗生水的故事》《人和鼠疫的战争》《蛉谷虫》等。这些作品通俗易懂，引人入胜，紧密结合当时的生产斗争和生活实际，深受边区干部和群众的欢迎，并受到毛主席的称赞。中华人民共和国成立后，他仍笔耕不辍。

"文化大革命"后，董老虽逾古稀之年，还担负着教育部副部长的重任，仍以极大的热情，不辞辛劳地为科普事业大力奔忙：他领导筹建中国科普创作协会，出任中国科普作协第一任理事长，为开展科普创作、做好科普工作做了大量工作。据我的不完全了解所做的粗略计算，仅他在科普作协和科协会议上发表的有关科普创作的讲话和在出版物上发表的有关科普创作的文章，在中国科普作协成立以来的十年中，至少平均每年有1.5篇（次）。他十分关心青年科普作家的成长，特别希望有一定成就的青年科普作家能够创作高质量的作品。为此，他曾找过青年科普作家进行个别谈话。他的语重心长，对同志的诚恳、真挚、殷切和友爱的感情，对科普事业的耿耿忠心，使陪同在一旁的我也深受教育和为之感动。

为了创作反映时代的、有中国特色的、能够产生广泛社会影响的优秀科普作品，董老在本职工作十分繁重的情况下，身体力行，设想在一位年轻同志协助下，由他亲自构思、口述进行创作。

辽宁省章古台原是一片荒漠流动的沙丘地。那里从20世纪50年代起就大搞固沙造林，现在已变成一片绿色的林海，旧貌换了新颜，马里总统曾去参观过。这人间的奇迹激励他要把那里的广大干部和群众在党的领导下战天斗地的英雄事迹和改造自然的知识用文艺形式写出来，广为传扬。

有关科普创作的事，董老一向是有求必应。他在年逾八旬，眼患白内障不能写字时，还应邀以口述方式为科普读物作序，摸索着亲自签名。他真是为科普事业鞠躬尽瘁了。

董老从事科普工作，与他的本职教育工作，一直是同时并进，穿插进行的。他之所以如此重视和热爱科普工作，原因就在于他重视和热爱教育工作。通过科普工作的实践，他深刻认识到，普及教育单靠教科书是不够的，还需要课外的科学技术读物等来加以补充；普及教育单有学校教育也是不够的，还需要有社会教育加以补充，而科普就是社会教育的一个重要方面，科普工作是对普及教育的充实和提高，普及科学和普及教育是相辅相成的。董老认为，建设现代化的社会主义强国，必须极大地提高全民族的科学文化水平。因此，必须在普及教育的同时，大力做好科普工作。所以，董老在教育和科普两块园地上同时勤奋地耕耘不止。1990年3月5日他85岁寿辰时作的《八十五书怀》"八十五春秋，笔耕勤不休。垦殖荒芜地，嘉禾献九州。红颜事稼穑，白首犹耕耘。育成新春稻，余热报国心。"就是其最好的写照。从这首诗作中，我们可以看到董老一生对党的科教事业的无限忠诚和执着追求。

董老是我国从事科普创作的先驱，科普园地英勇的开拓者，伊林作品就是他首先翻译介绍给我国读者的。董老同时是一位不懈的科普创作的探索者。早在20世纪30年代，他便对科普创作进行了相当深入的研究，并从创作实践上加以探索。董老还是一位辛勤耕耘科普园地的忠实园丁，他为科普创作的繁荣不辞劳苦，做出了重大贡献。董纯才同志把一生无私地献给祖国的科教事业，全心全意地培养教育青少年的革命精神，是我们当之无愧的学习的典范。

教导——遗愿

在繁荣科普创作上，董老有不少教导——遗愿。他热切地期待着中国科普作家和科普工作者去完成和实现，"创作有中国特色的科学文艺作品"，这是他对科普创作界的最后的遗言。其实，这是他长期以来念念不忘的一个愿望。他一贯主张利用文艺形式普及科技知识，宣传科学思想、科学方法和科学精神。从他发表的言论和所写的文章中，我们可以看到他是一直提倡多写科学文艺作品的。因为他通过多年的实践得出一个结论：平铺直叙地讲知识，读者不爱看，科学内容再丰富、再正确，也收不到科普的效果；而采用文艺形式，则能吸引读者，易于为群众接受，科学的内容，文学的形式，这样的科普读物，最受读者欢迎，达到的科普效果最好。他还发现，这种科学和文学相结合的作品，不但可以普及知识，而且可以陶冶心灵，培养情操和提高思想境界，并且影响深远，可以传世。所以，他一直期望着创作出有中国特色和时代气息的质量高、数量多的科学文艺作品。他一直期望着在我国能出伊林式的科普作家，写出伊林式的，即用艺术手笔描写改造自然及其知识和英雄事迹的，或介绍我国科技成就及其事迹的，对人民群众具有重大教育意义和鼓舞作用的科普作品。他说："社会主义的中国，应当有中国式的伊林，来写她的科技的光辉成就。我们科普作者应当有所抱负，伊林能创作出苏联的《五年计划的故事》，为什么我们不能写出中国的五年计划的故事呢？伊林能创作出苏联征服自然的故事——《人和山》，我们为什么不能创作出中华人民共和国成立以来的许多改造自然的故事呢？伊林能创作出灯的故事——《不夜天》之类，我们为什么不能写写我国古代发明火药直到人造卫星上天呢？"董老希望把这样的科普作品奉献给劳动群众和青少年，使他们运用现代先进科学技术去从事生产劳动、改造山河，创造出比资本主义更高的劳动生产率，使我们伟大的祖国跻身于世界先进行列，并期望科普作家们加倍努力，不怕道路崎岖，献身祖国的千秋伟业，去攀登科普创作的最高峰。

同志们，大家都来努力实现董老的这个遗愿吧！

董老认为，多少年来我国的科普创作水平提高慢，难以创作出影响深远的科普作品，一个重要原因是缺少一支精干的专业科普创作队伍。科普创作有其自身的特点和规律，不仅要有一定的科学知识，还要熟知党的方针政策，了解群众的需要和水平，熟悉群众的语言，并具有一定的文学艺术修养和较好的文字表达能力，文化知识还要比较广博。

此外，科普作家要掌握大量资料，还要调查研究，向工人、农民特别是专家请教，要深入生活，到现场去观察，写一部作品或研究一个课题，要花许多时间，如他写《凤蝶外传》就在掌握有关知识后又亲眼观察了一年，才将凤蝶的生活史如实生动地描绘出来。这些往往不是一个业余作者所能做到的。所以董老曾多次提出，并向科协建议，要积极创造条件，尽快建立一支精干的专业科普创作队伍，认为这是提高我国科普创作水平的一项刻不容缓的工作。他说，开始时人可以少一些，除全国、省（自治区、直辖市）科普作协外，出版社和杂志社都可以配备专业科普创作人员或半脱产创作人员，帮助他们深入科研或生产第一线，认真进行调查研究和搜集资料，或与专业科技人员合作写出高质量的科普作品，这样三五年后就可以大见成效。

董老认为，我国搞科普创作的人还太少，作为科普创作主力军的专业科技人员和教师还没有很好发动起来，要欢迎文艺宣传和新闻出版或其他方面热心科普创作的同志一起来参加科普创作活动。文艺工作者与科技工作者密切合作有利于提高科普创作质量。还要注意发现和培养新人，他嘱咐培养接班人的问题要早抓和认真抓。

他要求科普作协把壮大创作队伍，培养又红又专的科普创作人才作为一项重要任务并作为一项经常工作把它做好。他认为，建设一支又红又专的专群结合的科普创作队伍，科普创作的繁荣才有保证。

他经常教导我们，科普创作要坚持为提高整个中华民族的科学文化水平服务，为社会主义现代化服务的方向，在这个大前提下，对科普创作的题材、体裁和方法，以及对科普创作理论的研究和探讨，一定要坚决贯彻百家争鸣和百花齐放的方针。要提倡不同艺术形式、艺术风格的自由发展，提倡不同艺术见解自由争鸣，自由探讨，不强求一律；要提倡互相学习，互相尊重，取长补短，共同提高。有了一支又红又专的专群结合的科普创作队伍，又能很好地坚持"二为"方向和贯彻"双百"方针，我国的科普创作就会繁荣昌盛，兴旺发达。

此外。董老希望科普作协充分保障会员的民主权利，要特别注意向有关方面反映会员的意见和要求，支持会员积极进行科普创作活动。关心和爱护会员，给他们以必要的和可能的帮助。

董老还指示，要很好研究中外著名科普作家，如高士其、法布尔等人的作品，以资借鉴，提高我国的科普创作水平。

关于科普创作，董老还有很多教导，以上几点是他经常挂心和特别关心的。相信科普创作界的同志们会记住和继承他的遗志，以慰他的英灵。

敬爱的董老安息吧！您对我国的科教事业的贡献将永载史册，您的光辉业绩，人们会永远怀念的！

（刊于《科普创作通讯》，1990年第5期）

在首届高士其科普基金
颁奖大会上的即席发言

一、参加大会的印象和感受

重庆的科教兴农宣传月工作组织得非常好，计划得非常周到。科协几十年实践总结出的一套工作方法得到了充分运用，取得了良好效果。同时，看到了大家积极热情、奋发图强的工作精神，作为一个老科普工作者，很受鼓舞，非常欣慰。

关于基金、发奖会，我们过去想做没有做到的事，重庆做了，我表示感谢，对受奖人做出的贡献，表示祝贺。

二、谈谈高老、高士其精神

高士其同志是科学家、科普作家，是我国科学文艺和科学诗的开拓者和奠基人。

1928年他23岁时，在美国芝加哥大学医学科学院一次做实验时，不幸感染了甲型脑炎病，但他仍继续坚持学习，到1930年完成博士课程才启程回国。外国医生说，他活不过5年，可是他活了整整60年，于1988年才辞世。

他这60年是难以想象的、顽强拼搏的60年。他因脑病全身瘫痪，动作困难，但在这60年期间，他写了几百万字的科普作品，做了大量科普工作。他就像身负重伤不下火线的战士，以病残之躯为了科学普及顽强地奋斗了一生。

为了科普工作，他有求必应，有请必到。他与许多求教于他的年轻人保持着联系。不少人在他的作品和人品的影响下，走向献身科学的道路。他的学习精神、献身科普的精神、顽强拼搏的精神，激励了一代又一代年轻人为建设一个美好的世界而奋斗，为造就又红又专的一代新人做出了重大贡献。

我是1958年认识高老的。当我看到他半躺着坐在轮椅上的状况时，不由感到心痛；但看到他炯炯有神的目光时，又感到一丝欣慰。

他的写作，简直就是一场搏斗。他手不能写，只能口述，由秘书笔录。他每说一个字便哼哼着浑身颤抖半天，太困难了。吃饭囫囵吞咽，眼睛闭上半天睁不开，但他每天上午坚持学习，下午写作或接待来访，或参加活动。经常有少年儿童来看望他，凡有科普活动他都踊跃参加。他对创作非常认真，一丝不苟，精益求精。例如，他写的《生命进行曲》竟是半夜起来进行修改的。

我今天不谈他在科普创作和科学文艺上的辉煌成就，只谈他的精神。上面所说的，关于他的一切，就是因为他有一股精神，就是高士其精神。高士其精神就是热爱人民，忠诚地为人民服务的精神；就是为科普献身的精神；就是为工作顽强拼命的精神；就是不怕苦，不怕累，不怕困难的精神；就是做工作一丝不苟，精益求精的精神。见他自写的小诗：

啊——你——普罗斯，

从穹廓天空盗取火种，

将科学和文明，

遍撒人间。

三、关于科普创作

1.科普创作的形势好，科普刊物越办越好，大部分保留了。图书方面，少儿、国防、农业和医学方面的图书获奖的不少，起了很好的作用。文艺体裁的作品少，只有一些少儿和科幻方面的。

2.创作受欢迎的科普作品必须坚持"二为"服务，为精神文明和物质文明服务。在经济建设和工农业生产上要切合其需要，因此要吃透上（国家）下（读者群众）两头的需要。不仅要讲科技知识，还要讲为什么，使读者信服接受。在精神文明建设方面要从治愚考虑制定选题，如破除迷信、生理卫生等。

在形式上应当百花齐放，不要低估文艺手段，文艺形式易于被广大人民群众接受。例如，安徽推广磷肥的科普剧、云南的科普山歌，都起到了良好的作用。

注意抓评论。应当一手抓创作，一手抓评论。评论是提高创作水平，出好作品的重要手段。评论实际上就是对科普创作的学术研究。

（1991年2月27日）

我所看到的美国科普

中共中央和国务院《关于加强科学技术普及工作的若干意见》的公布，是我国科技工作的一件大事。实践证明，科学技术的发展、经济的发展、社会的发展都离不开科普，科普是实现四个现代化的必要前提之一。

我曾到美国考察过科普工作，了解了一些情况，现在看来，对我们仍有一

定的借鉴意义。

一、科普是美国社会生活的一个重要方面

我们在美国访问了4个城市，接触了53个从事科普的单位和部门，与各界人士进行了座谈，还同当地居民和少年儿童一起参观科技馆、博物馆，欣赏了针对不同观众所摄制的不同类型的科学电视节目。所见所闻，使我们感到，科普已成为美国社会生活的一个重要方面。

利用科普推广科研成果，是美国政府有关部门的一项重要工作任务。如美国农业部专门设有科教局，统一领导全国有关农业方面的科学研究及农业教育，并负责向全国大约270万个大小农庄推广农业科研成果。该局一位负责人说，他的第一步工作是组织科学家之间的农业科研动态和科研成果交流；第二步是把科研成果普及传播到农户，使之得到推广应用。他说，科研的目的就是要使成果得到推广使用，而成果的推广则要依靠科普。

美国卫生研究院是一个科研单位，但美国国会指示他们不仅要搞科研，而且要搞科普，要通过科普使纳税人了解他们在从事哪些医学研究以及这些研究的意义和作用，并通过科普向公众进行预防疾病的宣传和保健教育。美国卫生研究院及其所属的11个研究所，每年都要编印几百种、上百万册的科普小册子，免费散发。他们编印的各种定期和不定期科普刊物、科普挂图和幻灯片等，数量相当惊人。除散发科普资料外，他们还通过报刊、电台等新闻媒介进行科普宣传，在总统法令规定的"防治高血压月""防治心脏病月"等国家科普活动中，他们也进行预防疾病的科普教育活动。

美国大学也通过各种形式开展科普工作，主要是开办科技馆和学习班来普及科技知识，目的是使公众了解日新月异的科学技术发展对于社会生活的影响和作用，培养科学技术后备人才。

加利福尼亚大学一直致力于推行梅萨（MESA）计划。MESA是数学、工程、科学、成就四个英文词的字头字母。这项计划的主要任务是在课余时间和假期举办补习班，组织咨询会和野外考察，辅导有色人种、少数民族中学生提高科学文化水平。这所大学每年花在每个被辅导学生身上的费用平均为350美元。该大学各分校办了15个MESA活动中心，还在伯克利校区建了一个劳伦斯科学馆。这个科学馆对吸引青少年爱科学、学科学、用科学起了显著作用。华盛顿大学和史密森学会也合办了航空和宇航博物馆，西雅图的太平洋科学中心博物馆、田纳西州的橡树园能源博物馆等，也是高等院校协助创办的。美国各州的农业院校把推广农业科技成果视为自己的日常工作。有些大学，如麻省理工学院，还派人帮助学校所在街区普及实用科技知识，如帮助居民改装节能日光灯、安装太阳能装置等。

美国的许多民间群众科技团体也都从事科普工作。促进公众对科学技术的理解，是美国科学发展促进协会的一项基本任务。他们编辑出版科普刊物、举办科普讲座、开展对科普读物和报刊的评论，每年还编印一本科研单位的研究项目提要，供新闻单位采访报道，并协助报纸每周至少发表一篇科普文章或科学报道，组织每个学会每年编4个科学节目供广播电台使用。在暑假里，他们还组织大学生和研究生帮助新闻单位撰写科学新闻稿，帮助科学家把他们的工作和成果写成科普文章。

美国的一些自然科学专门学会的科普工作也开展得十分活跃。美国化学会每年都要编印一本名叫《在化学领域里发生了什么》的科普资料，通俗地介绍一年来化学领域的重要科技发展；每年向大约4000家报纸和杂志提供化学方面的科普文章；每周录制一个15分钟的广播节目《化学高分子》，这个节目已被国内外约450家电台长期采用。化学会还摄制电影、录制出版专题录音带。他们拍摄的影片《化学和人》、录制的录音带《人类在宇宙中是孤独的吗》，得到了广大观众和听众的好评，影响很大。

二、重视对青少年的科技教育

美国有专门对儿童进行科普教育的儿童科学博物馆和儿童科普电视制作公司，这些都是非营利的组织。

C. T. W. 电视台的儿童电视制作公司，专门给3～5岁的学龄前儿童、7～10岁小学低年级儿童和8～12岁的小学高年级儿童分别制作成套的科普电视节目。这些节目密切联系生产和生活实际，根据儿童心理特点来启发培训他们对科学的兴趣和科学思维方法。如对学龄前儿童就采用拟人化的动物木偶与真人合演等形式。为了制作好这些节目，他们对少年儿童的兴趣和需要进行深入细致的研究，并为此设置了一个由各方面专家（包括儿童心理学专家）和教授组成的顾问委员会。

美国为青少年出版的科普读物很多，仅纽约出版的从3岁幼儿到各年级学生阅读的科普刊物就有31种。美国还有许多历史悠久的、专门对青少年进行社会科技教育的民间组织。

1914年成立的4H俱乐部是帮助9～19岁的城乡青少年学习农业科学技术的专门组织。4H是Head（头脑）、Heart（心）、Hands（双手）和Health（健康）。主要内容是种菜、养牛、食物保存、营养保健、开拖拉机、修理汽车等，后来又增加了海洋科学等内容。他们的口号是使青少年的头脑更会思想，心地更诚实，手更会干活，保持健康体魄，更好地生活，将来成为好公民、好领导。这个组织在美国各州都建有分支机构。

1817年成立的纽约科学院是一个由科学家自己组织的、致力于科学传播的群众团体，后来集中注意对中小学生进行科学教育。他们的工作主要是通过办讲座和短训班，提高中小学教师的科学水平，指导中学生在课外进行科学研究，推荐好的科研成果到展览会展览，给中学生做科普讲演。经常参加这些工作的有200多位科学家。

科学服务社是1921年成立的一个非营利性民间团体。服务社的主要活动是出版《科学新闻》周刊，每年组织一次国际科学和工程技术展览，展出中学生的科技成果，并组织青少年科学家评奖。每年，各中学的应届毕业生向科学服务社提交科学论文，服务社请有博士学位的科学家评审，从中选出最具有科学才能的10名学生，发给奖学金，供他们深造，继续学习自然科学和工程技术专业。

三、科技馆事业兴旺发达

在美国，各种科技馆、博物馆是有关方面借以对公众，特别是对广大青少年进行科技熏陶和科普教育的重要场所。科技馆、博物馆的展品可以是实物，也可以是标本和模型。再加上演示，简明易懂，使观众生动形象地获得科技知识。在科技馆、博物馆中，观众可以随意动手操作，亲自试验，这不仅吸引了广大青少年，激发了青少年探索科学技术的兴趣，对许多成年人也具有一定的魅力。许多新技术和科技成果由此得到迅速的传播和普及。

美国的科技馆、博物馆遍及全国各地，在稍大一点的城市还不止一个，仅华盛顿就有三四十个。以科普为宗旨参加美国科技中心协会的科技馆、博物馆就有145个。这些科技馆和博物馆有综合性的，也有专业性的，彼此内容不同，特色各异。如有的侧重于普及能源和节能知识，有的侧重于人口控制和生理卫生，有的侧重于普及声、光、电、天、地、生等基础科学知识，有的则侧重于工业、制造业方面的技术知识的普及。

科技馆和博物馆除长年展出固定的内容外，还经常组织短期的专题展览。教师也可以到这里查阅资料，学习展品、标本的制作。星罗棋布的科技馆和博物馆，每年接待观众达1亿多人次，在全国形成了一个很有声势的科普宣传网。

四、拥有专业科普写作队伍

美国有一支科普创作的专业队伍，其中包括科普记者、科普编辑和作家。政府部门、群众团体和科研单位要开展科普工作都离不开这一支队伍。

科普作家属于自由职业者，靠稿费收入生活。他们从事科普写作的方式多种多样，有的直接向科学家采访，有的将深奥的科学论文改写成通俗的科普文章，有的根据政府部门、科研单位和群众团体散发的小册子和内部情况介绍编写科普作品。

为了把最新的科研成果及时用通俗的语言告诉公众，有关科学机构和团体经常邀请报刊、电台的编辑、记者和科普作家参加科学报告会、情况介绍会或短训班，向他们介绍本部门、本学科的最新发展成就，以通过新闻媒介向公众传播。

美国卫生研究院每年要举行1～8次学术研究会，每次都要邀请20～30名华盛顿最有名的科普作家来听专家讲解医学研究的新发展、新领域，以便作家们撰写科学报道和科普文章。美国科学促进会在每年年会开幕的前夕，都邀请科普记者和科普作家，向他们介绍即将在年会上宣读的重要学术论文的内容，向他们提供撰写宣传报道和科普文章的线索。

有些单位还聘请专业科普作家为正式职工。如美国农业部就拥有15名科普作家。农业部所属的4个大农业区，每个区都有10名科普作家。他们的任务就是专门从事科普写作，保证提供需要的科普宣传资料。

由于普及科学技术需要依靠科普作家，美国的许多著名大学都在新闻系或英语系内设有科学写作专业。一些以理工科为主的大学，如加利福尼亚大学、麻省理工学院等，也为学生开设科学写作课程。学生可以根据自己的兴趣和发展前途，选修这门课程。

五、提供优越工作条件

美国没有类似中国科协普及部或科普作协这样上下相连的全国性科普组织。他们的工作是各地区、各部门单独进行的。他们虽然没有统一的工作规划，彼此间也没有工作联系，但工作效率都比较高。

在美国，政府部门、科研单位和群众团体，都设有开展科普工作的专门机构，并有必要的人员和经费。例如，美国农业部负责科普工作的机构设在科教局内，他们叫情报资料室，主要任务就是编写出版农业科普期刊、小册子、挂图，向新闻单位提供科普宣传资料和信息。他们的主要科普对象是基层的农业推广员和农户。情报资料室有科普作家15人、编辑25人，各州还有相对应的机构，各有编制12人，包括科普作家10人。

美国农业部每年用于编印各种科普资料的经费约为780万美元。除联邦政府提供的经费外，各州、县政府所属部门的农业科普活动还有自己的经费。

美国农业部还有10～12名专职干部负责组织开展4H俱乐部的活动。4H俱乐部一年从各级政府得到的经费约为1.15亿美元，此外还有私人提供的经费约3200万美元。美国农业人口为250万人，仅占全国人口的2%，但他们为专门培养农村青少年技能的4H俱乐部捐助这么多钱，表现出美国农民对科普工作

的重视。

美国卫生研究院的院部和所属的11个研究所，都有从事科普工作的专门机构，共有专职科普干部150人。整个研究院每年的科普经费为3000万美元，其中用于编印科普宣传资料的费用约为1500万美元，其余用于预防疾病的科普教育活动。

科技群众团体的科普经费不如政府部门那么充裕，但也能保证开展工作。如以保护野生动物为宗旨的奥德邦协会，每年的经费有1500万美元。

美国科技群众团体的经费来源主要是会费和私人与产业部门的捐助，政府的科学基金会也资助一小部分，约占1/10。

（刊于《科学大众报》，1995年5月）

纪念贾祖璋先生逝世10周年（节选）

我所敬重的师长、科普创作和科普编辑界的老前辈贾祖璋先生已经辞世10年了。至今，他的音容笑貌仍生动地展现在我的眼前。

贾先生是一个清清白白、坦坦荡荡、磊磊落落和淡泊名利的人。他对待工作一丝不苟，精益求精。不论是他的为人，他的工作，还是他的敬业精神都是我们国人，特别是我们科普工作者永远学习的榜样，值得我们永远纪念的。

贾祖璋先生是我国从事科普创作和科普编辑工作的少有的几位先驱者之一。他和顾均正、周建人、刘薰宇等先辈开创了一个用浅明的文字、文学的材料，写通俗的科学书来生动活泼地传播科学知识的新天地。他从20世纪20年代起，一直坚持在科普园地里不懈地埋头耕耘，直到生命结束。

他的一生是孜孜不倦地以科普育人的光辉的一生。贾祖璋先生对国家是有很大贡献的，他不仅创作了大量可以传世的科普精品和编辑了许多优秀科普书刊，尤其是在他的言传身教下为国家培育了一批科普创作和科普编辑人才。他们是一批火种，是一批宝贵的财富，如今他们都已成为科普战线上的骨干，正在继承他和其他先辈们的遗愿为科普育人而努力工作着。

关于贾祖璋先生的科普作品、他的敬业精神和他的生平，韩仁煦同志（笔名师贾）在他的《学习贾祖璋，研究贾祖璋——贾祖璋同志逝世10周年》一文中做了相当全面的、精辟的评析和介绍。在这里，我仅想将我所见到的贾祖璋先生如何做编辑工作的情况做出奉告，因为他的工作方法是出精品的保障和育人才的良方。

　　……

我敬佩贾祖璋先生，贾先生永远是我学习的先生。

贾祖璋先生的业绩永驻。

（刊于《迎春花》，1998年第7期）

不要忽视科普文艺作品的创作

科普创作，一般地说，就是为没有受过某种专门科技教育的广大人民群众创作他们所需要的、乐于接受的和便于接受的，即能使他们容易读懂、看懂和容易学用的通俗易懂的科普作品：包括文字的、美术的、影视的、音响的和口说的，广泛深入地传播先进的科技知识、科学思想和科学方法。科普工作越深入群众，群众越容易接受，知识就能越快地用于实践，为社会主义物质文明和精神文明建设服务得就越有成效。

怎样使科技知识深入地普及到广大群众中去，使他们乐意接受又便于接受呢？首先，科普作品的内容当然应当是他们在生产上、工作上、学习上和生活上所迫切需要的，以及他们尚未意识到是需要的，但是他们应当必须知道、必须应用到实践与生活中的科技知识，如环保、计生、破除迷信等。然而，常遇到这样的问题，就是科技知识是读者需要的，但是他们不一定感兴趣，不一定乐于接受。因此，科普作品不但介绍的科技内容要充实并切合读者的实际需要，而且要使他乐于听、乐于看、乐于读、乐于做，才能达到好的科普效果。

经验和实践证明，科普文艺作品是最为广大群众所喜闻乐见的，最能深入并打动广大群众，最能使广大群众容易接受的科普作品；特别是那些最需要科普的基层群众。用文艺形式进行科普能够获得良好的效果，但是，近些年来这类科普作品少见了。

20世纪80年代，我在中国科协普及部工作时，看到安徽省科协一份关于科普工作的报告。其中举例说明，他们用文艺形式普及科技知识取得了良好的成效。当时安徽省一些地方的作物需要增施磷肥提高产量，但是农民对此有怀疑，不予实施，影响了磷肥的推广。为此，有一个县的科协编演了一出小戏。农民喜欢看戏，来看戏的人很多。这出戏演的是供销社的干部宣传施用磷肥能够增产，有的农民听信宣传施用磷肥后，不但没有增产反而影响了产量。这些农民到供销社大闹，说供销社骗人，又要赔偿又要上告。供销社的人胸有成竹，问他们是怎样施肥的，农民们争相述说，供销社的人反驳说，不是供销社的错，是农民们施肥方法的错。于是，供销社的干部详细讲解了正确施用磷肥的方法，并保证，若不增产包赔损失。农民们按照介绍的方法再次试用，结果增产了。此剧使众多看戏的农民，不论男女老少都轻松愉快地懂得了施用磷肥增产的效果，学到了磷肥的技术，心悦诚服地接受了磷肥，因而迅速地达到了推广磷肥的目的。试想，当时如果用讲演或上课的办法，恐怕只有少数有心人会自愿去听；如果是在报刊上发表文章，不仅看到的人更少，恐怕连报刊都到不了农村。而用这种戏剧等文艺形式进行科普，人们会不请自来，既看了热闹，又受了教育，增长了知识。

云南省科协原副主席、科普作协理事长苏音同志也介绍过这方面的经验。云南少数民族都喜欢唱山歌。他们把要宣传的科普内容编成山歌传唱，既受到了广大群众的欢迎，又获得了很好的科普效果。

我曾访问过四川温江的一个由不脱产的农民参加的科普文艺宣传队。他们的经验表明：用文艺形式传播科学技术比简单地用灌输的方法效果要好得多，而且普及的面要广得多。

其实，早在20世纪60年代在福建的福州、漳平等地就有了科普文艺宣传队。1966年，中国科协在福州召开全国农村科学实验交流会时，就参观过南通公社文艺宣传队的表演。他们用快板剧、相声、表演唱等宣传推广科学种田的先进技术，受到当时科协领导范长江、王顺桐、王文达等同志的赞扬，认为这种科普形式好。

1977年，漳平县科委陈贞镇同志给中国科协普及部报的一份材料中提到，他们的科普文艺宣传队6个人，一年中到过100多个大队，80%的农民听了科普宣传，很受农民欢迎。他们说听得懂、学得来、用得上。他认为科普文艺应当提倡。但是，这种有效的科普形式这些年被忽略或淡忘了。

相声很受广大群众欢迎，科学相声亦然。中国科普作协成立后，各地创作了不少各类题材的科学相声，还出版了不少科学相声专集。著名相声演员郝爱民也和我会会员谈宝森合出过一本13万字的《科学相声》书。科学相声曾在校园和不少群众集会上演出，很好地起到了寓教于乐的作用。同时出现了不少热心创作科学相声的作者，如北京的王希富、湖南的杨在均等。

相声表演术家郝爱民、姜昆，大师侯宝林等都是创作科学相声的热心人。侯宝林创作的辛辣讽刺环境污染的相声，不愧为大师级的幽默。侯宝林在为郝爱民、谈宝森的《科学相声》一书所作的序中盛赞科学相声，他说："……科学相声宛如一簇簇夺目的鲜花，为社会主义文艺的春天增添了绚丽的色彩。科学需要曲艺，曲艺也需要科学。科学相声使深奥的科学知识插上翅膀，凌空飞翔。现存众多的曲艺工作者和科学工作者正在努力使文学与科学结缘，十分可喜。科学和文学能够'通上电'，就会形成一个强大的磁场。这个磁场必将吸引成千上万的人们为祖国的四化建设贡献力量。"

　　著名老科学家茅以升也为《科学相声》题了词，"利用广大工农群众喜闻乐见的艺术表演进行科学普及宣传，这是一种创作，预祝取得丰硕成果"。那时为了繁荣科学相声的创作，中国科普作协科普文艺委员会委员王希富曾和郝爱民等就科普作协与曲艺家协会联合组织科学相声调演的工作，提出了一个多快好省的可行计划。可惜因故没能实现。当时创作的科普快板书等曲艺节目也不少，这也都是群众所喜闻乐见的。如今，科学相声似乎销声匿迹了。

　　科学诗既能向人们宣传科技知识，又能激发人们学习科学和尊重科学的情愫。我读了郭曰方同志写给那些环境污染的城市题为《花鸟篇》的诗，心一下子被激动了，真的就像诗中说的要"扛起铁锹，卷起裤腿，去加入绿化祖国环境的大军"了。20世纪80年代，科学诗这朵鲜花也曾盛开，受到人们的赞赏，科学诗集纷纷问世，可惜因缺乏养护而凋零了。

　　科学报告文学、速写、散文、故事等文学形式的科普作品比一般述说的科普作品能更多地吸引人。实践说明，这种科普作品能够引人入胜，是众多人群所喜闻乐见的。记得《知识就是力量》杂志创刊的头5期连载了一篇《金属切削的故事》，讲的是青年工人为提高工作效率搞刀具技术革新的故事。这样题材的作品专业性强、读者面窄，非该专业读者一般是不会去看的，但是该文用讲故事的形式把整个事情的来龙去脉、刀具和金属切削、革新刀具的科学技术、革新的科学思路和方法等科技知识讲得生动活泼、通俗易懂、引人入胜，赢得了无论是内行还是外行的青年读者广泛的欢迎。这类科普作品既有益于物质文明建设，又有益于精神文明建设；既有社会效益，又有经济效益。

　　高士其、董纯才、贾祖璋、叶至善等前辈，都注重科普文艺创作，他们都是用文学形式创作科普作品的高手和典范。中国科普作协原理事长董纯才一直提倡科普文艺创作并曾试图亲自示范用文学体裁创作一个战天斗地改造沙漠的科普故事，而且与助手谈过构思。遗憾的是，他因工作繁忙，精力不足而未能实现。

　　科普影视、美术作品更是广大群众喜闻乐见的。创作科普文艺作品难度较大，但是只要我们决心努力去做，是可以做好的。科幻创作在四川的几位年轻有为的同志义无反顾的努力奋斗下，如今繁花似锦就是明证。

　　想到21世纪，恐怕在前10年提高我国全民科学素质的任务仍是艰巨的，因而科普工作的任务也同样艰巨。科普创作是科普工作的前提。科普文艺作品是吸引广大群众学习、向往和使用科学技术行之有效的科普方式。希望借此文引起有关方面对科普文艺创作的重视，不要忽略科普文艺创作。殷切希望看到科普文艺创作之花在各科普园地竞相开放。

（刊于《迎春花》，2000年第2期）

科教兴国需要发展科普文艺创作

什么是科普文艺作品，不用说，圈内人——从事科普写作的都知道，就是一般的有识之士也会顾名思义的。但是对于科普文艺（也可称科学文艺）的功能，其重要性，并非有关者都了解或真正了解。是否是这个原因，这些年，科普园地中的科普文艺之花显得凋零了呢？作为科普园地的一名退休园工，不能不予以关切。

科普文艺作品，因其形式多样，有童话、故事、小说、诗歌、戏剧、影视、相声、曲艺、游记、传记、考察记、速写、小品、报告文学等，同时具有科学性、思想性、趣味性，既生动有趣，又通俗易懂，适合广大读者，特别是青少年的阅读心理和喜好，所以，与其他科普形式比较，最受读者欢迎，最能达到理想的科普效果，不论在国内还是在国外，都是如此。

科普文艺的主要任务或者功能，不仅在于普及某一学科或某一科学技术项目的具体知识，更重要的是使人们在科学文艺作品中潜移默化地获得科学营养。好的科普文艺作品能唤起读者对科学的热爱；启发人们思考问题，研究问题；帮助人们树立科学的宇宙观、世界观，掌握和形成正确的科学的思想和方法，培养共产主义的道德情操。一部文学体裁的科学家传记《居里夫人传》激起多少青年去学习和探索科学奥秘，去攀登科学高峰啊！一本苏联的伊林著的《人和山》使人读后去参加了革命。

我国著名教育家、科普作家，中国科普作家协会第一届理事长董纯才，于20世纪30年代在阅读法布尔的科普名著《昆虫记》和翻译伊林的科普著作后，便深深体会到，用文艺形式写科普读物能够引起读者的兴趣，收到良好的科普效果。所以，他从那时起开始试用艺术笔法和故事体裁进行科普写作。他结合当时形势撰写的《麝牛抗敌记》《狡猾的狐狸》等作品启迪教育了一大批青年，颇受读者的欢迎。

董纯才同志和科普作协第二届理事长、老科普作家温济泽，都一贯主张利用文艺形式普及科学知识，宣传科学思想、科学方法和科学精神。董纯才同志通过多年实践得出结论：平铺直叙地讲解知识，读者不爱看，科学内容再丰富、再正确也收不到科普效果。而采用文艺形式则能吸引读者，容易为群众接受。科学的内容，文学艺术的形式，这样的科普作品最受读者欢迎。他还发现，这种科学和文学相结合的作品不但可以普及知识，而且可以陶冶心灵，培养情操，提高思想境界，并且影响深远，可以传世。确是如此，苏联伊林的作品，仅据

20世纪50年代统计，当时在全世界出版的伊林作品达269种，语种达44种，印数5亿册。所以董老一直期盼着我们创作出有中国特色和时代气息的、质量高、数量多的科学文艺作品。他一直期望着在我国能出现伊林式的科普作家，写出伊林式的、用艺术手法描写改造自然及其知识和英雄事迹的，或介绍我国科技成就及其事迹的、对人民群众具有重大教育意义和鼓舞作用的科普作品。

关于什么是科普文艺，鲁迅曾有精辟的论述。他说："经以科学，纬以人情。离合悲欢，谈故涉险，均综错其中。""然因比事属词，必洽学理，非徒摭山川动植，侈为诡辩者比。"就是说，科学文艺作品的科学知识要和人性事故的细节的描写像经纬一样交织在一起，内容完全符合科学原理，不是那些只讲山川、动物植物的作品和强词辩解的作品可以与其相比拟的。

关于科普文艺的功能和重要性，鲁迅早在1903年便有深刻体会，并且指明了。他在《月界旅行·辨言》中说，"盖胪陈科学，常人厌之，阅不终篇，辄欲睡去，强人所难，势必然矣。惟假小说之能力，被优孟之衣冠，则虽析理谭玄，亦能浸淫脑筋，不生厌倦。""故掇取学理，去庄而谐，使读者触目会心，不劳思索，则必能于不知不觉间，获一斑之智识，破遗传之迷信，改良思想，补助文明，势力之伟，有如此者！我国说部，若言情谈故刺时志怪者，架栋汗牛，而独于科学小说，乃如麟角。智识荒隘，此实一端。""导中国人群以进行，必自科学小说始。"鲁迅认为引导中国人民前进必须自创作科学小说开始。我以为也包括其他文艺样式，因为他最早提出用幻灯和电影一类形式介绍科学知识的论断确是远见卓识，值得深思。

现在，许多人已逐渐体会到科普对提高全民族科学文化素质的重要性，在科普的各种手段中，科普文艺应当是其中一个最强有力的手段。因此，我们应当大力提倡和开展科普文艺的创作。首先，中国科普作协应当把发展科普文艺的创作当作自己的重要工作来抓。

科普文艺的创作较一般的科普读物创作有一定的难度。但天下无难事，只怕有心人。20世纪80年代科普文艺创作不是曾出现过欣欣向荣的景象吗？当时，科学小品、科学童话、科学诗、科学幻想小说、科学相声、科学报告文学、科学漫画等都出版过不止一个专辑，科普美术也搞得红红火火，这就是说，只要提倡，就可能做到。

发展科普文艺作品创作，是科教兴国的需要，是时代赋予的任务，不仅是赋予科技界的任务，也是赋予文艺界的任务。这一工作应当由科技界和文艺界共同进行。我们可以号召和鼓励有一定文学修养或文笔较好的科技人员从事科普文艺创作。我国千百万科技人员中肯定不乏兼备智力型和艺术型的人才。我

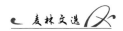

们要善于发现并给以帮助。20世纪80年代，我们曾举办过现实题材科普文艺作品征文活动，除此以外，还有其他的路子和方法。

另一方面，在成千上万的文艺大军中，也定能找到不少适合创作科学题材的作家和艺术家。我们也曾有过这样的作家，如秦牧、徐迟等。文学界也应该学习一些科学知识，这是时代的需要。

现在，科学甚至高新技术已成为我们工作、学习和生活中不可缺少的部分，如果文学艺术为生活服务，其作品就不能不过问科学。科教兴国，经济建设要靠科学技术，而今是科学技术的时代。科学时代的文学，应当是用科学武装起来的文学，文学艺术为经济建设服务，为科教兴国服务，若远离科学，那样的文学是不健全的。文艺界应当把创作科学文艺作品当作自己神圣的责任。我以为创作科学文艺作品，也应当是当前文学创作的主旋律。其实，作家为使自己作品的艺术认识力和社会影响力更大一些，也应当掌握科学，以扩大作为文学对象的范围。

此外，科学家和文学家也可以一起合作来创作科普文艺作品。

董纯才前辈希望社会主义的中国应当有中国式的伊林，他要我们科普作者应当有所抱负。他说："伊林能创作出苏联的《五年计划的故事》，为什么我们不能写出中国的五年计划的故事呢？伊林能创作出苏联征服自然的故事《人和山》，我们为什么不能创作出中华人民共和国成立以来的许多改造自然的故事呢？伊林能创作出灯的故事《不夜天》之类，我们为什么不能写写我国古代发明火药直到人造卫星上天呢？"他希望把这样的科普作品奉献给劳动群众和青少年，使他们运用现代先进科学技术去从事生产劳动，改造山河，创造出比资本主义国家更高的生产率，使我们伟大的祖国跻身于世界先进行列，并期望科普作家们加倍努力，不怕道路崎岖，献身祖国的千秋大业，去攀登科普创作的最高峰。我们应当有这样的抱负，应当有伊林式的作家。

创作影响大、有教育意义的伊林式的科普文艺作品，当然不是一件易事。伊林为写《人和自然》一书，曾在天气预报研究所研究了两年气象学和水文学。为写《自动工厂》而到研究所和机床厂去生产实习，直到掌握相关的知识。卡逊用了4年时间阅读和了解美国官方和民间关于杀虫剂的使用和危害情况才写成影响全球的《寂静的春天》。从我国一些科普作家特别是文学家的水平看，只要有时间、有条件，又有这种雄心壮志，也是可能做到的，但这需要专门去做，业余作者是难以完成分量如此重大的创作的。看来，需要建立一支专业的科普文艺创作队伍。当前，我国科普文艺作品和创作队伍的现状，与我们这样一个崇尚科学的社会主义大国实在不太相称。

　　董纯才同志生前就曾建议中国科协积极创造条件，尽快在中国科普作协建立一支精干的专业科普创作队伍，除在全国各省（自治区、直辖市）科普作协外，出版社、杂志社都可以配备专业科普创作人员或半脱产创作人员。由高士其同志倡议，在中国科协成立的科普创作研究所，原来就是专业从事科普创作研究和从事高质量科普读物创作的。因此，集中了多种水平较高且有相当成就的科普创作人才，但不知何故，该研究所的任务后来被改变了。为提高科普创作水平，创作重大题材的科普文艺作品和培养科普创作人才，有必要恢复科普创作研究所，使之与中国科普作协结成一个整体，像当初一样，两块牌子一套人马，协会做组织联络工作，研究所从事专业创作和研究。

　　现在，不少出版社、杂志社、报社和电台、电视台，都有一批与科技部门打交道，采写科技新闻和编辑科技书刊的编辑和记者。他们一般是学习自然科学专业又具有较高的文学修养和写作能力，其中不少已是颇有成就的科普文艺作家。他们应是一支现成的专业科普文艺创作队伍。只要给他们时间和提供必要的条件，中国式的伊林定会在他们中间首先出现。建议中国科普作协努力在中国科协的支持和领导下，先把这些人才作为专业科普文艺创作队伍组织起来，给他们提供研讨和实习的机会，不断提高他们创作科学文艺作品的水平。也可以组织能力强的科普作家和文学家，深入基层体验生活，创作一些重大题材的科学文艺作品。如防沙固沙、南水北调、青藏铁路等我国科技工作者和广大工农群众战天斗地、可泣可歌的英雄事迹，特别是科技人员是怎样创造性地攻克其中种种科技难关的，如青藏铁路线上的冻土带问题是怎样科学解决的，等等。使读者从这类作品中不仅可以学到科学知识、科学思想和科学方法，还可以激发读者学习科学技术，热爱和投身建设社会主义伟大祖国的热情。这种工作单靠群众团体去组织，力量不够。若由中宣部、文化部、科技部作为任务交给科普作协和文联去做，就会卓有成效。党和政府有关部门应将创作重大题材的科学文艺作品，作为科技界和文艺界的任务。如果只是狭隘地对待这一事业，不仅这一队伍成长缓慢，而且难以产生划时代的伟大的文学和科学文艺作品。

　　科普作协还可考虑在一些大学开设科普文艺创作课，以造就科普文艺创作人才。为繁荣科普文艺创作，有必要开展评论厘定科技界和文艺界中存在的某些轻视科普文艺创作的现象和思想。

　　建议中国科普作协和文联专门召开一次关于科普文艺创作的学术讨论会。

（刊于《科普创作》，2000年第2期）

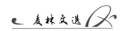

著名老科普编辑家、作家贾祖璋先生100周年荣寿

寿诞适逢拾秩陈，满怀敬意忆功勋，
毕生献身科普业，编辑协作尽辛勤。
科普硕果多而美，埋头劳作好园丁，
科教兴国不余力，芸芸众生永念君。

（2001年）

祝贺科学普及出版社建社50年

　　科学普及出版社在党中央的亲切关怀下，在中国科协的领导和科技、教育界各部门及广大科技教育工作者的大力支持和帮助下，顶着暴风骤雨前前后后到今年走过了50年的历程。这是难能可贵的，是值得庆贺的。值此之际，作为曾经的出版社一员，我要向今天仍坚持在出版社岗位上努力为做好科普出版工作尽力的战友同志们表示我由衷的敬意和谢意；为多年来关心和支持科学普及出版社工作的作译者和挚友们致以亲切慰问和最良好的祝愿。此刻，我也想起曾为科学普及出版社做过良多贡献，先后积劳成疾而故去的同志和良师益友。他们的姓名和业绩应当载入科学普及出版社发展的史册。我们应当永远记着他们。

　　50年来，我觉得科学普及出版社可以引以为豪的是，在国家进行社会主义建设的各个阶段，我们都能遵循党的方针政策，紧密围绕党和国家各个时期的中心任务开展工作；及时组织编辑出版"向科学进军"、为"四个现代化"建设和"两个文明"建设需要的适合广大工农群众、青少年和干部阅读的科学技术普及读物，因而获得了广大读者的好评和欢迎。

　　20世纪五六十年代成为科学普及出版社品牌的、以干部为主要读者对象的"知识丛书"，既有理、工、农、医基础知识，也有介绍新兴的尖端科技知识；为农民出版了《植物保护挂图》《养鸡、养猪500问》；为工人出版了《机械工人速成看图》《机械工人速成制图》；为学生和青少年出版了《科学初阶》等。

　　"文化大革命"造成了书荒，学生没有书读。粉碎"四人帮"后，科学普及出版社复建后出版的第一本书，就是当时学生特别需要的，中学生进行数学竞赛的题目和题解，因此一下发行100多万册，一炮打响。接着又出版了自己品牌的《现代化科技知识干部读本》《电脑——原理、应用和发展》《BASIC语言》《全面质量管理电视讲座》《机械工人技术培训教材》《看图种稻》《妈妈讲》等。

紧密围绕党和国家进行社会主义建设的当前的中心任务出版国家和群众所需要的出版物，是科学普及出版社的光荣传统，我们应当坚持继承。事实证明，这样的出版物既能发挥良好的社会效益，同时也能获得良好的经济效益。当前，出版社应当大力为实现国务院颁发的《全民科学素质行动计划纲要》做出有益的贡献。

科学普及出版社是中国科协下属的一个单位，是中国科协党组和书记处领导下主要为中国科协开展科学技术普及工作服务的一个重要工具。这是其属性的特点，也是优势。科学普及出版社的主要任务应当是出版中国科协各部门和各学会、协会、研究会等需要出版的各种科普读物。但是，近年来出版社在这方面做得不够。我以为出版中国科协及其所属学会、研究会等单位所要出版的科普读物，就是科学普及出版社的特色，就可成就自己的品牌。

希望中国科协充分发挥科学普及出版社这一重要科普宣传工具的作用，中国科协的各学会、协会、研究会也要充分利用科学普及出版社为你们出版科普宣传作品和科技图书。

希望出版社的同志充分发挥自身的优越性，积极主动向科协各部门和所属各学术团体学习请教，参加他们的学术会议，了解他们对出版工作的需求和意见，取得他们的帮助，与他们共同合作。要经常主动向科协党组和书记处请示汇报工作，以及时得到领导对工作的指示和指导。同时，应当积极与科协界外各方，如文教、工商、体育等组织建立横向联系，扩大服务的覆盖面，培育扩大稿源，挖掘出群众所需的优质科普稿件。

科学普及出版社50年来，今天的领导班子已是第十届。这个新的领导班子有理想，有抱负，思想正，能够同心协力逐步把出版社的工作做好。我对他们有信心。最近，在他们领导下出版了"少年科普热点丛书"就是说明。

目前，出版社还面临不少问题，需要学习用科学发展观下大力气，一个个逐步加以切实解决。要研究如何在市场经济大潮中坚持党的方针政策和自身的神圣职责，做好科普出版工作，要经常注意学习兄弟出版社的成功经验。

我相信，只要5年，科学普及出版社一定会现出新面貌，创出新业绩。盼望并祝愿科学普及出版社在不久的将来出版更多题材和形式多种多样、让更多的读者喜爱的、一流的科普图书。

今年也是《知识就是力量》杂志创刊50周年，仅此向《知识就是力量》编辑部的同志致敬。有以下意见仅供参考，建议《知识就是力量》刊登重大新闻

和以新闻为由头，介绍国内外重大事件及其有关的科技知识及群众关心的热点。

以上的意见若有不当，请批评指正。

（2006年12月18日）

中国科普作家协会
第五次全国会员代表大会开幕辞

各位代表，各位来宾，各位领导：

在喜迎党的第十七次全国代表大会的热潮中，在北京金秋十月喜庆丰收的日子里，我宣布，中国科普作家协会第五次全国会员代表大会现在开幕。

首先，请允许我代表大会主席团和我个人向出席大会的各位同志表示热烈的欢迎和亲切的问候！

这次各省（自治区、直辖市）科普作协、各专业委员会、中直的代表和特邀代表共188名。今天到会的代表136名，符合《中国科普作家协会章程》的规定。会议合法有效。

按会章规定，科普作协第五次全国会员代表大会应在2003年召开，由于种种原因拖到今天；这就使得第四届理事会、常务理事会和理事长、副理事长及秘书长，多为会员服务了几年。这些年他们为会员做了不少好事。借此机会，我提议，大家以热烈的掌声向他们表示真挚的谢意！

中国科协，我们的主管单位，对科普作协的工作十分关心和支持，指示分管部门，多次研究、指导科普作协的工作和领导班子的建设。书记处书记齐让同志又在百忙中莅临我们的大会，还要给我们做重要讲话，让我们以热烈掌声表示欢迎和感谢！

21世纪以来，国家相继颁布了《科普法》，公布了《国家科学技术发展长期规划》，制定了《全民科学素质行动计划纲要（2006—2010—2020年）》，这是党提出的落实科学发展观，进行科教兴国、建设中国特色社会主义社会的大政方针和至关重要的任务。我们科普工作者应当认真贯彻执行，这是历史赋予我们的光荣任务和义不容辞的使命。科普作品是科普工作过程的源头。科普作家应当深入生活，创作更多贴近人民群众生产建设和生活需要的引人入胜的科普作品，促进社会主义物质文明、政治文明和精神文明建设；更多地培养造就科普创作人才。科普创作大有可为。社会在呼唤，人民在期盼，科普作家们也都怀有这一美好的心愿。望这次大会产生的新领导班子，继往开来，与时俱进，朝气蓬勃地把科普创作事业向前推进。

各位代表，中国科普作协第五次全国会员代表大会议程有七项：

一、审议第四届理事会工作报告；

二、修改《中国科普作家协会章程》；

三、审议第四届理事会财务报告；

四、选举第五届理事会；

五、推选第五届名誉理事长、荣誉理事；

六、表彰全国先进科普工作者、协会专职工作人员先进工作者；

七、学术交流。

大会计划两天，日程安排得很紧，晚上也有活动。望各位代表集中精力，发扬民主，畅所欲言，开好会议。开成民主的大会，团结的大会，奋进的大会，胜利的大会！

预祝大会成功！谢谢！

（2007年10月11日）

悼中国科普研究所研究员沈左尧同志

沈左尧同志是《知识就是力量》杂志的老美术编辑，后是科普研究所的研究员。他是著名美术家傅抱石的学生。他饱读诗书，多才多艺，是诗词歌赋、书画楹联、篆刻的高手。求他写字、刻章、作赋的，他有求必应；甚至有戏剧界的人士请他撰写碑文。逾80岁的高龄时，他曾应邀在山东的一个道观的墙壁上，站立着书写了全部的《道德经》。他是受人敬重的才子。浙江湖州师范大学为他的书画、篆刻开设了纪念馆，为他的楹联开设了楹联馆。

1958年，我到《知识就是力量》杂志工作时，沈左尧是《知识就是力量》的美术编辑，我们是老战友，我敬重他。为他逝世，学写了一个挽联。

才高八斗名声远，学富五车继世长。

（2007年）

忠诚的科协卫士

十年"文化大革命"把文化、科学、教育几乎摧毁了。中国科协作为"反动学术权威大本营""牛鬼蛇神俱乐部"，被造反派砸掉了。

1972年，三科（国家科委、中国科学院、中国科协）合并，并入中国科学院；在科学院内设立了一个科协办公室。办公室陆续调来了原科协干部9人。

他们是：办公厅的范长江的秘书何志平，党办的叶彦文，普及部的章道义、李敬台、陶嫄，学会部的金昌汉，出版社的江一、王麦林，书记处书记王文达。王文达是负责人，科委也来了一位负责人杨沛。科协的这些同志都是原科协工作的骨干，个个都是觉悟高、能力强的精兵干将。他们忠于党，热爱科协。一心设法恢复科协，用科协的名义开展工作，是他们共同的努力奋斗目标。但是大家被困在三里河路科学院大楼一层28号的科协办公室，除学习外，不让工作，整天无所事事，心急如焚，又无可奈何。但是，他们都一心一意要保卫科协这个阵地，决心护卫党与科技界联系的这一纽带。他们一直努力设法要求恢复科协，如给中央领导写信，通过科协的人大代表提提案等，但都无济于事。

1976年，"四人帮"倒台了。全国人民无比欢庆。但是，到了1977年，科协尚未恢复，"四人帮"强加在科学家们头上的各种帽子，还没有摘掉。他们制造和散布的歪风邪气和读书无用论等流毒，远未肃清。学生不愿读书，教师不敢上课，科学家不敢出门。但就在这一年的8月8日，已恢复党中央领导职务的邓小平同志，在他召开的"科学和教育工作"座谈会上提出，要赶上世界先进水平，"要从科学和教育着手""一定要把教育办好""要重视中小学教育，要把不重视学习的坏风气扭转过来"。大家认真学习了邓小平同志的这个讲话，受到极大的鼓舞。邓小平同志的讲话就是党的指示，应当闻风而动，积极贯彻执行。科协应当在搞好中小学生教育的工作上发挥自己的作用，同时应当通过这一工作把科协的大牌子亮出来。因此王麦林提出，中小学生崇拜空军英雄，航空是高科技，请他们来给学生讲解学习科学文化知识的重要性，鼓励他们好好学习。大家都很同意这个意见。在讨论时，章道义提出，是不是请科学家讲，大家认为这个意见更好，科协就是科学家的家嘛。于是大家决定，立即行动起来，就在这个暑假开展这一工作。王麦林向领导汇报后，王文达和杨沛同志非常赞同，又让王麦林去向李昌同志请示（"四人帮"倒台后，李昌同志负责中科院的日常工作）。在得到李昌同志的称赞和支持后，大家便立即积极行动起来。

由王麦林主持这一工作，何志平、章道义负责邀请科学家，江一、叶彦文负责到中山公园音乐堂交涉借会场，李敬台、陶嫄到市教育局交涉中小学校学生参加与科学家见面事宜。确定参加见面会的有的学校因受"四人帮"的影响，对参加这种活动还心有余悸。他们说，"你们的胆子真大呀！"而科学家们却报名十分踊跃，包括原科协领导周培源、茅以升、黄家驷、严济慈和顾问高士其在内，有38位科学家愿意参加与学生见面的谈话会。他们是数学家华罗庚、吴文俊、江泽涵、胡世华、庄圻泰、冯康、关肇直、陆汝钤、龚生、陈景润、杨乐、张广厚；物理学及相关应用学科科学家王竹溪、王守武、林兰英、张文裕、陶诗言、胡传锦、付承义、屠善澄、沈光铭、郝柏林、徐荫培；化学及相关应用学科科学家王葆仁、钱人元、黄子卿、唐敖庆、张青莲、蒋明谦、赵宗燠、闵恩泽、陈家镛。大家太感动，太高兴了！原定开一天见面会，看来不行了，于是决定连开三天！这样可以造成更大影响。为了把会开好，大家分工协作：何志平负责接待领导和科学家；江一、叶彦文负责会场布置和接待安排老师和学生；章道义和陶媛负责邀请和接待新闻单位，起草开幕词和结束语。应邀的新闻单位有九个，电影制片厂有两个，出版社有三个。李敬台和金昌汉协同音乐堂的同志负责大会的保卫工作；另请原普及部孙家杰同志用汽车接送科学家。王麦林负责组织和协调大会的各项工作，担当大会司仪。

一切准备就绪，1977年8月25日，在我们学习邓小平同志8月8日关于"一定要把教育办好"讲话后的第17天，我们即以中国科协的名义在北京中山公园音乐堂连续三天召开了三场科学家与中小学生见面会。中国科学院领导胡克实、刘华清；北京市领导刘祖春、白介夫；科协领导周培源、茅以升、黄家驷、严济慈、王顺桐、王文达，顾问高士其及30多位科学家出席了大会。我们还邀请了两位英模代表参加了见面会。在三天大会上发表讲话的有吴文俊、王竹溪、王守武、陈景润、杨乐、郝柏林等19位科学家和劳模程祖明，他们分别围绕学习的重要性讲了话，华罗庚和唐敖庆发表了书面发言，高士其为此献上一首热情洋溢的诗《让科学技术为祖国贡献才华》。由参加大会的学生在大会上宣读。会后，领导和科学家们下台与学生见面、谈话。老师和学生十分感动，受到极大的鼓舞，纷纷表示要肃清"四人帮"的流毒，好好教书，好好学习。中国青年出版社将19位科学家的讲话汇编成书出版，书名就叫《科学家谈数理化》。

这一工作对促进正常教学起到了十分令人满意的作用。谈话会后，学生认真读书了，教师认真教书了，学校的学习空气浓了，师生的关系融洽了。这三天的见面会享誉了京城，科协的名声和影响因此大震。

举办如此大规模的青少年科普活动，也是科协成立以来的首次。见面会后，我们又组织学生参观大学和科研单位，更加提高了学生们的学习兴趣。这些活动，对科协的恢复起了有益的作用。此后不久，裴丽生同志就前来科协办公室领导我们着手进行科协的恢复工作了。科协恢复后新成立一个青少年部，可能与这一工作不无关系，因为原来科协没有青少年部。

（2008年）

贺《科学24小时》刊行30年

1978年5月，中国科协、教育部和出版总署在上海浦江饭店召开的科普创作座谈会，犹如一声惊雷，劈开了"四人帮"套在人们头上的枷锁，人们的思想解放了，全国各地的科普作家们、科普工作者们无不欢庆，无不意气风发，纷纷摩拳擦掌，迫不及待地要通过自身的努力来把"四人帮"造成的无科普书读、无科普报刊看的苍白局面加以迅速改变。

于是，中国科普作家协会成立了，省（自治区、直辖市）科普作家协会成立了。科普图书迅速问世，科普期刊如雨后春笋，几乎大部分省（自治区、直辖市）的科普作协都创办了科普期刊。"文化大革命"中被迫停刊的杂志也纷纷复刊。《科学24小时》就是在这一大好形势下，于1979年6月在浙江省科协领导下和省科普作协领导筹划下应运而生的。如今已时过30年。

《科学24小时》起初为丛刊，后晋为期刊。30年来，《科学24小时》在不断地稳步前进，未因主客观的问题，尤其是未因市场经济的冲击而停滞和改变既定的科普办刊方针。

《科学24小时》的主要读者对象明确，内容能够有的放矢，做到了针对读者需要，想读者所想，予读者所需，因而在内容上和形式上都办出了自己的特色，而且不断创新，越办越好。特别是近年来，开始注意并以较大篇幅报道读者关心的国内外的热点问题及与当前国家政策相关的科技界的动态及其有关的科技知识，体现了杂志也应报道时事，即应具有新闻性的这一特性。一些综合性的科普刊物往往忽视了这一杂志与图书和丛刊的不同所在。还令人瞩目的是，文章的插图和示意图较以前多多了，做到了文图并茂。栏目也越发新颖了，而且在每一目录下标有该文的提要，这是一个创举。整个刊物较前活跃多了。真令人可喜可贺。

一本科普刊物应给读者提供需要的和应知应用的科技知识，介绍科学的思想和方法，协助其提高科学素质。而除此之外，还应为读者提供科技界的动态和信息，介绍科技新事物、新发明、新成就和新成果，以开阔读者的眼界，启迪读者的智慧，激发其爱科学、学科学、用科学、干科学。这方面，《科学24小时》做得很好，而且已得到了良好反响。希望《科学24小时》文章的体裁再丰富一些。

在《科学24小时》创刊30年之际，谨向《科学24小时》杂志社和编辑部致以诚挚的祝贺，感谢你们所做的工作和贡献。祝你们为读者提供更多和更加丰富的精神食粮。

多年来,《科学24小时》编辑部一直由谢昭光同志给我寄刊,未因我离休、离开中国科协普及部和中国科普作协的领导岗位而中断。特借此机会,向《科学24小时》编辑部和谢昭光同志表示我深切的谢意。谢谢!

(2009年6月)

感　激

多年来,我对李正兴同志心存感激。

1978年5月,在上海召开了全国科普创作座谈会后,全国各地普遍开创了科普创作的园地,成立了科普创作协会。在全国各地科普园丁的辛勤耕耘下,科普创作的园地百花竞相绽放,各种作品层出不穷,令人弹冠相庆。我由衷地感谢这些园丁们,我的挚友们。但,好景不长,一个时期,不少园地,因园丁被调离,无专人经营而荒芜了。如此境况,令人难过。

试看,自1978年5月上海科普创作座谈会后,到2010年这30多年来,全国有哪一个省(自治区、直辖市)科普作协的专职秘书长,一直奋斗在这一艰巨而光荣的岗位上?我看到的就只有一个人,就是上海科普作协的秘书长李正兴。

李正兴在上海科协领导的支持鼓励下,在上海科普作协历届理事会和理事长的领导下,紧密团结全体会员,充分发挥会员的积极作用,为建一流科普创作队伍,出一流科普精品,做了大量开创性的工作。

例如,为适应人民群众求知的需要,在寻求科普创作的切入点、制高点的指导思想下,他协同科普作协的领导组织编写了与《十万个为什么》相对应的《原来如此》系列巨著。为了有效地普及科学技术知识,他探索科普创作的突破点,试用群众喜闻乐见的形式与有关单位的作、译、编、影、美术等人员共同协作,克服重重困难,创办了科教电影室、科普摄影室、科普美术展览室、科普图书室、动漫室、科普广告室和科幻小说创作室等。为了培养科普创作人才,壮大科普创作队伍,创办了大学生科普写作培训班;在大学开办科普写作课;开办科普讲习班以及开展中学生科普英语竞赛等。在大学开办科普写作课,是中国科协和中国科普作协领导们的愿望。上海科普作协在李正兴的努力下,首先做到了,而且做得有声有色,影响很大。尤其值得提出的,是他想方设法以科普养科普,使科普作协的经费做到基本自给。这也是上海科普作协的首创。

我一直想,科普作协应当在各种媒体上大张旗鼓地宣扬我国著名的科普作家及其作品，以扩大其本人和作品影响，提高其社会地位，吸引更多的人加入到科普创作队伍里来。在这方面，我们还注意不够。但李正兴做了，他写了一系列宣传著名科普作家及其科普作品的文章。

李正兴十分注意研究科普创作理论，如科普创作如何创新、如何打破自然科学与社会科学间传统壁垒的方式等，并亲自试写科普文章，已发表了300多篇。

李正兴任上海科普作协秘书长30多年。在这30多年中，他是在崎岖的道路上艰苦奋斗取得卓越成绩的。他多次立功受奖，是上海市科协的优秀共产党员、优秀党务工作者。上海科普作协的各项工作的辉煌成绩，秘书长李正兴功不可没。

我由衷感激李正兴同志。

（2010年春）

写给石顺科、刘嘉麒的信

秘书长石顺科同志并呈理事长刘嘉麒先生：

近来我对科普作品的创作问题，有些想法，现向你们汇报，望予指正。

这些年我读过的科普图书和文章不多。但就我所见，总的印象是不很通俗，有的还不太容易看懂，更谈不上生动。可以说，一般都是平铺直叙，虽然文章写得不错，但是没有味道，引不起读者阅读的兴趣，除非是想了解某个问题，才会耐着性子读下去。当然，好文章不少，通顺、通畅、优雅，但不通俗，能算科普吗？

一些科普杂志上刊登的科普文章，一般都是书面语言讲述和讲解某种科学技术，这样的文章是科普文章吗？这样的科普作品与介绍和讲解某种科学技术的教科书和学术报告有何区别呢？

科普作品，当然应当通顺、通畅，但关键是通俗！通俗是科普作品的名片，是与其他科技作品区别的特殊本质。现在我们的科普作品，不少是只通不俗，或者缺俗。俗，据新华字典解释，是大众化的，肤浅的，浅显的；俗语，就是大众化的语言，就是大众日常说的话，即口头语言、白话。这样的语言是浅显的，容易懂的，容易交流的，生动的；这样的语言是使人感到亲切的。我们缺少的，就是这种亲切的、浅显易懂的大众化语言的科普作品。

科普作品的特点就是通俗易懂。通俗是一个合二而一的整体，不能只通不俗，也不能只俗不通；只俗不通，还能成作品吗？！通俗完美合一的科普作品，就可以通俗易懂了。但一部科普作品，只做到通俗易懂还不能算是好的科普作品。好的科普作品不但能通俗易懂，还得能引人入胜，使读者爱看、喜欢看，才算是真正好的科普作品。科普作品的创作实质就表现在使其通俗易懂、引人入胜的功力上。其实，使科普作品生动和能引人入胜，并不难做到。据我观察和体会，只要对所要介绍的科学和技术下点儿功夫，设法对其加以具体的描写和描绘，使其形象化就能做到。这些道理是科普创作界众所周知的，我之所以要老生常谈，是因为现在这样的科普作品太少了。希望科普作家们多多关注和研究科普作品的通俗性，创作出通俗易懂、生动活泼与引人入胜的完美的科普作品。

此外，我对当前科普作品的对象问题，也有些想法。我们创作和出版发行科普作品目的，概括地说，是为了贯彻和实现党和国家提出的提高我国全民族的科学文化素质政策与方针。当前我国哪些人更需要提高科学文化水平和素质呢？中国科普研究所统计过，大多数是受教育少的工农和妇女群众。但是，我却很少看到适合他们看和听的科普作品。当前我国科普读物除少儿读物外，一般都是具有中等文化程度的。当然，无疑这是很必要的。但是也不能不管初等文化程度读者对科普作品的需要啊！设法提高他们的科学文化水平和素质，是科普工作者的责任，是科普工作者必须完成的党赋予的任务。这部分人的文化素质提高了，就会有助于我国全民族文化素质的提高。我希望科普工作者和有关部门关注和研究这个问题，希望见到适合广大科学文化程度不高的群众阅读和视听的作品。

以上管见只因关爱科普有感而发。望指正。

还有，我觉得，我们当前的科普创作不够繁荣。原因是，我们的科普创作队伍不够大，团结得不紧密。当前，我国没有专业科普作家，不可能组织一支专业从事科普创作的队伍。我国的科普作者，基本上都是热爱这一工作的，我国的科学和工程技工作人员，他们把从事科普创作当作是自己的责任和义务。但是，我国的大部分科学工程技术工作者基本上不做科普工作，而他们其实就是我们科普创作的主力军；不过，我们没有很好地把他们团结和发动起来。如果，广大科学工程技术人员都搞起科普创作，那将是一种什么景象呢？我们国家的全民科学素质还难提高吗?! 因此，我们应当发动我们广大的科技工作者都来创作科普作品。

首先，应设法把科协所属的100多个学会、协会、研究会的科技会员们发动起来。这需要科协领导支持。本来科普工作是全国科协和科协所属各学会、协会和研究会及其会员的一项重要工作，是必须要完成的党和国家赋予的任务。而科普创作是科普工作的源头，所以科协领导，应当促使所属学会、协会、研究会各自大力发动自己的会员，在做好本职工作的同时，开展科普创作，为提高我国全民族的科学文化素质做应有的贡献。为此，各级组织应当对自己的会员进行广泛深入的动员工作，使之明确科普创作的重要性和其应尽的义务和责任，把他们进行科普创作的积极性调动起来。党组织也可以发动党员起带头模范作用。全科协的科技会员都起来做科普，那将普惠广大人民群众，使我国各族人民的科学素质很快普遍得到提高。

此外，我想，如果我们国家的科技人员在保证做好本职工作之外，都能做一些科普工作（老科学家们都认为做科普是科技工作者应尽的义务），起码把他们自己做的科技工作及其知识向人民大众传播，该多么有意义啊。这不是异想天开，只要我们国家愿意规定，我国的科技工作者这么做就能做到。我希望我们国家的领导人能知道我——一名共产党员科普工作者的这个意见。

王麦林

2014年8月12日

读伊林著《科学家和作家》一文有感

伊林的《科学家和作家》这篇文章，从1860年的圣诞节讲起。当时，法拉第在皇家学会礼堂给儿童做有趣的科普报告。人们对法拉第为什么给儿童做科普报告感到很奇怪，于是有人请他解释。法拉第说，科学应当为大家所了解，至少我们应该努力使它为大家所了解，从小孩开始。

伊林在文中说，苏联实现了法拉第的话，科学应为大家所了解，从小孩开始。但他问道："在我们这样一个国家里，每一个科学家都应该扪心自问：我在帮助我国人民掌握科学方面做了些什么？""我不是为专业人员，而是为儿童、为集体农庄庄员、为工人写过书吗，哪怕是一本？"他说，"我怕只有不多的人能够肯定回答这个问题。"

他说："每一个科学家应懂得，为儿童写一本好书，这就等于为科学队伍征集了新兵。""科学家自己懂得这个道理越早，那么我们给一切向往科学的人提供的科学读物就越多，首先是提供给儿童的科学读物就越多。"之后，他说到如何创作科普读物，和谁来创作这样的科普读物。

关于他说的如何创作这样的科普读物，这里从略。关于由谁来创作这样的读物，他说："应该由科学家来创作，如果他们完全认识到这一工作的重要性和这一工作的光荣"，或者由"科学家与文学家合作"，或"科学家自己成为作家"。

伊林在本文最后，呼吁科学家、作家、科普工作者共同努力创作出孩子们期待的真正科学和真正艺术的读物，他说："没有比这一任务再光荣和值得感激的了！"

（伊林1895年12月29日生，1953年11月15日逝世。据当时统计，全世界出版了200种伊林作品，加上我国出版的伊林作品69种，共269种。翻译语言44种，印数大约5亿册。伊林作品于20世纪30年代传入我国，对我国的科普创作产生了很大影响。20世纪50年代的老作家们多从其作品中得到启发和吸取营养。）

（2016年3月）

原 创 文 存

这一部分收入我自1980年始创作的10篇科普小文、科学诗、科学童话等。聆听了前辈科普大家和领导的谆谆教诲，做了多年的科普图书编辑，也曾在青少年科普工作的一线战斗过，虽然工作繁忙、精力有限，但我也见缝插针地进行了小练笔，个别作品还发表于期刊或出版了，实属幸事。

给《也谈"小报告"》一文做点补充

8月2日《漫话》栏刊载《何谓"小报告"》一文后，8月27日《漫话》栏又刊载了一篇荆文同志的《也谈"小报告"》。

读后，很同意荆同志的意见，但也觉得需要做点补充。

对正常的汇报要听，对小报告也不拒绝听。不轻信是对的，但是有时也难以对他否定。对在会上和会下言论不一致的人，一般可以不轻信；但对有的人，在不了解他有当面一套和背后一套毛病的时候，你怎么能一下子对他的小报告给以否定呢？

在这种情况下，如果对某人的小报告一多起来，特别是打小报告的人有点身份的时候，那就会无形中在领导人的头脑中留下一个印象。如这个领导人不做调查研究，这个小报告就可能发生作用。

所以，我认为，领导同志或政工干部，在听了某人反映某人的问题后，不管主观上认为是否可信，都要认真进行调查了解，包括向被告的本人进行了解，才能做出正确的判断。这是科学地做好思想政治工作的关键。

（1980年8月29日）

祖国的珍稀动物

今天是个星期天，

咱们去逛动物园。
珍稀动物是国宝，
爱护动物好宝宝。

大　熊　猫

大熊猫，真可爱，
白白的脸儿黑眼圈。
胖胖的身子圆滚滚，
走起路来像荡船。
聪明活泼脾气好，
爱吃竹子没个完。

小　猫　熊

小猫熊又叫小熊猫，
短粗的腿儿深褐色毛。
脸有白斑像小丑，
耳有白边逗人笑。
长长的尾巴像毛掸，
上边还绕九个圈儿。

金　丝　猴

金丝猴，披金衣，
金丝闪闪真美丽，
鼻孔朝天没颊囊，
脸儿蓝蓝真稀奇。
真稀奇，更稀奇，
它能预报下大雨。
六小时前就知道，
"郭—郭"叫声传消息。

白　唇　鹿

白唇鹿，白嘴唇，
青藏高原来安身。
爬山越岭是能手，
风雪越大越精神。

华　南　虎

一二三四五，

来看华南虎。
老虎生华南，
只有中国产。
华南老虎个虽小，
性情凶猛力撼山。

长 臂 猿

长臂猿，真少见，
胳膊长得到地面。
没有尾巴没颊囊，
早晨一齐叫半天。

麋 鹿

麋鹿也叫四不像，
生得一副怪模样。
角像鹿，头像马，
身像驴，蹄像牛。
似像又不像，
真是四不像。

白 头 叶 猴

白头叶猴穿黑袍，
头戴白色小尖帽。
脖子围着白围脖，
非常怕冷又胆小。

大 象

大象，大象，鼻子长，
长长的鼻子本领强。
卷曲灵活赛过手，
遇着敌人能当枪。
大象听话有力气，
能够耕地驮东西。
大象头脑很聪明，
还能学会演杂技。

娃 娃 鱼

娃娃鱼学名叫大鲵，

叫声真像娃娃啼。
它有四条小短腿，
腿上有趾头，
身上没有鳍。

中 华 鲟

中华鲟，重千斤，
鼻子长，向前伸。
中华鲟，很稀珍，
一亿年前已生存。

白 鳍 豚

白鳍豚，像海豚，
鸭子嘴，蓝灰的身。
大洋大海它不住，
淡水湖河来安身。

文 昌 鱼

文昌鱼，小不点儿，
一寸长，两头尖。
大海里，不起眼儿，
但它是，鱼祖先。
由于它，没鳞片，
常常钻在沙里边。

扬 子 鳄

扬子鳄，相貌丑，
皮坚硬，鳞甲厚，
脖子短，头难转，
它还不能伸舌头。

美 人 鱼

美人鱼，实在丑，
大鼻子扁嘴像头牛。
它的学名叫儒艮，
不是鱼类是海兽。
儒艮一身都是宝，
我国沿海成群游。

褐 马 鸡

褐马鸡，多美妙，
红红的脸蛋儿真叫美。
两撇白胡子连鬓角，
向后伸着像犄角。
个个都是飞毛腿，
跑路快得不得了。

黑 颈 鹤

黑颈鹤，不平凡，
唯有它，住高山。
鹤种类，有十五，
黑脖子，最特殊。

丹 顶 鹤

丹顶鹤，像仙女，
头戴红帽穿白衣。
举止文雅姿态美，
亭亭玉立帅无比。
舞姿优美人迷恋，
飞翔全身成直线。
性情温顺声洪亮，
食料简单寿命长。

孔 雀

孔雀，孔雀，最美丽，
身披蓝色锦缎衣。
尾巴开屏真艳丽，
吸引雌鸟好主意。
孔雀还是吉祥鸟，
雷雨大风它预报。
若有猛兽来袭击，
它会惊叫给警告。

鸳 鸯

鸳鸯，鸳鸯，真少有，
成双成对水中游。

夫妻恩爱没法比，
时时刻刻不分离。

朱　　鹮

朱鹮，朱鹮，极珍贵，
世界已经没几对。
白色的羽毛粉红的头，
长长的嘴巴带着钩。
高高的树上安着家，
河湖岸边吃鱼虾。

（选自"娃娃爱祖国丛书"，中国电影出版社，1991年3月）

硕 果 累 累

小板凳，摆一排，小朋友们坐下来。
小小记者参观团，大家坐好车就开。
轰隆隆隆，轰隆隆隆，呜……

翻过一山又一山，火车来到戈壁滩。
过去戈壁多荒凉，如今旧貌变新颜。

中国人民意志坚，自力更生不怕难。
蘑菇朵朵升上天，咱们也能造原子弹。

翻过一岭又一岭，东北建起大庆城。
大庆石油滚滚流，从此不再用洋油。

滚了一河又一河，滚滚长江把路隔。
长江不再是天险，大桥上面能通车。

巍巍壮观南京桥，世界最长也最好。
公路铁路双层桥，自己设计自己造。

过了一川又一川，如今蜀道不再难。

宝成成昆通铁路，青藏公路修上山。

火车开进大草原，蒙古族博士旭日干。
世界首创试管羊，家畜改良大发展。

火车开到葛洲坝，葛洲大坝真叫大。
长江江水被堵住，再有旱涝不用怕。
水坝蓄水能发电，电流送到千万家。

火车火车到上海，上海医生有气概。
治好严重烧伤病，整个世界都震惊。

上海医生神奇手，断肢再植世少有。
第一例、第一流，医学史上美名留。

火车火车到海盐，看看秦山核电站。
三十亿度电光闪，生产生活不作难。

火车火车像飞鸟，转眼开到海南岛。
海南岛上荔枝沟，当代神农找野稻。
找到野稻搞杂交，增产粮食真不少。

火车火车快快开，开到前面看大海。
鞭炮齐鸣歌声亮，远洋巨轮正剪彩。
万吨轮船自己造，自己设计自己开。

火车火车海底行，参观中国核潜艇。
固体火箭水下发，地动山摇海啸鸣。

火车火车到南极，长城站上飘红旗。
中华儿女齐协力，不惧万丈冰雪迷。

火车火车开上天，天上飞机舞翩跹。

民用飞机能制造，战斗飞机自己产。
铁鹰翱翔银燕舞，祖国天空格外蓝。

火车火车像闪电，冲出云层上九天。
火箭导弹都能造，航天事业大发展。
长城火箭一声吼，亚洲一号冲云端。
赶超国际新水平，世界人民都称赞。

火车火车轰隆隆，人造卫星升了空。
自力更生高水平，空中响彻东方红。

赶赴京城去参观，首都处处换新颜。
四环公路立交桥，亚运新村体育馆。
摩天楼群拔地起，现代化小区像花园。

闪光灯咔咔闪，忙坏小小记者团。
从小立下英雄志，长大也要写新篇。

（选自"娃娃爱祖国丛书"，中国电影出版社，1991年3月）

意外的意外

"真倒霉！"在五颜六色降落伞下悬吊着的晓飞嘟囔着。他眼看他驾驶的那架飞机一头向汪洋大海扎去。真心痛呀。

"哎呀！"晓飞叫喊起来，同时一下子抬起了双脚；因为降落伞离汹涌澎湃的海面只有两三米了。本来热爱大海的晓飞，现在对大海一点好感也没有了。他觉得大海泡沫中那些闪烁着的无数的亮点，像是无数的鱼的眼珠在打量着他。晓飞头一次感到海洋可怕了。

海浪终于涌到了他的身上，最后把他淹没了。晓飞憋着气用力向上跳，使头部露出了水面，同时使劲按下了救生衣的按钮。救生衣慢慢地鼓胀起来，最后紧紧地贴着他身体的两侧，使他的头在水面上高高地扬着。

这个救生衣的构造可以当作一个小橡皮筏子。被救生衣裹着的晓飞，仰面朝天在海面上漂荡。他懊恼地望着海水。无情的海浪哗哗地拍打着他那稚气的脸。他把嘴紧紧地闭着。

"请安静。"救生衣发出了嘶哑的声音,"请绝对安静,我照顾您。"

这突如其来的声音把晓飞吓了一跳,他没有想到救生衣说起话来。

"请绝对安静。"救生衣的声音沙沙的,好像感冒了似的。

"请相信,我能使您支持很长时间。本救生衣能调节温度,备有维持两天的饮用水和食物。请不要忘记,惊慌失措会增加蛋白质和维生素的消耗。请安静,我照顾您。"救生衣喃喃地说。

接着,晓飞看见有两根小管子从脸颊的两侧伸过来。一根是红色的,一根是白色的。

"水。"救生衣说。于是白色的小管插进了晓飞的口里。当听到说"食物"时,红色管子也插到了他口里。

这时,晓飞的耳机里发出了蜂鸣和咯吱声。听到航空俱乐部告诉他,他们不能派直升机来接他,因为要起十级狂风。叫他等船,东方号舰船来接他。

晓飞在海上漂荡着,他回想着落水之前发生的一切:他从航空俱乐部登上一架喷气飞机到空中遨游,忽然前方出现一群飞鸟,于是他的飞机发动机便停了车。晓飞使出了学到的全部驾驶飞机的本领去启动发动机,但是无论如何都启动不起来了,飞机失速,急剧下掉,为了避免机毁人亡,他不得不迅速打开座舱盖,按动弹射座椅的按钮,于是,他被飞机上的弹射装置连同座椅一起弹射到空中并打开了降落伞。但是,为什么发动机突然停车,而且用什么办法都发动不起来呢?这是什么缘故呢?飞行前飞机完好,没有一点儿问题。晓飞很纳闷。后来,他想到了鸟。又想起老师曾讲过飞鸟造成飞机失事的故事。莫非这次事故也是鸟冲进了进气道造成发动机停车的?看来一定是这个缘故。真是天有不测风云,人有旦夕祸福呀!没想到自己这个航空俱乐部少年飞行班的尖子给栽到了一群鸟上。晓飞肯定了自己的判断,心情也就慢慢平静下来了。

忽然雷雨交加,大雨如注。晓飞被救生衣紧紧裹着,不能动弹。雨水和海水的冲击使他的呼吸很困难。船什么时候能到呢?晓飞想。

"别着急!"救生衣说,"我已经联系好,船于午夜零点到。请不要烦躁,想听音乐吗?"

"不想听。"晓飞说,"这里雨太大,能不能把我转移到别的地方?"

"不行,我已经通知了我们的坐标位置。"

天很快黑了。晓飞似乎看见一条船从他旁边驶过。这条船出现得很突然,因为它没有亮灯也没有机器声,只有漆黑一片。晓飞没吭声,只顾睁大眼睛想把它看清楚。

这条船默默地在海浪上航行着。船舷上有一条裂缝,海水冲进这个裂缝后又流了出来，变成了一股黑色的水柱哗哗地响着落到海水里。

"这是乌贼，请憋气一分钟。"救生衣沙沙地说。

乌贼喷出的刺激性气体刺痛了晓飞的脸。当这种气体散开时，乌贼早已逃得无影无踪了。

"好哇，"晓飞叫道，"真好玩!"

"安静，您别吵，我正在呼唤东方号。"救生衣说，"吵吵嚷嚷的，我没法工作了。快，请把荧光管放到嘴里，马上放，我将定时呼唤东方号让我们转移。"救生衣喃喃地哼着。晓飞用嘴衔着荧光管，他看见自己的嘴唇发出了亮光。与此同时，他觉得头脑昏昏沉沉的，很快，他进入了梦乡。

他做了一个愉快的转移地点的梦。他觉得他被推动着，听见尖锐的哨声和快速的嘟囔声。

忽然，海水落到他的脸上。他抬起头，看见周围有许多纺锤形的东西拥挤着，围着他转。他还听见有说话的声音。

"这是在做梦。"他眯缝着眼睛。他发现听到的这种声音非常怪。这声音仿佛说："我们来抬人，把他举高。"

这时，有许多黑色的脊背在水中转来转去地忙碌着。他们愉快地挤在一起抬起晓飞。"真是一个美妙的梦!"晓飞想。

"他们是救生者。"晓飞在梦中听到熟悉的沙沙声。噢，这是救生衣的声音。"他们在这一海域工作，是东方号的助手。请听电子翻译。"

"这是梦。"晓飞想，但是他的耳机中响起了歌声。歌词是："大海呀，美丽的家乡;人类呀，我们的朋友……"

"这不是梦!"晓飞叫了起来。

他猛地抬起了头。他看见周围迅速滑动着许多黑影，是鲨鱼?! 他紧张得头皮一下子直发紧。再一看，呀，原来是海豚! 他还从耳机里听到了经过翻译的海豚语言。

哎呀，这可真是遇到了奇迹。晓飞曾听说过海豚能救人的故事，这回让自己亲自碰上了，他惊喜万分。

没过多久，探照灯的灯光照到晓飞的脸上，随着隆隆的机器声，晓飞看见一个庞然大物——东方号舰船正在向他驶来。

(《儿童时代》，1991年第4期)

自己做个小玩偶

这是些小玩偶。它们的手能够动，能敲鼓，也能拉提琴和戴帽子……挺好玩的。它们做起来并不难，挺简单的。你们都可以自己学着动手做。玩自己做的玩具多开心呀！

这些玩具都是用小木块做胎，在外面糊纸，再用些线绳、小木棍等做成的（由于年代久远，此文图片遗失，仅存文字。——编者注）。

图9是一只公鸡。先用小木块旋一只公鸡，然后把柔软的纸（废报纸也行）剪成一片一片的，把它们放在水中浸湿，然后把它们像鱼鳞似的贴到公鸡的木胎上；把整只公鸡贴满后，涂上胶水或糨糊，然后一片一片地再贴一层纸。再用胶水贴四层之后，等着干燥。等纸完全干透后，把它纵向切开，把小木块取出来，再把两半鸡型的纸壳粘在一起。然后给鸡型涂几层白色的颜料（例如水粉画的颜料）。干燥后用砂纸打磨好，再用毛笔画成彩色的鸡。最后再涂上清漆，这个小玩偶就做成了。

图10是用上面方法制作的小提琴手。小提琴手做好后，再用板条、摇杆、铝锤、风箱、带曲轴的小脚轮、杠杆、带轴的桨叶等使其活动（拉琴）和发出声音。这个玩具做起来复杂一些，下面的玩具做起来就比较简单了。

图1是个送东西的人。在他身上装个弹簧，他的头就能摆动。

图2是一个保姆和摇篮。这个玩具用箱子做底座。箱子里面隐藏着所有的秘密。将木杆装在一个轴上。木杆和摇篮用一条线绳连着，一按木杆，线绳便猛地一拉，摇篮便摇起来了。

图4是坐在狗熊上的鼓手，也是用这种压杠杆的方法来敲鼓的。这个玩具有一点新鲜的地方，就是它和图7士兵敲鼓的手都能在轴上自由活动。因为操纵士兵鼓手的线绳与底座里的一个弓形的细金属丝相联结，摇它外面的摇把，鼓手的手就转动起来敲鼓了。

图3穿方格上衣的小人可以戴帽和摘帽。

图8的小战士没有拉杆和摇把就能击鼓。其中隐藏着什么机关？请想想看。

图11平板小车上的驯兽人，构造既巧妙又简单。车轮向前转动时，固定的轴上的公羊同时在小镜子前跳动，驯兽人的手也扬起了鞭子。

图7是老少两个人。按底座上的杠杆，裹着斗篷、戴着盾性装饰的美女，便向戴头巾的钩鼻子的老太婆转去。什么道理？想想看。这个用坚韧纸做的两个人，是在一根棍的一头做一个姑娘的头，在棍的另一头做一个老太婆的头。

在这个老太婆的后背上装一个铅块；棍的当中是一个转轴。转轴装在两个立柱中，转轴和底座上的杠杆有一条线联结。因为两个人一头轻一头重，所以一按杠杆就转动起来了。

图5和图6是为演木偶戏用的小鸡和小老鼠。

什么样的人才算有教养

谨献此文作为《科学大观园》创刊10周年纪念，并愿此文对我国人民的精神文明建设有些微的裨益。

什么样的人才算有教养的人？是否谁受过高等教育谁就是有教养的人呢？是否可以认为每一个有学问的人就都是有教养的文明人呢？生活实践说明，不能这么认为。有教养的人并不决定于念过多少书，多么有学问。虽然这对做一个有教养的人来说是一个有利的条件。

有教养的人应当有良好的风度。一个有教养的人一眼就能看得出来，因为他的行为举止就可以说明。他整齐清洁，彬彬有礼，脸上挂着自然开朗的微笑；用餐时，他端坐桌旁，姿态优雅，细嚼慢咽；他不会把手插在衣服口袋里或嘴里叼着烟卷同女性说话，他在人群中间不会张皇失措……

但是，有教养绝不仅是指行为举止，而是指深刻地存在于一个人身上的某种内在的东西。这东西就是精神文明和文化修养，其主要表现就是对人的尊重。这种人有一种魅力，他和蔼可亲，同他接触或谈话，会使人感到一种满足。

一个有教养的人也就是一个能关心别人、知轻重、有分寸、有礼貌、不计较小节、襟怀开阔的人。著名俄国作家契诃夫在给他兄弟的一封信中，曾经谈到他对有教养的人所应具备的条件的看法。了解他那时的意见对我们也是不无益处的。他说，一个有教养的人"应当尊敬别人，因此他们经常是和蔼、有礼貌和谦让的……他们不会因为一件小事甚至因丢失一块橡皮而大吵大闹；他们无论同谁在一起都不会参与这种事。也不会说我不能跟您一起生活而离去。他们不喧闹，不冷漠，不过激，不冷嘲热讽或说尖酸刻薄的话，他不准不相干的人住到他们的住处……

"他们心地善良。拒谎言如水火，即使小事也不扯谎。他们认为谎言是对听者的侮辱。而说谎的人在听者的心目中是很庸俗的。他们不表现自己，他们在家里和在外边的表现是一样的，他们对下层社会的人也不欺骗。他们不多嘴多舌，没有向他们问询时，他们不会去搭腔招人讨厌……

"他们不贬低自己，为的是能得到别人的支持，他们不会触动别人心灵上的痛处，以使其心神安宁并关照他们。他们不说'人们不了解我！'他们认为，这是一种用来谋取廉价效果的方法，是庸俗的，虚伪的，并且是无效的……

"他们不好虚荣，那种假造钻石，诸如结交名流之类的事，他没有兴趣……他们做了几文钱的事绝不去要100元，也不吹嘘派他去别人没有去过的地方。

"他们在美学上进行自我修养。

"真正有教养和具有精神文明的人不可能有官气。人们不是常常能很快就知道谁是大干部吗？从他的举止、语调或过分的严厉和冷漠的态度（这种大忙人就是这样的），或表现有宽容大度的态度（看我多好，我可以随随便便地同下属谈话），或当选举时对领导阿谀奉承。那种腔调和架势还不是顶重要的，顶重要的是同您说话的不是他这个人，而是他的职位，这是很可怕的。

"有教养的人，其概念同放肆无礼、恬不知耻、对人和文化极端蔑视的犬儒主义是不能相容的。犬儒主义是一种没有教养的粗暴现象，缺乏精神文明，对人和社会都极不尊敬。犬儒主义是很危险的。它把凶恶誉为美德。这种人不能建设，只能破坏。它们凌辱别人，对什么事都没有一点责任感。"

对别人的态度如何，是不是关心人和尊敬人，这是有教养和没有教养的分界线。每个人都各自去感受和认识周围世界的，他们有各自的记忆、思想、注意力和想象力，有各自的爱好、兴趣、习惯、需求和向往。他们表达感情的能力有大小，意志有强弱，性情有软硬。他们有各自的生活经验，有各自的成功和失意，有各自的欢乐和忧伤，当然还有各自的命运。人的内心世界是丰富多彩的。苏联著名诗人叶甫图申柯的诗说：

> 世上没有乏味的人，
> 行星的故事犹如他们的命运；
> 每个人都有自己的特点，
> 因而没有行星能同他一般。

应当很好地了解并永远记住：不仅自己的内心世界是复杂的，而且自己周围的每一个人的内心世界也都是复杂的。如果有一个人同自己在一起，他同自己有差异，这并不意味着他没有自己好。他就是一个一般的人也应当尊敬他，尊敬他的个性、他的长处，也包括他的弱点。

应当学会尊重别人的习惯行事，因为人家是独立自主的，他的行为举止是他从小形成的。因此，对人催赶、制止、粗鲁，用命令口吻说话等，都不是有教养的人所应当有的。

一个有教养的人不仅能清楚地了解自己，而且善于了解自己周围的人，在同他们交往中向他们学习，尊重他们的愿望、兴趣、爱好、习惯和情绪，对他的感情和心情有诚恳的反应。

一个有教养的人在同人谈话时，是力求与其在思想、感情和情绪上协调一致的。但是，了解别人并不简单，人们往往以自己的想象去解释别人的行为、情绪或态度的动因。一般说，品行好的人，他是从好的动因方面去解释；而一个品行不好的人，便认为别人的动因是不好的。

一个品行好的人，一般容易相信人。他对待别人都是出于认为每个人都是善良的、真诚的、正派的。如果他看到有人并非如此，他会感到奇怪、痛心、难过。品行不好的人疑心重，他认为别人都是骗子，都是追求名利地位的人（因为他自己就是这种人）；对别人取得的成绩，他解释为，是他们要把他排挤走，是他们在背后捣鬼，或者说，是他们用吹牛拍马等不正当手段得到的，很难相信某人是正派的；等等。对这种情况，每一个人都应当很好地加以思考。

概括地说，能从本质上了解一个人的特点，并能鉴别其行为和情绪的真实思想，而且能正确对待自己在认识和看法上有矛盾和意见分歧的人，可以说这个人是有相当高的文化修养和文明觉悟的人。一个文明的、有教养的人，他首先关心的是不损害别人的尊严。

还有一个人的品质问题，应当特别注意。好像现在有些人不愿意讲品质，认为讲品质的人是守旧派，这是不对的。讲品质，是高尚的。品质高尚的人无论在什么不利的情况下，都能帮助别人，同别人一起对付困难，一起分担痛苦或烦恼。这是一个人在精神上成熟的标志。品质高尚的人就是忠诚老实，具有献身精神、道德高尚的人。

有时，我们有幸会遇到品德高尚的人，但是这种机会不多。为什么呢？难道我们这里具有高尚品德和文化修养的人少吗？是的，也可能不很少，多年来这种品质没有受到重视，因而出现的人不多了。但是这种人一定要保持下去！我们需要与我们交往的人是品德高尚、能舍己为人的人，我们需要得到他们的同情、了解、体谅和帮助。那么我们自己怎样呢？我们可以给自己提出几个问题，并力求老实回答。

1.你的主要方面是什么，是"是"还是"似是"？（什么是"是"和"似是"见后面的说明）

2.在下班后，在工作地点之外，在缺乏物质条件时，你能关心别人吗？

3.你对周围的人是尊敬，还是仅仅做做姿态？

4.除自己以外，你是否还喜欢别人？

5.你能否采取行动去维护正义，反对愚昧和伪善？

6.你是否表里不一？换句话说，你内心深处的实际需求、愿望和所宝贵的是什么？

如果老实回答这些问题，就能暴露你的真实行为和态度。歌德说，行为是一面镜子，他反映了每个人的真实面貌。

这里说明什么是"是"和"似是"。

"是"就是实际的我，我自己的性格，自己的外表，自己的信念，自己的爱好，自己的优点、缺点、才能、感情、习惯，等等。就是这样真实的我走向社会，同其他人进行各种交往。我对他们的言行是真实的、自然的。我可能犯错误，被误解，做错事，但这一切都是由于凭我知道或我的感觉而做的。我的行为是由于我内心的动因所促使。这些动因可能与社会上的道德价值有很大的差异。"是"并不意味行为举止经常是好的，可能是各种各样的。这完全决定他对别人的评价，什么对那人最重要及那人的基本倾向是什么。

什么是"似是"呢？就是力求表现他所并没有的品质，说的是一套，做的是另一套，当面奉承，背后指责；使人相信他的爱情、友谊，但别人没有感到他有任何的感情。装作热爱自己的工作，实际上羡慕别人的职业。

这种人对不同的人在不同的场合有不同的态度。因为他经常把真我隐藏起来，有时竟完全忘记他自己到底是谁。他对人采取什么态度是根据对方的职位、社会地位、威望等决定的。俄国著名寓言作家克雷洛夫说得好："有些人运气好仅仅是由于他拍马屁拍得好。"遗憾的是，这种人在我们周围还不少。他们装作有礼貌，装作善良和富有同情心等伪装，但他早晚会暴露的，他们不可能在整个生活中都装相。

时常听说，某人在上班时不像在家里那样，完全变成了另一个人。就是说，他在上班时和和气气、彬彬有礼，而在家里则很粗暴、任性，他在哪里的表现是真实的呢？很难说。但有一点很清楚，就是这个人是不文明的。他知道文明行为和规矩，但他只在他认为有必要时，也就是对他有利和适合的时候他才实行。

讲文明的人是以"是"即真实的态度生活。他平常自然随便，他对周围人的态度不是看他们的职务、地位、亲疏，而是看他们的本质。他经常自我批评，关心别人，对自己的行为负责。因此，他很注意自己的行为。考虑自己的意见、论点和行为是否正确，是否能容纳与自己不同的观点。这种表现是一个人的文明程度的标志。

以"似是"即以装相生活的人不可能是文明人，虽然他的举止看来文明，但那是为了给别人有个好印象的。

"是"和"似是"，这是两种原则不同的生活态度。这两种生活态度都是从孩童时代开始形成的。因此，我们应当严肃地考虑，我们应当怎样把自己的孩子培养成一个真正的人，他们应当从我们身上受到什么教育。

（《科学大观园》，1991年第5期）

可不能粗心大意

我给小朋友讲一个由于缺乏一丝不苟的科学态度而造成惨剧的真实故事。

一次，航空兵某团的机务人员对飞机进行大检修时，发现一架飞机液压系统上的球形蓄压器的胶囊破裂了。按规定，更换胶囊后要进行充氮实验，检查胶囊是否完好。

机械员到制氧充氧站去领氮气。氧气站的值班员把机械师带到"普氧、氮气间"。

值班员拿了一瓶"普氧"，却认为是氮气，进行测压检验。因为气压低不合适，又拿了一瓶"普氧"，仍然把"普氧"当成氮气了。这次测压正合适。因为急等着给胶囊进行充氮试验，机械员马上就要拿走，可值班员不给。说，按规定你必须拿空瓶来换。机械员解释说，现在正急着检修，空瓶一会儿一定给送来。值班员不敢做主，便请示内部值班室。内部值班室根本就想不到他会把氧气瓶当成氮气瓶，所以在机械员一再解释、要求和催促下便默许机械员将氧气瓶当作氮气瓶领走了。

当机械员把普氧瓶运回时，他和机械师两个人对瓶上的"普氧"二字全都视而不见，为要急着进行充氮试验，也没有检查识别氧气瓶和氮气瓶的不同标记，便立即将氧气瓶接上蓄压器的充气接头。但是就在打开氧气瓶阀门的那一刹那，突然"轰"的一声，爆炸了。爆炸物击穿了油箱，又引起了大火，火势顺风向机头部蔓延，又把装在机头部的炸弹引爆了。结果飞机烧毁了，机械师当场毙命，机械员也因伤势过重于第二天死了。

这一切都是因为粗心大意，不按科学规律办事的缘故，多么惨痛的教训啊！

氧和氮都是"气"字旁，只有半字之差，可是它们的化学性质完全不同。氧，元素符号 O，是极为活泼的气体，一遇油就会立即发生爆炸和燃烧。而氮，元素符号 N，是不活泼的稳定性气体，既不燃烧也不助燃。因为两种气体的性质不同，所以它们的用途也不相同，在该用氮的地方误用了氧，当然就不可避免地会发生严重的意外事故。

小朋友，你们看了这个故事有什么感想？是不是应该从小就养成严格用科学态度去办任何事的习惯呢？

（《小星火报》，1996年4月22日）

现代人为什么要讲文明

国务院颁发通知，要求认真贯彻执行《公民道德建设实施纲要》。其中，规定了我国公民应遵守的社会主义精神文明行为规范和准则。这对于提高全体公民的文化素养和行为文明，对社会追求高尚道德的良好风气，对促进物质与精神两个文明建设，都具有深远的意义。

为什么公民一定要讲文明呢？

1.我们都是"社会人"，经常要处在各种人群之中。比如，在家人或亲朋好友中，在工作和学习时需要交往、相处的熟人或陌生人中，在其他娱乐场馆、体育运动场馆、博物馆、科技馆、影剧院、商场、餐馆、旅店、宾馆、医院、疗养院、公园，以及在飞机、火车、轮船、公共汽车等各种场所偶然相遇完全陌生的人中。这就是说，只要你在生活中想干点什么，你就离不开人群，离不开社会。人与人之间所做的一切，都是相互影响、相互作用的，就像人的肢体与器官必然相互影响、作用一样。这就产生了一个问题：我们的行为举止，能否使同我们交往、打交道或仅仅是稍有接触的所有人们，都彼此满意呢？

如果能彼此满意，在工作岗位就能心情舒畅、尽职尽责地工作，上下左右就会同心协力团结奋斗，创造性地积极完成各项任务；在企事业单位，就能诚信热情服务，取得良好的信誉，并进一步获得好的社会与经济效益；在家庭，会感到亲情温暖、和睦幸福；在邻里之间，就会彼此关心照顾。这对于我们生活的和美、国家的安定该有多么重要的意义呀！

相反，如果不能彼此满意，就会带来各种各样的矛盾、纠纷和烦恼。到了更严重不可调和时，甚至可能引起官司，对簿公堂！之所以会发生这些令人遗憾、厌恶、头疼、无奈的现象，正是因为还存在文明教育宣传普及不够广泛深入，还存在一些人的行为举止不讲公德，不讲文明。

比如，不敬老爱幼，不文明礼貌，不尊重他人；欺上瞒下，仗势欺人；野蛮粗鲁，横冲直撞；大喊大叫，旁若无人；骂骂咧咧，满口脏话；甚至大打出手；等等。对这些不文明的现象，有时我们也会抱怨、不满，认为现在人与人之间缺少爱心、同情心和无私奉献精神，对他人冷漠无情，缺乏教养。可我们自己又如何呢？我们是否经常反思反省？是否在各种情况下也尊敬、关心、同情、帮助他人呢？如果每个公民都能经常想想自己的行为举止，是不是符合道德文明规范，并贯彻到一切实践中，那么，许多不良的、不文明的人和事，一定会大大减少了。

2.一个有文明教养的人，大多以诚信待人，礼貌待人，随时准备关心、帮助他人；襟怀坦白，不慕虚荣，虚怀若谷，和蔼可亲；不吹牛，不撒谎；做官没有官气，不摆架子，对上不阿谀奉承，对下不冷漠生硬，用自己的文明行为做表率，用人格魅力影响周围的人，办事公正廉明。一个有文明教养的人，善于了解自己和他人。尊重他人的愿望、兴趣、爱好、习惯和情绪，能正确对待与自己的意见有分歧矛盾的人。这样的人，可以说是有相当高的文化素养和文明觉悟的人。要知道，一个人的行为举止是否文明、是否有教养，作为一个公民，不仅是他个人的，而且是一个民族和一个国家的整体文明程度的具体表现。

（《社区科普》，2000年）

让我们都做文明人

什么是文明人呢？文明人就是讲公德的人，就是遵循党中央和国务院颁布的"爱国守法，明礼诚信，团结友善，勤俭自强，敬业奉献"的行为准则的人。如果大家都成为讲公德的文明人，我们的社会就安宁了；我们在工作中就会心情舒畅、尽职尽责，就会上下左右同心协力，以创造性的优异成绩完成党和国家赋予的各种工作任务；国民经济就能顺利健康地发展；各种产品就能质高量丰；农、工、商等企事业能够热情诚信服务，他们也可因此获得良好的经济效益；买卖也会公平，因而生意红火兴隆；家庭肯定能够和睦幸福，邻里和群众之间很自然会彼此互相关心和互相帮助。因此，我们的生活会更加美好，我们的国家会更加安定团结，繁荣富强，欣欣向荣。可见，讲公德，做文明人是有多么重要的意义呀！

我们大家也都知道做人应当讲公德，讲文明，而且很多人都在自己的行动中体现了，但遗憾的是社会上不讲公德、行为举止很不文明的人还大有人在。例如，不敬老爱幼、不尊敬人、没礼貌、乘车不排队、随地吐痰、乱扔果皮纸屑、不遵守交通规则、闯红灯、不走人行道、翻越栏杆、横冲直撞，经常大吵大叫、满口脏话、打架骂人，想想看，如果大家都是如此，那社会上将是怎样的混乱不堪，人们怎么能够安生呢！还有一些更为严重的不讲公德的、极不文明的丑恶行为呢！例如，偷税漏税、贪污受贿、以权谋私、欺上压下、弄虚作假、尔虞我诈、走私贩私、欺行霸市、坑蒙拐骗、偷扒抢劫、图财害命，等等。

提起这些现象大家都非常痛恨，因为他们严重地危害了人民的切身利益，危害了国家。这些人终究逃不过法律的制裁，同时他们也是害了自己。对于这些假恶丑现象，我们能允许它们存在吗？我们是不是应当通过教育帮他们改变恶习和错误行为，而成为讲公德、行文明的人呢？我们是不是应当首先从我们自己做起，努力做一个讲公德的文明人呢？！

要知道，所有的行为规范和准则，都是在人类历史的进程中逐渐形成的，虽然不同时期、不同社会制度的内容有所不同，但都是被当时当地的实践和理论证明是必要的、合理的、适当的，没有一定的行为规范和准则是不行的。因为我们是社会中的人，离不开人与人的交往，不是在荒岛上只有一个人的鲁滨孙。自古以来不是常说"家有家规，国有国法"吗？如果家没家规，试想，大家都不干活，没人做饭，没人洗衣服，都不管家，都去吃喝玩乐，彼此吵吵闹闹杀人放火，那还是个家吗？！国没国法，也是如此。家不成家，国不成国，整个社会不就乱套了？！我们老祖宗甚至连生活细节都有许多规矩，什么食不言、寝不语、坐如钟、立如松呀，等等，规矩可大了！其实，食不言、寝不语也是有科学道理的。吃饭时说话会影响消化，不小心可能会卡着；睡觉时说话，若大脑皮层兴奋了可能造成失眠；坐如钟、立如松也同样，这种姿势不仅表现一个人的精神面貌和健康体魄，而且可以避免造成驼背等毛病。由此可见，所有行为规则的制定都是从不知多少年的实践经验得来的，都是有一定的科学根据的。我们中华民族是一个有五千年历史的文明古国，是世界闻名的礼仪之邦。作为中华民族的子孙，我们有责任，也应当，把我们祖国文明的优良传统继承和发扬光大。让我们大家都来从我们自己做起吧！都给自己立个规矩，根据国家的《公民道德建设实施纲要》和自己的具体情况，提出自己行为规范的要求，努力做个受人尊敬的、文明的中国人吧！

（《社区科普》，2000年）

收藏的筷子、手帕简介

我和老伴离休后，每年外出旅游。每到一处，为了表示我曾到此一游，便购买具有当地标志的纪念品。各地这种具有标志的纪念品，较普遍的是筷子。这样，我的筷子便积少成多。我也有意识地收集了。这种有纪念意义的筷子现在很难找到了。现在我将收藏的一些筷子展出来，供大家欣赏。

筷子渊源

筷子，古称箸，中国古代的发明创造，凝聚着华夏民族的智慧与灵气，被誉为中国之国粹，东方文明标志性代表。筷箸文化源远流长，绵延千载。

上古传说，姜子牙早年寒微，空有满腔抱负无处施展。一日进食时，有神鸟飞来，三啄其手，子牙以鸟栖处两根竹枝食肉，竹冒青烟，验出饭食有异。子牙自此每餐以筷进食，筷不但救其性命，更是其命运转机。不久，他即得周文王招请，封其为太师，助周朝成就霸业。后人皆道，姜子牙以筷相助好运来。遂纷纷效仿，以筷助食，以筷相赠，望以筷助运，一生顺遂，成为中国民间的传统习俗。更有"好运筷至"一说，至今传扬于民间。

随着我国社会的发展和科学技术的进步，筷子的制作不断创新。材质多种多样，金银铜铁锡，牙骨玉竹木，无所不有；工艺丰富多彩，绘雕镂漆镶层出不穷。筷子已不仅是中国家庭必不可少的日常用品，它已成为收藏家们所垂青至爱的工艺品。

此次展出的筷子有：游景点的筷子（革命圣地的筷子、名胜古迹的筷子、酒店饭店的筷子）；不同用途的筷子；各种材质的筷子和日本筷子。

手帕收藏

手帕是有史以来人们在日常生活中为随时保持清洁而随身携带的一种不大的棉、麻织品。随着社会的发展进步，制作手帕的布料、工艺、花样、色彩多种多样，层出不穷。但由于造纸业的发展，经济条件的改善，人们逐渐使用纸巾了。用纸巾，虽省事，但浪费资源又造成污染。为了实现低碳生活，应提倡使用手帕。

这次展出的手帕，主要是旅游的纪念品和日本朋友赠送的日本手帕，有名胜古迹类、生肖类、丝绣类等。

历 史 回 忆

从1941年到延安学习俄文开始，70多年过去了，我从一名抗大学生到参与东北老航校的创建工作，到正式成为一名空军翻译，我接触了很多德高望重的空军前辈，心中充满着对他们的敬佩；我也与几百名空军翻译和老航校的日本技术人员共同奋战过，无时无刻不在思念着他们；我在延安的同学们，已由当年的热血青年变成了现在的耄耋老人，但我们的人生经历对后代有着很好的教育意义。基于这些情感，从2001年开始，我参与了多部回忆录的编创工作，这些文集很好地记录了那段光辉岁月，以下收入了与其相关的6篇文章，有原创文章、会议发言，也有文集的前言。

人民航空事业的先驱——常乾坤

在中国共产党的领导下，经过长期的准备，我军第一所航空学校（大家习惯地称它为"东北老航校"）在解放战争的炮火声中于1946年3月1日，在吉林省的通化市诞生了。到1949年11月人民空军成立前夕，老航校于吉林省的长春市结束时，短短三年多的时间里，在极端险恶的环境中，在异常艰苦的条件下，共培养一期飞行教员和四期学员。学员中有飞行、领航、工程机务、航空气象、航空仪表、航空通信、航空场站、陆空联络8种航空技术骨干560人。此外，对800多名原国民党空军的各种技术人员进行了比较系统的政治教育。同时，通过工作实践，还造就了一批热爱航空事业、熟悉航空教学的行政管理干部、政工干部、后勤干部和警卫干部。

中华人民共和国成立前后，老航校的干部和学员即奉命奔向祖国的四面八方，投身人民空军的建设。他们在空军各部门及空军的各部队、各航校的各种领导岗位上拼命工作，奋发图强，在培养新一代航空技术人员中，在抗美援朝中，在解放一江山的战斗中，在反击国民党对沿海城市的骚扰中发挥了重大作用。他们当中许多人立了战功，成了空战英雄。还有一些老航校的干部和学员对海军航空兵、民航、航空工业和国防航空体育等部门的建设和发展，起了重要的骨干作用。一部分到航天等工业部门工作，成绩也是卓著的。老航校是中国人民空军的摇篮，它为建设中国人民空军和发展我国航空事业做出了重大贡献。

常乾坤同志就是这所老航校的校长、副校长。从老航校创建到结束它的历史使命，常乾坤同志自始至终亲自主持老航校的工作。老航校的优异成绩，是与他的杰出领导分不开的。他称得上是中国人民航空事业的先驱。

常乾坤同志是我党的老党员，是一位学识渊博的航空专家。他于1925年考入黄埔军校第三期，同年7月加入中国共产党。黄埔军校毕业后，经周恩来同志推荐，以第一名的成绩考入孙中山命令创办的广州航空学校第二期，学习飞行。学习期间任过区队长、共产党的党小组长。1926年5月，常乾坤同志和共产党员徐介藩和另两名二期同学一起被送往苏联学习。他在苏联的十余年中，先后以优异的成绩掌握了飞行、领航和航空工程技术，是苏联最高航空工程学府——茹科夫斯基航空工程学院的高才生。他不但在航空理论上有较高的造诣，而且有丰富的实际工作经验，是一位博学多才的航空专家，是我国航空界少有的全才。他回国后翻译和编著过不少航空书籍，其中，他编著的《空气动力学》一书成了老航校讲授航空理论的宝贵教材。他撰写的论文，由于密切联系实际，所以能有效地指导解决工作中遇到的技术难题。例如，中华人民共和国成立初期，一架双发动机飞机在执行任务中一台发动机发生故障，由于处理不当，造成机上10人9亡的严重事故。飞机所在军区对这次事故的结论是螺旋桨的滚珠盘疲劳断裂的结果。于是，将几十架急需支援进藏部队的同类型机全部停飞，逐架检查螺旋桨滚珠盘的情况。但是，一台发动机故障后，用另一台发动机是完全可以飞行的，处理得当还可以飞得很好。常乾坤同志有一篇论文专门论述了这个问题。他用空气动力学的理论分析了双发动机飞机用单发动机飞行时必然出现的各种现象和应当采取的措施。当张开帙等同志去检查这次事故时，在对现场进行深入细致的调查研究后，就是以常乾坤同志的这篇论文为指导，令人信服地纠正了原来的错误结论，使支援进藏部队的飞机恢复了飞行。这支部队的技术水平和理论水平也由此得到一次明显的提高，并增强了对理论学习的重视。

常乾坤同志还是一位俄语教育家和军事翻译家，他的俄语水平极高，达到炉火纯青的程度。当年苏联人认为他的俄语程度完全和苏联人一样。

1941年8月到1945年8月，他先在延安军事学院任俄文大队大队长兼俄文教员，后在一所培养高级军事翻译和外交人员的学校的军委外文学校任俄文教员。这期间，为了迎接大反攻，将来可能与苏军联合作战，以及迎接抗日战争的胜利，他满腔热情地为党努力培养外语干部。为搞好教学，他主编了《俄文文法》《俄文会话读本》《俄文常用词汇》《军事文选》（俄文，上、下册）和《军事条令》等俄文教材和学习参考材料。他的讲课很受学生欢迎，他用俄语讲授"合同战术"给学生留下了深刻的印象。

他是一位深受学生爱戴和敬重的师长。受惠于他的著作和他直接教过的学生，如今不少人是翻译家、外交家和高等院校的外语教育家。

常乾坤同志是一位贤明的领导，他在老航校任校长期间，充分表现出卓越的领导才能。办航空学校，得有飞机、发动机等航空器材和航空油料等，否则，是办不成的，常乾坤同志从苏联回国后在延安就有过这样的经历。所以，他对中央领导同志对他和王弼同志离开延安时关于要特别注意搜集飞机器材的指示，体会深刻，执行坚决，而且贯穿在老航校工作的全过程。他在奔赴航空总队（老航校的前身）所在地——通化的路上，打听到铁岭的一座山里有日军的秘密仓库，他就立即决定，派出一批同志在国民党部队到达前抢运了一大批航空仪表、部件、发动机和一部分汽油。这次搜集的航材，对老航校以后修理破旧飞机、对机务队保证飞行、对航空工程机务教育，都起到了决定性的作用。

他在1946年2月上旬到达通化时，看到通化飞机场里摆着40多架能飞和不能飞的飞机后，高兴地称赞先到通化的同志，给航校成立积累了一些物质基础。当他了解航空燃料不足后，立即派人到抚顺去搜集航空燃料。他抓紧时机，抢在国民党军队进占城市之前，迅速组织人员搬运东丰机场、哈尔滨孙家机场的大批飞机和公主岭的发动机、螺旋桨等航空器材。借老航校由通化向牡丹江搬家的时机，又派出大批学生和干部，到东北各地搜集航材。他们连老乡已装到马车上的飞机轮子和散落在民间的空油桶，都买了回来。在东北战局转入相持阶段之前，就已经把散落在东北各地的飞机、航材等基本上都收集到老航校了。老航校成立时能飞和不能飞的飞机只有40余架，但到老航校停办时，已有日本和美式飞机101架了。为老航校的生存发展准备了教学应有的物质基础。

为了把不能飞的飞机和发动机等都能为训练未来的人民空军骨干服务，常乾坤同志领导组建了修理厂和机械厂。在艰难的条件下，修出了完好的飞机、发动机，锻制了大量的零备件，出色地保证了老航校的训练。

我军在解放战争转为反攻后，他和学校领导决定，学校除个别科目继续教学外，组织一部分干部和学生，随各野战军到全国各地进行接收国民党空军器材和人员的工作。这一工作不仅丰富了老航校的飞机、航材，而且接收组建了一批工厂，为中国的航空工业奠定了初步基础。

常乾坤同志对保证老航校能不能办起来和能不能办下去应具有的物质基础，抓得及时，抓得狠，成绩显著，干得漂亮。

教员，是学校能不能办起来，能不能办好的重要因素。作为校长的常乾坤同志，一开始就十分注意这个问题，而且表现出他是一位有胆识的领导者。老航校成立时，学校的技术人员的情况是：过去学过飞行的中国同志共14人，其中7个南京起义过来的人中只有3人可以任教，其余学过飞行的同志，都需要恢复技术和进一步培养后才能任教；工程机务干部在开始时，只有4名，其中1名从延安来的，3名起义的，他把一名安排在机械科，和日籍工程机务教员一起搞工程机务教育，直接维护飞机保证飞行的机务队，只有两位正副队长是中国同志，其余全是日本人。修理飞机的修理厂，只有厂长一人是中国人，修理工也都是日本人。当时老航校的飞行、工程等航空技术人员多是日本人和很少的起义人员，延安来的占少数。要解决当时教员问题，只有大胆地使用起义人员和收编的日本技术人员以及要恢复学过飞行的同志。为解决教员问题，常乾坤同志和校领导坚决贯彻执行党的政策，对起义人员，根据"革命不分先后，只要革命一律欢迎"的原则，对不管从哪里起义来的人员，都不嫌弃，而且热诚地帮助他们提高对革命的认识，充分信任他们，大胆使用他们。政治上关心他们，提高他们的政治觉悟，生活上照顾他们，把他们在蒋管区的家属都设法接到学校来，使他们觉得共产党没有把他们当外人看待，因而具有了强烈的主人翁意识，个个不怕苦、不怕累、不畏危险地从事着自己的工作。

常乾坤同志到通化上任，正值刚刚平息由国民党特务和日本人发动的通化暴动。他到校后即参加对航校日本人的审查工作。他和校领导坚持实事求是，不搞扩大化。审查结果，老航校只有个别日本人参加了那次暴动，其余日本人并不知道暴动的事。审查结果公布后，日本人震动很大。他们认为中国共产党是实事求是的，对他们是公正的，增强了他们对中国共产党的亲近感。

1947年春，在新疆学习航空的一批老同志到校后，在常乾坤同志关怀下，很快恢复了技术。他们后来都是老航校各部门的领导者和教员。

为了加强和提高工程机务教员的力量和水平，常乾坤同志决定组织机械教员训练班，并断然决定把一位身居重要岗位的机务队的副队长调到训练处任教员。

刘善本机组到老航校后增加了中国教员的力量。以后又从学员中选任部分教员，加上由其他地区来的教员，到1948年，老航校的教员队伍壮大到了57人，基本上满足了训练工作的需要，也达到了以中国同志教学为主的要求。无论中国籍、日本籍的教员都心情舒畅，千方百计地设法把课教好。

在当时情况复杂、条件困难的情况下能得到这样多忠诚于教育事业的教员是非常不易的。

办校方针是一个学校要达到的教学目的，完成教学任务的纲领。常乾坤同志十分注意对办校方针的研究和落实。

1947年春，他在总结老航校一年的工作时说：原来制定"培养健全的航空人员，建立为人民服务的空军"这个办校方针，原则上是对的，但不明确。没有具体指出是培养何种程度的航空人员。笼统地说"培养健全的航空人员"会使大家只注意学习飞行技术，而"建立为人民服务的空军"这一目标距现在还远，不应是我们航校的直接任务。我们航校的方针应该是"培养基本骨干，奠定人民空军基础"。

1947年，东北形势虽有好转，但仍然严峻，东北局为渡过难关，决定实行精兵简政。在这种形势下，常乾坤等校领导，根据航校本身再无器材来源的情况，进一步研究并向上级建议，确定航校的方针是"短小精干，持久延长，培养航空基本干部"。这个方针更切合当时的客观实际和航校的任务。

1948年8月，常乾坤、王弼、薛少卿在给东北军区领导的报告中说道："在现有有限器材的基础上，采取短小精干，持久延长的方针，培养各种基本的航空技术干部，初步奠定航空技术基础，以便将来新器材到来时，开展空军的建设工作。"也就是培养"母鸡"，准备迎接将来。在这份报告中，提出要一批飞机。在当时，这是不合时宜的。在上级指出这个问题后，常乾坤同志经过再次研究，在1948年10月老航校第二届政工会议上说："'短小精干，持久延长'的方针，就是要我们利用现有器材，培养更多的未来空军的基本干部。飞行技术学到了一定程度，就要把飞机让给别人去飞，更不能一个人飞好几个机种了。"他针对一些同学不愿学习政治和航空理论的情况强调说："不能只飞，要提高政治理论和航空理论，光飞得好，不算是最好的飞行员。""实践证明，飞九九高练，6个月足够了，而有关九九高练飞机的飞行原理要学一年。"他告诫大家，将来做领导工作，单有技术资本不行，如果政治水平不如别人高，工作没有一套办法，别人就不会信服你。

由于进一步明确了方针，便解决了大家争着多飞和飞机少不能多培养飞行员的矛盾；也解决了只想提高飞行技术，不愿学习政治和航空理论、不愿接受实际工作锻炼等思想问题。使得老航校培养出来的学生都成了中国人民空军的基本骨干，并都做出了重要贡献。

为了争取时间尽快培养自己的航空技术人才，他打破常规，在没教材、缺设备、缺少翻译的情况下，断然开了课。他采取边上课、边编教材、边建立各种实习室、边研究解决出现的问题的办学办法。于是学也教了，30多种教材也编印出来了；实习室也建立起来了，实验室建了11个。为教学开辟了广阔的领域，为提高教学质量准备了物质基础。

为了保证飞行安全，不损失一架得来不易、失之即无的宝贵飞机，他及时组织人员制定了有关飞行安全、飞机检查、出厂飞机的质量等规定。从此，老航校虽然发生过小的飞行事故，但直到老航校结束，竟然没有发生过一次严重飞行事故，这是一个奇迹。

老航校的几次大搬家中，也使我们看到常乾坤同志对工作的筹划和组织是很周密的。老航校3月1日成立，4月2日就开始向牡丹江搬迁，当时是在有的桥梁被炸掉的情况下进行的，能飞的飞机空中飞走，多数不能飞的飞机、器材和其他全部家当，只能用火车、大板车运输（当时没有汽车）。多数飞机虽然顺利地到达牡丹江，但也损失了几架飞机，而地面的搬迁一路平安。到5月中旬，各部门都安好了家；6月1日开始了文化课和航空理论课；6月6日正式开始飞行训练。

老航校的"三一部队"代号，也因之改为"六一部队"。1946年10月，东北北部的局势也恶化了，老航校又仓促向今称北大荒的密山（当时名东安）搬迁。那里没有现成的房屋，只有日军兵营的破房架子。常乾坤等航校领导先在10月间派出干部到那里抢修房子、工厂和机场。只一个月时间，就一切准备就绪。

11月老航校在冰天雪地的严寒日子里，搬进了新居，并立即开课，一切工作和生活也安排就绪。大家对这种高效率的组织工作称赞不已。

常乾坤同志是一位善于调动群众积极性和善于科学地集中大家意见的领导者。

老航校成立伊始缺少初级教练机、中级教练机和航空燃料。1946年6月1日在牡丹江开飞不久，就发生了一次严重事故：牺牲了一名教员，重伤了一名学员，不仅摔掉了一架初级教练机，而且仅有的其余3架也不能用。

按照常规，飞行训练，要先飞初级教练机再飞中级教练机，最后飞高级教练机。飞机速度由低到高循序渐进。如果越过初、中级教练机，直接飞速度快的高级教练机，可能一时驾驶不了，而发生危险。没有初级教练机和燃料，就是飞行航校还能不能办的问题。向苏联买，当时是不可能的。常乾坤同志发动大家一起出主意想办法。有的学生提出直上九九高练（一种九九型高级教练机）。

要上华山只有这一条路。他领导有关同志制定了一个稳妥可靠、确保安全的试验方案。证明可行后，并制定了在九九高练上进行训练的安全措施和要求，使直上九九高练的训练工作一直没有发生过问题。依靠群众创造性地解决了越过飞初、中级教练机而一步飞高级教练机的措施，为老航校的飞行训练开拓了新路。这是航空史上的一个创举。

航空燃油不足的问题，是常乾坤同志十分关注的问题。他刚到通化，就立即派人到抚顺搜集，并提醒搜集器材的同志，注意寻找日本的秘密油库。没有油料，不能进行飞行训练。

有人提出，可考虑用酒精。酒精能不能当飞机燃料，经过研究实验，实验成功了酒精可作为航空燃料，老航校的这个难题又解决了。

此外，他还向中央报告，已研制出的初级滑翔机和正在研制的中、高级滑翔机，可以普及到全国各个中学，向青少年普及航空知识，培养航空的后备力量；也可以在飞机得不到及时补充的情况下，将这种滑翔机装上小马力发动机，当作教练机使用。

他还和王弼同志向中央建议，组织机场组，建立通信联络和气象网站，组织航空供应和后方勤务工作，要培养航空后勤人员。为培养高级航空技术人才，他和王弼同志早在1948年就从老航校选送了20名学生到哈尔滨工业大学深造。

常乾坤同志是一个品德高尚的人，从1941年在延安时开始，我们就是他的学生；后来在东北老航校、在空军，是他的部下，直到他1973年逝世，他的这段历史，我们是看在眼里，记在心头的。在这漫长的岁月中，我们从未听到过他在别人面前讲述他参加革命之早，更没看到他和别人论资排辈。我们看到的是，他对比他参加革命晚的领导十分尊重。他从来都以革命利益为重，从不争权，不计较个人得失。对把他由校长变为副校长，他认为这是更加重了责任，因为兼职校长是很少在校的。由空军副司令出任中朝联防空军副司令，他愉快赴任，不畏危险，在敌人的轰炸下执行在朝鲜修建机场的任务。

他严以律己，对人宽厚，平易近人，和蔼可亲，大家都愿意和他接近。他对有人嫉妒他和对他的不实之词，总是宽宏大量，从不"以眼还眼，以牙还牙"，而对自己的缺点，总是认真检查，接受教训，不文过饰非。航校的工作成绩，应该说是辉煌的，但他从不炫耀自己，总是把成绩归功于别人，缺点错误归于自己。

老航校的干部和学员，以后都成了空军内外的领导骨干，许多同志是英雄、模范。看到这些开遍祖国各地的灿烂花朵时，他是十分欣慰的。但他从没说过，这里面有他呕心沥血的劳动。有人说，他是"笑在花丛不争春"的领导者。

党中央对老航校的成绩是肯定的。1949年春，党中央领导同志听了常乾坤同志和王弼同志关于老航校情况的汇报后，毛主席高兴地连说："很好！很好！过去在延安办不到的事情，今天办到了，你们为今后建设空军做了准备工作。"

常乾坤同志是一位品德高尚的好同志，他对建设人民的航空事业做出了重大贡献。人们永远景仰他，永远怀念他！

（选自《感念东北老航校》，蓝天出版社，2001年）

在编辑《空军翻译耕耘录》欢庆聚会上的讲话

尊敬的空军老领导，亲爱的新老战友同志们：

今天我们又欢聚一堂了。请允许我代表《空军翻译耕耘录》编委会向大家致以亲切的问候和慰问。今天是一个喜庆的日子，我们迎来了我们亲爱的、伟大的党的85岁生日，让我们大家一起以热烈的掌声来表达对我们党的85岁荣寿的祝贺！

今天我们还有一个礼物献给党的生日，这是大家的一个心愿，就是大家同心协力不顾年老体衰共同奋战编写的《空军翻译耕耘录》如期在"七一"党的生日前出书了。这也是大家皆大欢喜和值得庆贺的事。从去年10月开始约稿到今年4月，仅半年时间，就有100多位同志奉献稿件160多篇，照片350多幅，有的稿件是从遥远的加拿大和俄罗斯寄来的，有的同志眼睛看不清而借助放大镜写的稿；有的文章是出自晚期癌症战友的手笔，大家为出版这本书所表现出的极大热情令人十分感动和振奋。这充分说明，大家为了表达对做一名人民空军的翻译和对其所做的翻译工作的无限热爱和眷恋。在这里我代表编委会向你们表示由衷的谢意和敬意。

这本书的出版得到了空军老领导的热情鼓励和关怀：张廷发司令员为书题写书名，何廷一副司令员、王定烈副司令员题字，姚峻副参谋长题诗并写了文章；原翻译部门的老领导杨万钧、贾柏森、曹毅风都提供了稿件；空军装备研究院院长吕刚同志和外场部的同志提供了印刷费。在这里，请允许我代表所有的作者和与会的全体同志向老首长们和对所有为编辑这本书提供援助的单位和个人致以最诚挚的谢意。

这本书主要回顾了1949年空军初建到1961年苏联专家撤走这段时期空军建设的各个方面的翻译工作，记载了这一时期对航空一无所知的小青年们是怎样艰难地圆满完成空军的翻译工作任务的。通过编辑这本书，使我具体看到了战友们的英勇事迹，深刻理解了为什么空军领导不止一次地说，翻译为空军建

设做出了重要贡献，翻译是有功的。同志们都珍惜这个荣誉。我们编辑这本书，记载空军翻译们不畏艰难险阻、奋发图强的工作精神，不但具有历史意义，也具有现实意义。

我们还要出版续集，记载1969年以后的空军翻译工作。计划今年10月出书，以完成大家用这两本史料来纪念11月11日空军建军57周年的心愿。希望同志们继续踊跃献稿。

（2006年7月1日）

刘亚楼司令员对翻译工作人员的关怀

以刘亚楼同志为首的空军党委十分重视翻译工作。在筹建空军伊始，便着手狠抓翻译工作了。他们深知翻译工作的重要性：学习苏联空军建军经验，没有俄文翻译，什么事都办不成，如同过河，没有桥和船是办不到的。

一、及时筹调翻译，大力解决"桥和船"问题

1949年8月，刘亚楼同志同苏军协议派878名专家助我国创办航校，首批专家10月下旬来京，大批专家11月中旬陆续到达。这时，他人还在苏联，即命国内有关负责同志通过中央向有关院校甚至派人到新疆商调翻译。9月底、10月初，空军直属政治部保卫科长杨达夫同志从新疆招来50名俄文翻译。10月9日，从哈尔滨外国语专门学校调来首批30名学员，从哈尔滨工业大学调来首批25名学员到达长春。他们的到来，及时保证了随同中国领导到满洲里迎接首批专家和随同这批专家到各地勘察航校校址的工作，以及大批专家到来的接待工作。

按协议，初建的6所航空学校，每校应配40名翻译。而当时每校只有十二三名翻译。

为保证6所航校开学和开飞后苏联专家能够开展教学工作，在航校开学前，刘亚楼等几位空军领导又联名上报中央军委，请求予以急调一批俄文翻译。此后，空军党委于1950年4月、5月、7月、9月和10月先后5次向中央军委和周恩来总理请示报告，急调翻译321名，以保证增办航校、组建第四混成旅、陆战师和高空运输训练大队及随后组建大批航空兵师的需要。在中央军委和周总理热情关怀和支持下，空军又分别从哈外专、哈工大、哈医专、大连俄专等单位借调、抽调和招聘了一批翻译人员。到1950年，空军已拥有486名翻译，但尚需补充170人才能满足实际需要。为此，空军领导再次报经周总理，由哈外专调进翻译100名。加上各有关单位自行招聘的翻译人员，到抗美援朝期间，空军翻译已达700多人。这支队伍的迅速扩大是在中央军委和周总理的大力支持和关怀下，以刘亚楼为首的空军党委格外重视并全力以赴，狠抓落实的结果。

这些翻译的到位，确保了航校在极短时间培训出了合格的飞行员，保证了组建歼击机和轰炸机部队所急需的飞行人员，进而保证了抗美援朝的需要和人民空军的全面建设。

二、召开翻译会议，明确工作任务

随着翻译队伍的壮大，翻译工作的展开，出现了一些新的问题需要解决。为此，空军党委及时于1950年5月30日召开了翻译工作会议。刘亚楼司令员和常乾坤副司令员亲临会议并主持会议。会上总结了工作，部署了任务，统一了认识，交流了经验，表扬了先进。

刘司令员在会上特别强调了翻译工作在空军建设中的重要作用，指明了翻译人员的努力方向。他说："翻译人员应有一个明确的政治方向"，"要提高责任心"，"译文要准确通顺"，"要有交成品的作风，不要做半成品"，"翻译人员要提高自身的素质，要树立进取的思想"，"多用脑筋"，"要勇于批评与自我批评"，"现在翻译同志都很年轻，是大有前途和发展的"。

刘司令员的讲话切中要害，使空军翻译们倍受鼓舞。刘司令员还指示："今后这样的会议还要召开，这对工作是有益的。"这一次翻译工作会议后，各单位提高了对翻译工作的认识，对这项工作更加重视了。有专家顾问的部门，统一了工作部署，进一步调动了翻译工作人员的积极性，促使了翻译工作顺利开展。

从1950年5月30日召开这第一次翻译工作会议起，到1964年4月11日，先后召开了12次翻译工作会议。刘司令员和常副司令员出席或分别出席了历次的会议并做了内容丰富和语重心长的讲话。在每届会议上都准确而全面地估计了翻译工作的成绩，并指出了缺点和不足、批评错误思想和倾向，进一步明确努力方向和具体要求，使翻译工作不断向更高的层次、按更高的标准和更严的要求向前发展。

三、关心翻译生活，力主优待翻译

在空军党委召开的第一次翻译工作会议上，刘亚楼司令员就明确指出，"翻译人员的待遇需高一些，但要适当地做。"会后，空军党委明文规定："在航校和部队工作的翻译人员，在未评级前，一律按排级待遇。有按战士待遇的要立即纠正。在部队工作的吃地勤灶，在机关工作的吃中灶（按，当时团级干部才能吃中灶）。供给制翻译人员享受技术津贴，分五等十级（按，相当于当时5～25斤猪肉的金额。当时师级干部月津贴费4元，而翻译一般20元）；薪金制翻译人员待遇，也有五等十级（最高800斤小米，最低350斤小米）。在外场工作的翻译发工作服，随苏联专家出差的翻译与专家乘同等车席。"

1954年部队实行薪金制。翻译人员的技术津贴与中灶待遇将因之消失。为此，空军党委召集在京翻译人员开会。刘亚楼司令员讲话时关切地说："要实行薪金制了，你们的待遇要降低。你们不必担心，组织上会关心的。"会后，空军翻译人员的行政级别普遍提高了：正排提副连、副连提正连、正连提副营……

1955年授衔时，空司情报处为其一位原副教授、牛津大学毕业的英文翻译授予副连中尉军衔。刘司令员得知后认为偏低，遂报空军党委研究改授正营大尉军衔。

空军党委之所以如此厚待翻译，因为他们洞悉翻译担负的任务至关重要，无他人可以替代；给予他们的待遇，完全是根据当时速建空军的需要和出于对翻译所起作用的正确评价。

四、健全翻译机构，加强工作领导

空军党委把翻译工作置于了突出的位置，常委常乾坤副司令员亲抓这一工作，设立了掌管全军翻译工作的机构。初在训练部设一编译科，兼管空军的翻译工作；由于翻译队伍不断扩大，工作量不断增加，1952年又在训练部专设了翻译科，后改在司令部设翻译出版处；1954年5月6日，在空军党委常委会上，再次明确"应有一常委主管翻译工作"，再次决定"常委常乾坤同志主管翻译工作"；1958年3月18日，空军科研部成立，翻译出版处翻译科扩编为翻译处，设在该部。空军的翻译工作一直由常乾坤副司令员直接领导。

空军初建的6所航校均设有翻译室，配有翻译室主任领导翻译工作，所以航校的翻译工作进行得有序、良好。但大批空军部队相继组建后，翻译常常调动，部队又缺乏固定的管理机构，疏于过问他们的学习、生活，以致造成一些翻译人员不安心工作。

为此，空军党委根据空军训练部沙克部长和李东流副部长的报告，于1953年3月17日，发布了空军司令通令，下达有关全军翻译问题的决定：①今后翻译人员的调配及处理均由军委空军干部部统一负责，有关翻译人员的调动、配备、处理、转业等问题，由各级干部部按实际情况向上级干部部请求解决，不得擅自处理。军委空军训练部只负责翻译工作的业务指导；②翻译人员的行政管理、组织生活、政治教育、业务学习及生活等一切问题均由各隶属单位统一负责。各级领导应重视对他们的管理教育。抓紧他们的政治业务学习、思想教育和严格组织生活，及时进行批评表扬；反对对翻译人员不关心和放任自流的现象。

关于翻译人员的建制及组织机构：①军区设翻译科或室（视翻译人员多少

而定），属训练处领导；②航校、部队设翻译室。人多时可划分小组，视情况由有关单位领导决定。

1954年6月30日，干部部调配处沈敏处长和训练部翻译科麦林科长向空军党委常委会汇报翻译工作后，刘亚楼司令员在肯定成绩的同时，也指出了存在的缺点和解决问题的办法。他说："在空军建设上，翻译工作是有很大成绩的，同时也存在根本缺点，即：①政治上进步不够，政治落后于业务；②翻译质量不高。"

随后，常委会决定：必须健全翻译领导机构，加强对翻译工作的领导。在即将组建的翻译处下设翻译业务指导科（刘司令员指示叫翻译管理科）。干部部要物色一名不懂俄文，但政治上较强的师或团级干部任处长，并将各级翻译科、股、组长配好，明确其职责、任务。据此，空军训练部和空军干部部于同年10月13日联合下达关于加强对翻译工作的指示：建立业务领导机构，加强对翻译人员的管理教育；华东、东北、中南、华北军区空司训练部翻译科科长负责领导本军区空军的翻译工作和翻译人员的政治业务学习；部队、航校加强对翻译室和翻译组的领导，指定负责人或组长；翻译出版处负责指导全军的翻译工作和翻译人员的业务学习，了解翻译人员的业务能力，向干部部门提出对他们的调动和使用的意见。此后，空军的翻译工作步入了正轨，并有了新的起色。

五、关注培养发展党员，提高翻译队伍政治素质

空军翻译人员在政治上是要求进步的，在工作上也积极热情，愿意接受教育，改造自己，迫切要求加入党组织。但是由于调动频繁，工作流动性较大，又长期随专家外出工作，入党问题长期难以解决。为此，1955年6月6日，空军党委专门下达的关于加强翻译工作的指示中说"各级党委必须关心翻译工作，设法提高他们的政治觉悟，积极培养他们入党"；"结合今年2月24日空军政治部关于重视在翻译人员中发展新党员的指示，一起研究，提出加强对翻译人员领导的具体措施，并请将研究情况与今后改进意见于7月底前扼要书面报告空军党委"。各单位均遵照空军党委的指示，进行了认真研究，提出了加强对翻译工作的领导、提高其政治水平的具体措施。同时广大翻译积极响应，努力加强政治学习，提高思想觉悟和业务能力。因此，在这个阶段，一大批条件成熟的翻译加入了党组织，成为各单位的政治业务骨干。

六、采取切实措施培养业务骨干

早在1951年空军翻译工作紧张繁忙之际，空军党委就想到要逐渐培养较高级的航空工程干部和业务骨干，并决定从空军部门中挑选一批优秀的翻译人员送苏联长期学习。5月22日，空军党委将此事电示各军区空军、各校、师党委。

8月17日，第一批30人经严格政治和业务考核后赴苏深造。1953年7月16日又批准第二批30人赴苏联茹科夫斯基空军工程学院学习。随后又有5名翻译人员到苏联空军学院深造。这几批出国人员先后回国，加强了空军、航空和航天工业部门的技术力量。他们后来大多成为所在单位的技术领导骨干和专业带头人。有的成为"两弹一星"的带头人、有的成为飞机和导弹各种型号的高层设计人员。特别是1960年苏联专家撤走后，他们更是挑起大梁填补了专家撤走后的多个专业技术的空白，起到了极大的作用。这一措施说明，中央军委和空军党委对翻译的培养使用及一系列政策的远见卓识。

1951年2月19日至24日召开的第二次翻译工作会议上，刘司令员针对当时一些翻译出现的认为自己的翻译"够格了"等自满情绪，严肃指出："目前，翻译质量普遍不够高，真正过硬的翻译很少，要采取措施，设法培养提高。争取绝大多数在空军工作的翻译都成为既会俄文又懂技术的工作人员；要准备做一辈子翻译、做高级的专门翻译。"

为进一步提高翻译的业务水平，1953年3月17日，刘司令员发布空军司令通令，专门对翻译人员的培养与提高问题做出决定：

（1）在保证完成任务的情况下，可抽调翻译离职学习。学习办法为：①成立俄文研究班，提高俄文水平，以培养部分高级翻译；②送航校学习空、地勤技术；③必要时可送适当部门学习文化。以上工作由军委空军干部部协同军委空军训联进行。

（2）在职翻译在保证工作外，必须组织业务学习。以自学为主，个人订计划，小组讨论检查，领导掌握。学习的组织和进行情况，应向上级业务部门汇报。

1956年7月23日，空军翻译出版处在全军翻译工作会议上报告，翻译人员离职和带职参加专业学习的共44人。其中，到防化3人，雷达2人，哈军工8人，空军指挥员训练班6人，北航4人，北外2人，哈外专1人，第11航校18人，连同1950年经各航校毕业的100余名翻译人员，从而使空军的绝大多数翻译人员都掌握了一门专业技术，翻译的业务水平也大为提高了。

七、批判"优质高产"，整顿翻译作风

1960年，翻译处大搞所谓"优质高产"。刘亚楼司令员针对这种不顾翻译质量的做法，在1960年11月25日在西安召开的空军三届八次全会上给予了严肃批评。但翻译处领导并没有接受批评，反而我行我素，变本加厉，散布说什么"外单位有的一天已译两三万字，最高的已达6万字，空军翻译水平也不比他们低，即使达不到6万，译4万字是可能的"。一时间，由于头脑过度膨胀，译风遭到严重破坏。更为严重的是，翻译领导部门竟然通过介绍"先进经验"

的方式，将这种不正之风推向全军。

刘司令员得知这种情况后，十分气愤，严厉批评翻译处领导说："你们究竟想把翻译引向何处去?！别说一天译4万字，就是让你一天反复写'人民日报'4个字，一天也写不了4万！"

1961年6月7日，空军党委第120次常委会决定翻译处整风，在京全体翻译参加。从1961年6月17日开始，到8月23日结束，通过翻译整风，批判和纠正了所谓"优质高产"的歪风，端正了译风，重视了质量，使全体翻译人员受到一次深刻的教育。随后，空军党委又调整和加强了翻译处的领导班子。调空军军训部处长、空军条令教材编审小组办公室主任杨万钧任翻译处处长，《航空》杂志社社长曹毅风和空军学院翻译室主任王德一任副处长，确保翻译工作重新走上健康轨道。

八、抗住压力保留翻译队伍

1960年7月16日，中苏关系恶化，于7月28日至9月1日撤回全部专家，并终止派遣。军队专家撤走后，其他军兵种认为俄文翻译已无用武之地，纷纷处理改行转业。唯独空军顶住了来自各方的压力保住了翻译队伍。1961年3月21日空军科研部报告，当时空军有俄文翻译260名。在其原单位从事笔译工作的只有72名，其他翻译均在从事非翻译工作；建议把全空军的翻译人员主要配备在军训部、工程部和科研部集中使用。据此，空军党委于3月25日开会决定："对现有的翻译人员不许随便改行，必须加强管理。"3月31日，刘亚楼司令员从苏联签订购买苏制飞机、导弹协议返京后，对党委会关于翻译工作的决定表示同意，并强调指出：空军要设法保留这些为数不多的俄文翻译，对俄文翻译的处理要报空军常委决定。可见，空军党委多么重视翻译工作和翻译队伍的建设！

九、肯定成绩，指明前途

刘司令员在1964年召开的第12次翻译工作会议上，代表空军党委再次强调指出：翻译工作在空军建设的各个阶段都起到了很大的作用。翻译对空军建设是有功劳的。过去起了很大作用，将来也会起很大作用。现在编写条令、教材也有翻译的一份功劳。利用世界范围的科学成果，进行外事活动和军事活动，都要翻译，这是肯定的。这一行不会失业。将来翻译工作还是一项重要的工作。这一点要向翻译讲清楚。翻译是可以为人民服务的，是可以为人民再立新功的；我们要搞一个四五百人的翻译队伍；在新的情况下，对翻译工作要采取新的措施，即划分专业；把翻译工作同研究工作结合起来，要成为该专业的行家。

刘司令员认为翻译这个称谓有局限性，他不满意。他欣赏研究员这个称谓。会后，空军翻译实行定点落户，按专业分配到相应单位，进一步向专业化道路上迈进。空军党委的这一重要决定，将空军翻译工作推向了更高层次。空军广大翻译人员深受鼓舞。经过多年的努力，空军的翻译人员大多成了各专业的研究人员和行家里手，被评为高级工程师、研究员、副研究员、译审、副译审，为空军的建设做出了更大的贡献。

空军党委重视翻译工作是人所共知的。仅1950年7月12日到1965年5月7日这15年间，空军党委或常委会讨论、研究、决定有关翻译工作的议题就达27次之多。空军党委书记刘亚楼在1956年5月27日召开的中国共产党空军第一次代表大会上代表空军党委做的报告中强调说："空军建军以来，从各方面吸收了大批翻译人员，他们在保证作战、训练、部队建设和传播苏联空军先进经验上，起到了重大作用。近七年来翻译出版了各种教材、教范、职责、条令、条例、手册和说明书370余种，保证了航校、部队训练的需要。翻译水平有了较大提高。但翻译工作还存在质量不高的缺点，今后应继续提高，为建立一支高水平的、又红又专的翻译队伍而努力奋斗。"空军领导在空军最高层次会议上的工作报告中，还专门有关于翻译工作的报告，这在空军建军史上是绝无仅有的。

我们永远感念刘亚楼司令员和以他为首的空军党委！

（选自《空军翻译耕耘录》，蓝天出版社，2009年）

在《空军翻译耕耘录》胜利出书聚会上的讲话

亲爱的战友们、同志们：

大家好！

今天我代表《空军翻译耕耘录》编委会向大家报告，之前委托编委会组织编写的、反映空军各个时期翻译工作事迹的书——《空军翻译耕耘录》共两册，今天可以和大家见面了！大家交给我们的这个光荣的任务，终于完成了。

《空军翻译耕耘录》的出版，首先要归功于大家的热情支持和积极参与。为编写这本书，有200多位同志献稿270多篇，近100万字，珍贵照片600多幅。这是我们离退休翻译干部，怀着感念空军的深厚感情，不顾年老体衰，做出的一件非常难能可贵、令人可歌可泣的壮举。

自去年11月在聚会上发出编写此书倡议，到今年把两册书编印完毕，仅用了一年时间。在这里，我代表《空军翻译耕耘录》编委会向大家致以崇高的敬意和衷心的感谢！

为了这套书的出版，全体编委不辞辛劳，尽心尽力，做出了无私奉献。他们各尽其责，出色地完成了各自的任务。他们的工作精神、工作态度、工作能力、思想境界都值得赞赏、敬佩和学习。

　　《空军翻译耕耘录》的上集是由副主编孙维韬、编委温家琦具体编辑的；续集是由副主编赫光炬、编委赵胜利具体编辑的。每集分别收录了文章100多篇，文字近60万字，照片300多幅，工作量很大。他们不计个人得失，耐心细心，埋头苦干，认真负责，用很短的时间便完成了编辑任务。

　　赵胜利编委为了便于排版和节省经费，将所有的来稿文字都录入了电脑。赫光炬同志的家属也参与了文字录入工作。

　　秘书长李成出工作认真负责，雷厉风行，做了大量行政事务工作。每开一次会都要发几百人的通知；给几百位本市和外埠的战友寄书，大量的打包、跑邮局工作，主要都是他做的。70多岁的人了，任劳任怨，不容易呀！

　　为了在书中忠实反映出空军党委、各级领导长期对翻译工作的重视和关怀，编委钱如铎同志，常常整天埋头在空军档案室，从浩繁的档案中查阅有关指示、批文、讲话、纪要等文件资料。那篇有根有据的《空军党委对翻译工作的领导和关怀》一文就是这样写出的。

　　书中郡奉宝贵的《空军老翻译通讯录》列出的详细名录，那些老翻译的姓名主要是编委陈渊同志凭着过去多年的工作逐渐回忆起来的。这也是一件很不容易、很艰难的工作。这本通讯录能够无偿地印制出来，是编委潘祖琦同志的功劳。潘祖琦的工作大家有目共睹，有亲身体验。从2004年11月到今天，我们共举行了4次100多人的大型聚会。梅地亚那次是178人，今天报名参加聚会的有近190人。他要联系酒店，安排会场、会标、音响、服务，商定餐饮的菜式及金额等许多具体工作，非常辛苦，非常负责。每次聚会都非常成功，大家都很满意。今天，在编委会工作即将结束的时候，我要向各位编委和各位编委对我的支持表示由衷的谢意，谢谢各位了。

　　在这里，我还要请大家允许我代表大家向热情支持我们这一工作的老领导张廷发司令员，何廷一、王定烈副司令员，姚峻副参谋长，方子翼司令员，空军装备研究院吕刚院长表示衷心的感谢。对支援我们这一工作的军训部印刷厂、空装外场部、《航空》杂志社、中国国际网络广播电台、《国防报》和金沙苑酒店等表示诚挚的感谢。金沙苑酒店为了接待这次会议，专门召开会议，制订具体接待计划，各项工作责任落实到人，非常负责。他们还为各位准备了礼品。谢谢王总和全体职工！

　　今天我们《空军翻译耕耘录》编委会的工作就要结束了，但是我们空军老翻译们的友谊是永恒的。祝战友们身体健康，永远健康。谢谢大家！

（2009年9月）

《雏鹰展翅的岁月》编者的话

《雏鹰展翅的岁月》是曾经在中国东北老航校工作过的一些日本友人所写的回忆录文集。他们是在1945年"八·一五"日本投降后，被我军收编的一批航空技术人员。在东北老航校创建60周年时，他们回顾了在东北老航校所做的工作、所受的教育和从军国主义思想到自愿为我军服务的转变；回顾了他们回国后的处境、所从事的日中友好工作，以及回访中国后的感言，愿以此浇铸中日两国人民的友谊之树万年常青。

东北老航校是东北民主联军航空学校的简称，也是老航校人对它的爱称。

东北老航校是我军于抗日战争胜利后在东北创办的第一所航空学校。航校的任务是培养我国未来的空军骨干。

其实，早在我军建军时就有建立空军的宏愿。早在20世纪20年代，我们党就开始派人到苏联学习航空。20世纪30年代，又借助当时新疆军阀的航空学校和国民党的航空学校培养我军的航空人才，并做好了请苏联帮助在延安建航空学校的准备，只因苏德战争爆发，未能实现这一计划。所以，在1945年日本一宣布投降，党中央和中央军委就不失时机地决定在东北开办航空学校。

1945年9月，在延安储备的20多名航空干部，开始分三批开赴东北。第一批，是以曾在苏联学习过航空的革命前辈刘风为首的5名同志组成。当他们到达沈阳时，正逢东北民主联军总部（简称"东总"）收编了一支以林弥一郎为首的300余人的日本航空部队。经教育和感召，这些日本航空人员同意帮助我们培养航空技术人员。

"东总"派刘风等5人组织领导这批日本航空技术人员，搜集航空器材、修理飞机。之后，"东总"又派4名干部和他们一起成立了沈阳航空队，黄乃一任政委。不久，从延安来的第二批和第三批航空干部陆续到达，同时从抗大山东分校挑选了100多名学员，于1946年1月1日在通化成立"东北民主联军航空总队"。在此基础上，经过两个月的准备，1946年3月1日"东北民主联军航空学校"在通化成立。校长常乾坤，他是曾在苏联学过飞行、领航和航空工程的专家。航校的任务是培养未来的空军骨干。

开始建校时，在沈阳附近搜集了46架飞机，经修理后只有16架飞机尚能使用，除此，其他家当一无所有。"东总"指示航校的首要任务，是搜集飞机、油料和航空器材。

1945年10月被东北民主联军收编的这批日本航空队的航空技术人员，从

1946年3月到1949年11月，在东北老航校工作的三年多时间里，在中国共产党政策的感召下，通过政治学习提高了思想觉悟，摆脱了军国主义思想束缚。他们不怕苦、不畏难，想方设法，极端负责、圆满地完成了教学、飞机维护、修理等各项工作任务。

他们与中国同志共同为建设中国人民解放军空军，培育了两期飞行教员26人、三期飞行学员105人、领航员24人、四期机械员322人、场站人员38人、气象员12人、通信员9人、航修厂练习生228人。为建设新中国的空军和航空事业培养了重要的技术骨干力量。

1949年11月人民空军成立以后开建了几所航空学校，这些学校的校长及机务主任，大部分来自东北老航校；之后建立的航空部队中的军、师、团长，机务部部长和各级机务主任，大部分来自东北老航校；我国民航和航空工业部门早期的技术领导和技术骨干，大部分也来自东北老航校。新中国的空军、海军中有不少将军都曾是东北老航校的学生和干部。

东北老航校结束之后，这些日本教职员工在1949年11月到1953年回国前的这些年，又在空军第七航空学校参加教学工作，为人民空军培养了三期飞行员、一期女飞行员和相应数量的地勤学员。他们参与教出的学生，在抗美援朝空战中击落击伤美国空军飞机40多架，还击毙了美国的王牌飞行员戴维斯，一鸣惊天。

创办老航校的过程极其艰难和困苦，老航校的教学条件极端的简陋，这在世界上都是见所未见、闻所未闻的。例如，教学用的飞机是用"航空破烂"七拼八凑的，有的飞机身上打了100多个补丁。飞机上虽然没有通信设备，没有保险伞，没有安全带，没有钟表……但学员们有土办法，如在脖子上挂个马蹄表计时，飞行时用麻绳把自己绑在座椅上……教员和学生就是在这种危险的条件下拼着性命完成教学飞行的。

没有机动运输工具，就用大马车运送飞机。生活条件更加艰难，吃的是苞米糙子、萝卜咸菜。东北的严冬，零下30多摄氏度，滴水成冰，室内没有取暖设备。原来还有可供日本教职员吃的大米，后来没有了，他们也和中国人同样吃苞米糙子、萝卜咸菜。他们没有怨言，尽职尽责地与我们并肩艰苦奋斗，共同创造了上述航空界绝无仅有的奇迹。

由于国民党破坏停战协定进攻东北，航校在通化成立才一个多月，便不得不向牡丹江搬迁。与此同时，从延安来航校的领导和有关单位领导干部各带一批日籍人员到东北各地拉网式的加紧搜集飞机、油料和各种航空器材。直到1946年6月1日航校在牡丹江开学，在东北地区搜集航材的工作才告一段落。

这期间，在吉林的东丰飞机场搜集了30多架九九高级教练飞机；在朝阳（今辉南）机场搜集了十几台航空发动机、20多架九九高练和隼式飞机；在公主岭搜集到一批发动机和螺旋桨，接收了一个愿意参加革命队伍的私人小机械工厂。此外，在哈尔滨孙家机场搜集了一批战斗机和接收了两个小机械工厂；在抚顺搜集了一批油料；在铁岭日军的秘密仓库抢运了几百箱航空器材和设备；到通化运走了待修的28架飞机和临江的两车皮零件。这些航材多是老旧破烂，东北老航校就是依靠搜集这些破烂航材和修理这些破烂航材起家的。在东北解放前夕，老航校还搜集了一些美式飞机。

在搜集飞机、航材的过程中，把这些航材拆卸、搬运到马车、火车上，再从火车上把它们卸下来，再装到马车上送达目的地，这一系列又脏又累的体力活和技术工作，在航校开始创办时，主要都是由日本人员参与完成的。

老航校机械厂和修理厂的厂长及其下面的飞机、发动机等各技术股的股长是中国人，而班、组长及以下的工作人员，全部都是日本人。所有具体的修理、技术工作，都是日本人员操作。老航校没有修理飞机应有的工具和设备，他们便用榔头、凿子、锉刀等简单的工具修理飞机。没有加工钢材的电炉，他们就用耐火砖做炉子替代电炉。出炉的零件要做表面渗碳硬化处理，由于没有碳素原材料，他们便想办法用猪骨头和牛的骨头烧成炭作代用品解决问题。为了识别金属材料的材质，他们在夜间根据打磨砂轮发出的不同的火花颜色分辨材质，等等。无论遇到什么困难他们都能设法解决。他们千辛万苦把成堆的航空破烂修成了一架架能飞的飞机。

航校需要训练学员飞美式P-51战斗机，但是没有双座教练机。为解决这个问题，学校就将单座美式P-51战斗机改装成双座的任务交给了修理厂的日本技术人员。他们过去没有接触过美式飞机，也没有造过飞机，更没有这种飞机的资料，但他们没有退缩。他们对P-51飞机的构造进行仔细研究，精心计算、设计、施工后，圆满地完成了这一艰巨而光荣的任务。此外，他们还将苏联的歼-10单座战斗机改成了双座教练机，解决了教练机紧缺的问题。

学校开始的一两年，在机场负责维护飞机、保证飞行训练的机务队，只队长一人是中国人，机械员都是日本人。由于飞机老旧，多是由破烂飞机修补而成，又缺乏维修设备，所以，他们的工作十分辛苦。

当时，飞机上的发动机没有电启动装置，地面有没有辅助启动车，飞机试车启动要用手摇。这种工作，依靠一两个人的臂力拼命摇是不能成功启动的，因此大家就排好队，一个人摇累了换一个人接着摇，就这样接连不断，直到启动完成。

　　给飞机轮胎充气也是如此。当时没有专用的充气设备，只能用自行车打气筒打气。这也需要大家排队，一个人接一个人连续打气，才能把气充满。给飞机加油，因无管道加油设备，只能把大桶里的油先倒入小桶里，再将小桶里的油倒入飞机的油箱中。这也要大家排队，一个人接一个人地传送小油桶，完成给飞机注油的工作。

　　为了避开国民党飞机的空袭，航校把每天飞行训练的时间放在10点前和16点后。因此，机务队的人员不论天寒地冻，每天要两三点钟起床，到机场推出被隐蔽的飞机，进行飞行前的各项准备工作。上午10点飞行结束，他们要把油卸出，隐蔽飞机，做飞行后检查。16点又推出飞机，加油，进行飞行前的准备工作，做好即将飞行的保障工作，直至飞行结束。之后，又要隐蔽好飞机，放油，做飞行后检查，到很晚才能结束工作。若遇飞机有故障，有拆卸、安装螺旋桨或轮子等拆东墙补西墙的工作，那就不知到何时才能下班了。

　　老航校的飞行训练是违反常规的。按常规，一般飞行训练，学员是先学飞初级教练机，再飞中级教练机，最后飞高级教练机。但老航校没有初级教练机和中级教练机，只有九九高练一种教练机。直飞高级教练机有危险，但当时不这样，便无法培养飞行员，学校领导经讨论决定直上九九高练。这是航空史上前所未有的、破天荒的大胆创举，对如此违反常规的决定，老航校的日本飞行教员们也是遵照执行。为既要保证安全，又要完成教学任务，经主任教官林弥一郎商定，采用三级教练制度。第一级，飞行主任教官林弥一郎，辖4个飞行主任教官；第二级，每个飞行主任教官，辖几个飞行教官；第三级，一个飞行教官固定带飞几名学员。最初，学员由教官带飞，确有把握后，飞行教官向飞行主任教官提出放单飞或做新课目；然后，飞行主任教官要亲自带飞检查，合格后才批准放单飞或做新课目。此后还要将学员的学习进展情况，报告飞行主任教官做飞行检查。最后，林弥一郎亲自检查学员的实际飞行情况，检查飞行主任教官和飞行教官们的工作。

　　每个教官在飞行日，都聚精会神，紧盯每一个学员的每一个飞行动作，对他们的飞行训练细节及时指导、讲评。

　　这些日本飞行教员出色的工作，保证了直飞高级教练机学员的安全，完成了领导下达的飞行训练任务，那些破旧飞机竟然还没有发生重大事故，这的确是创造了奇迹。

　　当航校的航空燃油即将用尽时，校领导提出用酒精代油。为此，修理厂的日本技术人员设法改装了适合酒精用的航空发动机的汽化器，还制作了发动机启动用的小汽油箱。经过地面试验和白起副校长和黑田（秦正）主任教官飞行试验，这个适合酒精用的航空发动机的汽化器的改装工作，取得了成功。

老航校的机械科负责机械教育，编内的机械教员开始时也都是日本人。机械学员是从部队选拔的排、连干部，文化程度较低。按一般常规教学，应先提高文化，再学航空理论，最后实习，学习时间较长。因理论课难懂，学员不愿意学。针对学员遇到的困难，教航空发动机的日本教员积极开动脑筋，千方百计想办法。

在讲汽化器油路时，学员听不明白。他们就利用卷烟产生的烟雾，吹进汽化器油路，使学员对油路来龙去脉一目了然。这种利用实物的教学法，一改过去沿用的老方法，被大家名为"实物教学"。机械科的日本教员们还自己动手，建成了飞机、发动机、仪表、电器、军械及基本作业6个实物教室。他们解剖破旧航材、飞机、发动机等实物，日夜赶制图表、购买基本作业的工具和器材。教员和学员拿着实物，从外部到内部，讲解实物各部分的结构、名称、作用、可能出现的问题等。

过去讲气压高度表，先讲理论，在黑板上画构造图，讲几堂课学员都不明白，而当他们拿着实物跟着教员边拆装，边听讲解，只一堂课对这一实物就完全明白了。仅用半年多时间的学习，机械学员便把九九高练、发动机各个组成部分，机舱内密密麻麻的仪表、开关等，全都熟悉了。之后，学员们到修理厂或到机务队跟随日本机务人员实习，机械教员们再针对学员们在实习过程中遇到的问题，补上了空气动力学、飞机、发动机构造原理、燃料燃烧原理等理论课。1948年学员们毕业后，每个人都达到了能够单独维护飞机的要求。通过教学，他们与日本老师结下了深厚情谊。

这些老航校的日本人员，来自日本原驻东北的23个飞行部队和医院及民间团体。飞行教员、机械教员、机务队的全体机械员来自林弥一郎部队。机械厂、修理厂、材料厂等日本人员主要来自其他部队或单位。他们是：

校参议、主任教官：林弥一郎；

政治部日工科长：前田光繁；

飞行主任教官：长谷川正、系川正弘、黑田（秦正）、平信忠雄；

飞行教员：内田元五、宫田忠明、大澄国一、加藤正雄、鹈饲国光、筒井重雄、山本猛利、胜瑞治、佐藤靖夫、和田保、原外志男、井田甲子雄、谷岛雪郎、田蜘公、山口吉国、大西岁数、石森弥太郎、鲍武生；

机械教员：蝶本好司、御前喜久三、柳下岁之、中西隆（西雅夫）、井上猛、川原田四郎、西谷政吉、曾根忠、小原竹男、服部义雄、吉武久弥；

气象教员：内田英俊；

日工科干事：金井义治、西田里、风问光彦、高木修、川口满、村上定、西宫正、前野四郎、小野田肇、森住和弘、清水旭、砂原惠；

机务队：村田喜久吉、杉山馨、深津昭、近藤政七、小岛仁、菅原丰治、井上裕、神田全平、铃木新平、坂井省造、土屋义治、衙井政男、松荣一、山浦喜三男、河野靖上、月枪之助、清水二郎、富永将博、青木贤一、浅野春男、小县强、成田要、右工门、大桥三郎、木溪昭二、佐藤盈、浦田胜美、岩崎一夫、木原操、藤森清则、齐藤都久、矶本一弘、绪万馨、井上新一郎、小钵长年、近藤幸雄、盐月觉、成濑照雄、高桥常昭、井上龙雄、比嘉定雄、野口一夫、野中三郎、西正外治、吉野近、寺村邦三、松林启介；

修理厂：横内正太郎、落合末男、泉年明、森正雄、高桥澄、伊东孝二郎、高木猛吉、刑部利保、大胡周造、织间新元、深谷岩此、田幸嘉太郎、上条喜佐雄、荒年男、大桃典夫、小山富男、吉喜平、松田晴男、片柳武、木田信重、新玉芳平、长野早司、渡沈清次、相泽春岭、石桥宽、石井金治、尾曾勇、岸尾正和、立石夫、鹫见谷一、齐藤辉雄、小林政二、高木实、守山国男、田中义雄、山下光男、长尾三千夫、青木牧、内村敏男、加藤纯行、田苷胜、南原要、原田辰纪、松尾重俊、峰冈森重、贵岛胜海、桥岁谷功、谷胁丰、吉积弘、筒井昌已、石家林；

机械厂：石川昭平、若杉成明、龟村博、赞岐文夫、田原茂、俵山保、阿部宽、丹下舰、尾崎英一、寺尾卓弥、八寻文雄、今藤一二美、后藤辰弥、涉谷和美、中谷便夫、富槛服弥、高山龙山、夫西修、作田保、柴田昭一、山口一、道正义雄、前田一美、山田繁、谷敏夫、富田忠雄、冈田秀雄、井手八郎、石井一郎、龟山茂捻；

材料厂：生方哲雄、小关大一、荻原保德、沼仓晓、冒地一、彗好光、山口典男、新海弘、小池茂；

汽车队：高桥正明、佐渡忠义、平井政雄、石原太郎、河村舜三、前田守也、大冢一志、三田琪二、川村孝一；

卫生队：武藤澄子（高桥）、山崎凉子（木下）、金井敏子（内田）、山本米子（左今）、山口幸子、筒井美治、长谷秀（河合）、小林君子、小柳宽、渡边明子、浅野美惠子（酒井）；

空军医院：桦岛春男；

气象：内田英俊；

工勤人员：入角和男、中川智慧子、成濑政子、井上岸子等；

被服厂：西内荣梅、国分喜代子；

因公牺牲和积劳病故33人；

30多位家属为保证他们的工作也做出了应有的贡献。

（选自《雏鹰展翅的岁月》，蓝天出版社，2010年）

《延河畔的外文学子们》前言

这是70多年前在延河畔学习俄文的学生们写的回忆录。

他们是北京外国语大学70年前在延安成立时名为中国抗日军政大学（抗大）俄文大队的学生。后俄文大队被编入以朱德为院长的军事学院。为了培养更多的高级军事翻译人才，中央军委又将军事学院俄文队和延安大学俄文系合并，成立了军委直属的俄文学校；这个学校增设英文系后更名军委直属外国语学校。但学习俄文的仍是在抗大俄文大队学习俄文的那100多名学生。如今，这些学生多数为国捐躯，在世的只有约二三十人了，而当年这些风华正茂的热血青年现在都变成八九十岁的耄耋老人了。

这些学生都是70多年前，就是1937年日本帝国主义侵略我们中国时，少小离家，冒着敌人的炮火和国民党反动军警围捕，奋不顾身投奔到革命圣地延安求学抗日救国本领和革命真理的。他们在延安由于日寇和国民党反动派封锁，生活和物质条件极端艰难困苦的情况下，刻苦地学习和乐观地生活。1945年抗日战争胜利后，他们以高涨的热情投身到解放战争、抗美援朝战争并为建设社会主义新中国不遗余力奋斗了70多年。为了不忘记过去，保持和增进老同学的革命情谊，鼓励身体健康，思想与时俱进，昔日的党支部书记张开帙同学，发起并开始组织了在北京的当年在延安抗大俄文大队和军委外文学校的同学聚会。大家非常高兴，踊跃参加。席间，老同学们畅谈往日的学习、生活和趣事，高唱《延安颂》等当年的老革命歌曲。大家都认为这种聚会十分难得，建议每年9月聚会一次，并命名"健康亮相会"，亮相身心健康。这一聚会已坚持了10年。

2011年9月的老同学聚会，适逢中国共产党建党90周年。何理良同学因在驻外使馆工作，是回国后首次参加这样的聚会。她见到同学们的豪情不减当年，感慨万千。会后，她给同学们写了一封热情洋溢的信。她在信上说，在参加老同学的聚会后，不由得浮想联翩。为纪念党的90诞辰，回忆了自己在党的教育下的成长历程，深切感到，作为一个为民族独立、国家富强和人民幸福而奋斗终生的革命者——我们现在尚建在人间的老同学，有责任和义务把我们当年为什么和怎么去延安投身抗日和革命的，在延安受到怎样的艰苦锻炼以及在解放战争中和中华人民共和国成立后的阅历和感想写出来。这对自己一生是一个梳理，对家人和后代是一个激励，对党和人民是一个汇报。我们应该永远让后人知道，这些来自五湖四海的有为青年是怎样在宝塔山下喝着延河水成长起来的，是如何在推翻三座大山的翻天覆地的壮烈事业中用自己的心血和汗水描绘新中国的宏伟蓝图的。她建议，大家立即提笔把自己的经历写出来，争取汇集成册出版。

大家被她这封充满高度革命激情的信深深感动了，于是不顾年老体衰，不由自主地纷纷拿起了笔。有些本来很低调的人，认为革命工作是本分，没有必要多说什么。但是她的信，也打动了他们的心。为了革命的责任和义务，必须响应何理良同学这一具有深远历史和现实意义的倡议，把自己的革命经历写出来！这可是要用心血和生命抒写的啊！经过大家共同努力，只两个月，便有20位同学送来20篇、约40万字令人十分感佩的稿件。

他们当中有参加创建人民航空学校，为建设人民空军和组建我国坦克兵部队而呕心沥血英勇奋战的元勋；有在抗美援朝战争中击落击伤敌机8架的战斗英雄；有开创我国冶金工业和铁路建设的功臣；有为培养我国外国语干部而日夜操劳的师长；有在外交战线捍卫我国独立主权的驻外使节；有在文艺和社会科学领域尽显才华的作家、学者和在科学技术普及领域做出卓越贡献的共产党员。他们生动地记录了自己在延安充满青春活力的形象，吃苦耐劳、坚韧不拔的性格，孜孜不倦的学习精神和运用在学校学到的俄文出色完成任务的革命经历。他们的革命经历，真实反映了我国人民在中国共产党领导下为祖国独立富强而前赴后继英勇奋斗的光荣历史。他们的故事十分生动感人。

北京外国语大学外语教学与研究出版社很愿意为我们出版这本回忆录，对他们的热情支持，我们衷心地感谢！

（选自《延河畔的外文学子们》，外语教学与研究出版社，2013年）

科普译文

俄文算是我的一个专业特长，航空和科普是我工作过的领域，我的科普翻译作品大多也离不开这两个领域，以下收入我于1981—1993年翻译的8篇科普文章。虽然年代久远了一些，有些知识已显陈旧及过时，但仍可一窥当年科普的春天到来之时，我们对生物、生殖、生态、心理学、航空等学科发展的强烈关注与学习精神。

贝 冢

中国的球迷们都知道日本有过一个威震一时的名叫"贝冢"的女子排球队。但是您知道什么是贝冢吗？也许您会说，冢是坟墓，贝冢就是贝类的坟墓，或是用贝壳堆起的坟。其实，这样回答是很不够的。贝冢，是远古时代人们倒垃圾的地方。远古时，人们奔走于深山野林，或是狩猎，或是采集野果，或是到海边捕鱼、捞贝，用以维持生活。贝是居住在海边的人们经常食用的一种食物，因为就是妇女和孩童，也能轻而易举地拾到贝，只要用火一烧，就可以吃了。所以古时，海边的人们食贝的数量之大，是我们现在难以想象的。

当时，人们食贝之后，总是把贝壳扔在一定的地方，把损坏了的，不需要的陶器、石器以及吃剩下的肉、骨和果核等，也都往那里扔，久而久之，这些垃圾大多腐烂了，只有像贝壳那种难以腐烂的东西留存下来，因而形成了今天的贝冢。

把贝冢挖开，人们不仅能看到无数银白色的贝壳，而且还能看到兽骨、鱼骨、陶器、石器以及用兽骨制作的工具等远古人们使用的器物。因此，如果仔细地考察贝冢，就能够清楚地了解远古的人们是怎样生活的。

贝冢是在古代的海边形成的。而在今天，这些地方有的已不是海洋了，今天即使在大陆的腹地，也有远古海洋的遗址。贝冢不仅可以使我们了解远古时代的人们的生活，而且可以帮助我们认识古代的地理。

贝冢是考古的一个重要依据。

（《知识就是力量》，1981年第11期）

潜水艇载飞机

据某些外国报刊透露，一些国家又着手研究潜水艇载飞机，打算在不久的将来，能使它们从巨型核潜艇起飞，同敌人的反潜飞机和远洋护航舰队作战。这种想法虽可算是军事技术思想的新成就，但它并不新奇，因为早在60多年以前就已经提出来了。

从一个谜说起

人们总以为，在第二次世界大战中，除珍珠港外，战火没有触及美国大陆本土。这是一个很大的误解。事实上，在1942年11月，日本飞机曾轰炸过美国的亚利桑那州。这是怎么回事呢？按照当时的飞机技术性能，除少数创纪录的飞机外，没有哪一种飞机的航程能从战场飞达美国本土而又能返航回去的。说是使用了航空母舰吧，当时日本人为使航空母舰免遭袭击，是不允许它们远离自己的掩护区去接近美国本土海岸的，何况，当时距美国本土海岸较远的海面上并没有发现日本的航空母舰。那么，日本的飞机是从哪里起飞的呢？很长时间，这个问题对很多人来说，是一个谜。其实，日本人使用的是潜水艇载飞机。这是不是日本人的新发明呢？不是。他们只不过是把早在第一次世界大战末产生的想法变为现实而已。

任何一种新事物的出现，都不是凭空产生的。潜水艇载飞机是为了满足潜艇的作战需要而产生的。在第一次世界大战期间，使用潜艇作战的经验说明，潜艇有其独特的优点，但在战术性能上也存在着严重的缺点，首先是视界狭窄，看不远，即使潜艇浮在水面上，也只能观察到10～12海里的水面。所以当时的国防科研人员就如何改善潜艇的"眼睛"问题进行了探讨。他们的答案是利用飞行器。最后，人们选中了飞机作为潜艇的"眼睛"。因为飞机能在较大的范围内发现敌舰的行踪，引导潜艇驶向敌舰和保证潜艇与自己舰队的联系，以及运送伤员，运送备件和追击敌人的潜艇。这样就能大大改善潜艇的作战性能。可是什么样的飞机才符合潜艇的要求呢？特别是在潜艇上，该建造什么样的机库，才不致影响潜艇的潜水航行及其机动性呢？在当时的科学技术水平的情况下，要解决这些技术问题是非常困难的。唯一的办法，就是通过实验和实践来解决。

最初的实践

凯撒皇帝时代的德国是第一个动手设计潜水艇载飞机和试图把潜艇变为理

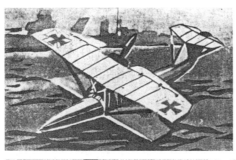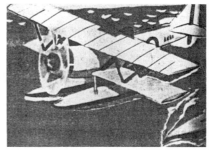

上图自左至右：世界上第一架水下飞机海因克尔 W−20（德国），潜水艇载飞机派托（英国），潜水艇载飞机 M6A1（日本），潜水艇载飞机白松 MB−411（法国）

想武器的国家。1916年德国阿萨—勃兰登堡飞机制造厂接受了给 U−135 和 U−155 型两艘远洋潜艇装备飞机的订货。当时，为这两艘潜艇研制飞机的是德国著名的飞机设计家恩斯特·海因克尔。到1918年，为这两艘潜艇设计的海因克尔 W−20 小型双翼飞机就开始试飞了。这种飞机的拆装时间只要3～5分钟，但是没有达到军方提出的每小时118千米的速度和40千米的飞行半径。

与此同时，德国另一家飞机制造公司，也在1928年试制了一种带浮筒的单翼飞机，按计划的要求，要把这种飞机分解后分别装在潜艇甲板上三个钢制的圆筒中。但由于德国在第二次世界大战中战败，这一工作也就停止了。

可是事情并没有结束。美国海军很快对潜水艇载飞机发生了兴趣。他们和德国的恩斯特·海因克尔取得了联系，并在德国的飞机制造厂订购了两架 V−1 飞机。V−1 飞机是一种总重量在525千克的小型水上用飞机，飞行速度每小时140千米。这两架飞机是试验性的，没有实际应用。

1939年，美国为了装备鹦鹉螺新型潜艇，他们自己制造了马丁 MC−1 飞机。飞机重量490千克，飞行速度每小时达到166千米。但是把它从分解状态装配起来并做好飞行准备，需要4个小时，这对海军来说是绝对不许可的。

曲折的经历

1926年，美国人曾造过一架潜水艇载飞机考司·克列门 X−2，它能在处于半潜状态的鹦鹉螺潜艇上起飞。这种飞机完成飞行前准备只要15～20分钟，但是潜艇人员对这种飞机并不满意，因为在这种飞机上不能安装武器，因此，美国也停止了对这种飞机的试制。

此后，英国人接过了研制潜水艇载飞机的接力棒。1926年8月19日，他们制造的装布120马力发动机的派托水上飞机飞上了天。虽然派托飞机不大（翼展6.8米、机长8.6米），但可以乘坐一名飞行员和一名观察员。

英国制造的第二架派托飞机装有功率比较大的发动机，它的飞行速度达到每小时185千米。派托飞机的母舰是M-2专用潜艇。其机库是简易的，建造在驾驶舱的近旁，机库大门是木质全密封式。当潜艇下潜时，机库里充满压缩空气，以使库壁能抗御水的压力。使用时，先是把派托飞机从机库里拉出来，再用吊车把它放到水面上，它就从水面上滑跑起飞。后来，他们在潜艇上安装了压缩空气弹射器，用弹射器把飞机直接弹射到空中。这种试验当时是很成功的。1930年年底，英国设计了一架为潜艇服务的单翼飞机。它小巧玲珑，总重500千克，可以分解后装在潜艇上一个直径1.22米的圆筒里。可是这种飞机没有造成，因为1930年1月，机库密封失灵，舱门大开，派托飞机及其母舰和全体乘员都遇了难。M-2潜艇的沉没，使英国人失去了研制潜水艇载飞机的兴趣。

听说英国和美国都在研制潜水艇载飞机，意大利海军司令部也决定添置这种飞机及其母舰。1928年，他们在托列·费拉莫斯克巡洋舰的甲板上建造了机库。第二年，意大利就造出了可拆卸的小型M-53单座水上飞机。它的发动机功率为80马力。尽管他们对M-53飞机进行了各种试验，但是制造这种飞机的工作很快停止了。因为现代化的托列·费拉莫斯克巡洋舰无论如何不同意在它上面装载飞机。

初步的成功

在法国，事情进行得比较顺利。1929年，法国建造了一艘排水量2880吨、舰长129米的秀尔库费巨型潜艇。在驾驶舱后面的船舷上，有一个长7米、直径2米的机库。潜艇浮出水面后，人们只要将飞机从机库里拉出来，放到舰尾就可以开动。而把机库大门关闭，潜艇就可以下潜到水底。潜艇浮到水面后，飞机就可以从海浪覆盖着的甲板上滑行、起飞。

开始，秀尔库费潜水艇载飞机是白松MB-35，1933年它被改装成MB-411双座水上飞机。虽然飞机使用的仍是原来的120马力的发动机，然而性能有了较大的改善；最大时速为158千米，升限达1000米，航程650千米，飞行准备时间只要4分钟。

秀尔库费潜艇顺利地使用到1940年。法国在第二次世界大战中被德国打

败，秀尔库费潜艇驶到设在英国的英法联合作战指挥部。白松MB-411水上飞机曾多次进行空中侦察，但它在1941年被炸毁。秀尔库费潜艇则于1942年2月18日在加勒比海同受它保护的运输船相撞而报废。

德国法西斯夺取政权后，一开始就大搞陆、海军的现代化。因此，海军的将领们想起了海因克尔试制的飞机。阿拉多飞机制造厂发展了海因克尔的设计思想，制造了一种单座浮筒式水上侦察飞机阿拉多AR-231，绰号叫"潜水艇的眼睛"，装有一台160马力的发动机。飞机放在甲板上直径2米的机库里。它最大速度每小时180千米，但升限不超过300米。它的续航时间为4小时，航程大于500千米。装配时间需十几分钟，看起来还可以，但在战争情况下，仍嫌太长。

不仅是侦察

日本皇家海军的将领们认为潜水艇载飞机的任务不仅是侦察，更重要的是进攻。20世纪初，日本就开始了超级军舰——航空母舰的设计。1935年2月，第一架适用于航空母舰的飞机就制成了。这是一架两座双翼渡边E9W1小型水上侦察机。它装有一台350马力的发动机，最大时速233千米，升限6750米，续航时间5小时左右。对它进行长期试验后，于1938年移交给海军。但是，渡边E9W1很快被横须贺海军工厂制造的一种性能更好的E14W1单翼飞机代替。1941年12月7日，E14W1飞机从N-9和N-15潜艇上起飞，拍摄了美国珍珠港基地被日空军轰炸后的全景。1942年轰炸美国大陆本土，也是用的这种飞机。E14W1飞机重1456千克，允许飞行速度每小时250千米，续航时间5小时。它的母舰N-15和N-9潜艇是当时公认为最大的潜艇（排水量1950～2480吨），它的武装是最好的，机库和飞机发射器都设在驾驶舱的后面。

日本的海军上将山本，热衷于建设现代化的海军航空兵。日本在1944年就为制造排水量14550吨的超级潜艇打好了基础。他们建造了能装载2架飞机的M-400潜水航空母舰。此后，又把机库改装成可以容纳3架轰炸机。日本建造了3艘这样的潜水航空母舰，但是他们没来得及使用，因为战争结束了。

苏联研究潜水艇载飞机的工作，是20世纪30年代开始的。水上飞机的研制者切特维柯夫设计了一种体积很小的可折叠的潜水艇载飞机，这种飞机在1933年生产了2架。1934年他们又研制成一种能在水上航行和空中飞行的两栖潜水艇载飞机。这种飞机有两个座位，有张臂式升力机翼；飞机空重590千克，起飞重量879千克。它的主要优点是分解和装配迅速，只需3～4分钟，而且很容易把它放进潜水艇的机库里。

恢复了的试验

第二次世界大战结束之后，人们把制造潜水艇载飞机的事忘记了。但是随着冷战的加剧，利用从潜水艇起飞的飞行器的试验又恢复了。这是从有些国家自潜艇发射间谍气球开始的。20世纪50年代，出现了第一批有翼火箭。美国用这种火箭装备了一些潜艇。这些火箭是现代潜水艇载洲际导弹的先驱。

但是重型轰炸机和洲际导弹的价格十分昂贵，所以设计家们又想到研制潜水艇载飞机了。当然，今天的这种飞机已不是以前的那种样子了。

科学技术的进步，使那些从前的幻想，可能变成现实。报刊上曾经报道过一种三栖飞机。这种飞机像一般水上飞机那样在空中能飞，在水上能航行，还能像潜艇那样，在水下航行。

一种水下飞机的设计方案（美国）

（《知识就是力量》，1982年第2期）

现代人和瑜伽

医学获得了新的成就，但是人们并没有因此而变得更为健康，却很快地走向反面，变得衰弱了。现在是到了人们应该知道保持身体健康很大程度上要依靠自己的时候了。

在人类发展的整个历史长河中，人们都曾迷恋过时髦的药物，醉心于长生不老的药剂和其他的保命方法。但是随着时间的流逝，人们最终将那些所谓的万应灵丹忘却了，因为它们辜负了人们的期望。西方人在寻求保健的方法时，把目光转向了东方的印度。因为在很久以前，至少也有5000年了，印度一种叫作瑜伽的科学回答了他们的问题。

瑜伽这门科学，是根据自古以来人类行之有效的健身方法而创立的。印度的智者们在几千年以前就已经向人们揭示的这些真谛，即使在今天也不能不让学者们感到惊异。要知道，这是千百万瑜伽信徒一代一代积累起来的丰富而又重要的实践经验。现在，许多国家设有瑜伽俱乐部、瑜伽学校、瑜伽研究所、瑜伽医院和瑜伽学院等并非偶然，这些国家在体育运动上，在医院治疗上及日常生活中都有实际运用瑜伽的计划。

在希望恢复和调理自身健康上，有千百人通过练瑜伽功解决了他们想要解决的一些问题。如减肥，保持肌肉的强度、改善体型、提高工作能力、医治各种疾病，等等。只要了解瑜伽，相信它有效，现代人就会拿起这一非凡的健身武器。

瑜伽的成功和普及，其秘诀何在呢？瑜伽是一个综合的体系。它把人看作是一个统一的整体，同时也是他周围世界的一个组成部分。瑜伽的身心锻炼形式，是经过极其细致的研究的。它的实质，是使人们能够自觉地操纵身体的各个器官的运行过程，并使之"返回自然"而自动地消除主要病因。

瑜伽还是一个包罗万象的体系，因而它成了现代人的一个很好的健身武器。练瑜伽功不需要任何运动场地和任何用具器械，只要有一套宽松的运动服和一点儿空地就行。遵守瑜伽功的一些基本规则并每天练，就能保证恢复健康和保持强健的体魄。

瑜伽一词系古印度梵文，是谐和、调和的意思。瑜伽是印度享有佛门韦驮声望的六大正统宗教的哲学体系之一，其目的是使人们达到崇高的精神境界，或者说达到高度的悟性状态。

瑜伽有四个主要学派："玛哈"（面、线），即"布哈克吉——玛哈"（全世界喜欢的瑜伽）；"查尼——玛哈"（了解真谛的瑜伽）；"卡玛——玛哈"（对日常生活具有实效的瑜伽）；"拉扎——玛哈"（王的瑜伽）。除这四个主要的学派外，还有莱雅瑜伽（检验意志的瑜伽），可丽雅瑜伽（洁净身心的瑜伽），阿娃塔拉瑜伽（青春永驻的瑜伽），昆达里尼瑜伽（使性功能升华的瑜伽），曼特拉瑜伽（神奇声音的瑜伽），延特拉瑜伽（象征的瑜伽），德希雅那瑜伽（思考的瑜伽），以及哈特哈瑜伽（身心协调发展的瑜伽）等。所有这些瑜伽都是互相联系、彼此交错的。瑜伽之所以有这么多种，是因为人的发育、个性和气质等情况各不相同，每个人可以按照自己的需要选择对自己最适合的瑜伽功。瑜伽说："没有适合所有人的瑜伽，只有适合某个人的瑜伽。"

最早用文字说明瑜伽的人，是公元前2世纪的印度哲学家帕坦扎里。那时，瑜伽成为一种固有的形式已经存在很久了。公元前3000—前2000年，在今巴基斯坦旁遮普省境内的印度河流域地段，存在着一种重要的上古文明，称为"哈拉帕文化"。在发掘信德省的摩亨佐·达罗的哈拉帕文化遗址时，考古学家发现上面画有各种瑜伽姿态的人物印花。帕坦扎里的功绩在于，他集中了遗忘许多世纪的经验，编成一套严密的功法，并用口诀来说明其动作。这种功法叫拉扎瑜伽，也叫阿什坦加瑜伽或八级瑜伽。这八级瑜伽是：

①雅玛——道德训条；②尼雅玛——行为规则；③阿萨那——体力训练；④普拉那玛——用呼吸调节精力；⑤普拉加特哈拉——转移对客体的感受；⑥德拉哈那——全神贯注；⑦德布雅那——沉思；⑧萨玛德希——理解真理，最后解脱。

这八级瑜伽的前三级叫外功，四五两级叫内功，后三级是调动人体潜力的功。在杰出的哲学家和社会活动家印度前总统萨瓦帕利·拉达克里希南的巨著《印度哲学》一书中，关于瑜伽他是这样写的："她（瑜伽）能调动深深隐藏在我们生命中的潜力，而对这种潜力我们甚至没有想到过。帕坦扎里瑜伽的功力可以使我们获得深度的机能。瑜伽的功能是强身、健脑、提神、补气和使体内产生怡然自得的感受，而不是其他。"

设在德里的国际瑜伽中心的负责人海连德拉·拉马查里说："瑜伽是强身健脑的科学，它不是供社会上某个小圈子里的人享用的。"处于正常生活中的普通人，不论职业、宗教、信仰、民族、年龄如何，都可以练习瑜伽。瑜伽一点儿也不神秘，它既不是宗教信仰，也不是一种宗教仪式。其目的就是增强体质，自觉地保持大脑功能和心理健康。只要循序渐进、不间断地按照瑜伽的各级功法，即所谓的八级法练功，就能最终达到这个目的。但必须指出的是，要通过练瑜伽功收到成效，不能没有精神上、道德上的净化。瑜伽的前两级功——雅玛和尼雅玛就是为了达到这一目的的，它们也是整个拉扎瑜伽的基础。有意思的是，西藏医学与形成瑜伽的阿约维达学说可以说是亲姐妹。阿约维达学说认为，人生病有三个原因：缺乏通常的善心或缺乏对生活的积极态度，不善于把握自己的情欲和由于缺乏知识破坏了自然规律。雅玛有五个基本训条：阿西牧萨——不使用暴力；萨提雅——诚实；波罗细摩卡里雅——有节制；阿帕里拉哈——廉洁；阿斯铁雅——不嫉妒。尼雅玛规定日常生活必须坚持五条规则，即：沙乌纳——身、心、言净；散托沙——知足；塔帕斯——力求达到目的；斯瓦细雅——消除无知的教养；依什瓦拉·普拉尼哈拉——集中全力了解真谛。

哈特哈瑜伽是我们的研究对象，因为它对现代人有实用价值。它是拉扎瑜伽的第三和第四级。"哈特哈"这个词是"哈"和"特哈"两个词组成的。"哈"是太阳的意思，"特哈"是月亮的意思。这种阴阳的平衡，能使人的身心十分健康，并处于完全协调一致的状态。练哈特哈瑜伽可以减弱机体的衰老过程，从而延缓老年的到来，使人充满活力，永葆青春。哈特哈瑜伽对人体及其各个器官都能起到极为有益的作用，它能刺激体内各器官的工作，恢复丧失的功能，使机体的一切过程进入正常状态，而使人的心理和神经系统稳定起来。

但必须特别注意的是，现代人要想收到练瑜伽的实效，必须按照自己预定的目标，努力顽强、坚持不懈地练。因为瑜伽是长期自我修炼的功法，是一种生活的方式。

（《知识就是力量》，1990年第6期）

地球生物圈贫瘠吗

人类遇到的尖锐问题越来越多。这并不奇怪，因为人们居住的环境——生物圈的变化速度在不断地加快。按现有的观点，这种变化可以完全有根据地认为是毁灭性的。

在人类只靠大自然的赏赐，即只靠采集物和狩猎为生时，地球上的人不超过500万～1000万；如果超过这个数字，地球就养活不了他们。到纪元前，地球上的居民达到近2亿人；1650年前达到5亿人；而到1820年，人口增至10亿；1927年到20亿；1960年达30亿；1987年地球上生出了第50亿个人。据联合国预测，到2000年，地球上的人口可达到65亿。再经过大约100年，地球上的人口便增长至120亿了。

人口的增长是受食物资源制约的。在世界各地经常反复出现饥荒这一事实，说明人和世界上其他动植物只有彼此保持平衡才能够继续生存下去。由于人口的增长，人们从生物层总产量中索取的能量自然地增加了。要知道，这不能无限制地增加。现在人类已经面临悲惨的后果，一些物种不见了，沙漠等动植物群落贫瘠的地区越来越多。

为了改善这种状况，必须对生物圈的资源和生产能力进行详细的研究。海洋占地球表面的71%，陆地占29%，而农业用地只有14.5%（为地球总面积的2.9%）。虽然陆地森林占29%，但它提供40%的生物量，年产生物量约1000万～2000万吨。根据各种估计，总生物量（1.8亿吨）的80%～90%集中在主要用作木材的森林。森林的能量储备，相当于已勘测出的矿物燃料——煤炭、石油、天然气的储备。全部生物量实际上都是由植物（植物量）构成的。那些地上跑的、陆上爬的、天上飞的、水中游的，只构成一小部分生物量。

人不同于动物，除了食物外还需要能源、建筑材料和生产原料以及他们必需的其他东西。有机原料矿藏是在多少万万年的过程中形成的，但是人类只要200～300年就会把它们耗尽，而这只是地球存在的一瞬间而已。

然而，人的实际原料基地暂时仍在生物圈。当工程学和工艺学达到高水平时，人可以仅靠水、空气和碳就可以继续生存下去。但为此必须控制热核反应和研制人造食物。而现时这都尚属科学幻想的领域。

现在，我们来看看人所需要的三个主要方面的情况。

能源。今天世界上耗用的能量约有14%是与生物量完全相符的，他们主要作为燃料被消耗了。在某些发展中国家，如埃塞俄比亚、尼泊尔、坦桑尼亚等，生物量提供的所需能量达95%以上；而在发达国家则不同，如美国，仅为3%（虽然近几年由于石油涨价生物量也随着增加了）。

工业和供暖设备使用的是核、火力和水电站生产的能量；而汽车和其他交通工具，则通常使用的是液体燃料。现在液体燃料来自石油及数量很少的煤炭和生物量。因为用蔗糖和谷物生产酒精作为石油的代用品，价格要贵$1.5 \sim 2$倍。但是对没有石油的国家来说，他们可以节约外汇。然而，现在世界上每年约饿死4000万人，其中有1500万是儿童。如果把食物做成汽车燃料，那未免太残酷了吧！

毫无疑问，解决能源问题的根本方法，最终是利用原子能。据预测，核"燃料"够用$1500 \sim 2000$年，而热核反应的资源实际上是取之不尽的。

化工原料和建筑材料。作为化工原料和建筑材料的木材，现在还够用。有机化学工业的原料主要是石油产品（不超过总产品的5%）。现在，仍有用木材和其他植物作化工原料的，但是用酸或酵素水解木材随后发酵制取酒精的方法现在已不使用了。对木材需求量最大的是造纸和纸浆工业。全世界每年生产纸张和纸板约150亿吨。预计到2000年，这些产品将增至4000亿吨。为此，全世界每年要砍伐2.5亿立方米，即1.3亿吨木材。

粮食。人吃的粮食主要是谷物。每年地球上生产的谷物为1800亿吨，占生物圈总产量的$1\% \sim 2\%$。作为粮食的谷物可提供52%的能量。

为了较好地了解粮食问题，我们应当研究一下处于整个生物圈中的人。

各式各样的动物在地球上赖以生存的是植物。植物只需要阳光、水和少量矿物质。而其他的生物，从菌类到动物，都只能依靠植物和其他低等动物来生存。因此形成了各种生物链。例如，动物有食草的和食肉的。兔子吃草，狼吃兔子。在动物界和植物界品种异常多样的状况下，食物链的形成是复杂和交错的。动物相对分为两类：一类是吃植物的，另一类是吃弱小动物的，而人则可以吃上述的这一切。

人的食物有一半是谷物（为生物量的$2\% \sim 3\%$），肉类约占$11\% \sim 12\%$。实际上，人的整个食物基地，就只限于这么一点儿。生物圈中的产品大部分被土壤中的动物群落——微生物、菌类和蚯蚓等给消耗掉了。

人类粮食供应状况怎样呢？在给地球上的居民均匀分配产品的情况下，不致出现饥民（虽然供应人类的蛋白质总共只有所需要的40%～50%）。在近30年，每年地球上每个居民的粮食产量增长0.8%。然而，非洲和亚洲的粮食耗用量却减少了。现在仍有人饿死。全世界约有三分之一的人吃不饱，有20亿人的主要食物是每天0.45千克的谷物。如果在发达国家每天每人耗用的热量是1000多大卡的话，那么在发展中国家则只有200大卡。

摆脱这种困境的出路何在呢？就是要比较均匀地分配食物。与此同时，第一要在发展中国家加强农业。是的，在这条道路上有许多障碍和问题，例如土地贫瘠、土壤流失，土地因盖房、建工厂和修路被征用而减少（据预测，到1994年，适用于农业的土地面积将比1980年减少70%）。生态问题、不得不使用化肥、杀虫剂和除草剂，等等，但是对加强农业是有限度的，即使成功地培育出良种，生产也不是没有止境的。

第二是在食物链中加大生物量。但有一个问题，植物的主要成分是木质纤维组织（秸秆、树干、枯枝等），而木本植物只有10%～20%的组织能被反刍动物消化。如果利用化学和机械方法破坏木质结构，可消化的物质所形成的碳水化合物可由原来的65%～80%增至100%，大大减少了畜牧业对谷物的需求。

利用木质纤维做饲料，可以减少人类在这方面对谷物的需求量。此外，还可以利用生物链：生物量—微生物—家畜—人。要知道，微生物破坏整体的木质纤维组织是非常缓慢的。但是在木质组织裂解后，微生物的增殖会急剧增大。生物工程主要是利用单细胞菌类，它们有一半是由蛋白质构成的，所以可以借此得到大量蛋白质，而且比借助于家畜还快。例如，用500千克酵母，1天内便可以制造80吨蛋白质；而同样重量的公牛，1天只能增长1千克蛋白质。酵母重量增加1倍，只需20～120分钟；鸡雏则需要2～4个星期；而有角的大牲畜则需要1～2个月。

第三是，生物量—微生物—菌类—人，把微小的菌类培养出来，可以得到适于直接使用的单细胞蛋白质。例如，在由植物制成的培养基上可以培养担子菌——香菇等。1公顷（合我国15亩）这种香菇，每年周转60次，就可收获1000吨干物质。

生物工程在迅速发展，但出现了一个重要问题，聚集在生物圈中的每一部分能源，都被人直接利用了。有人计算，由于人的活动，生物圈的产量减少了30%，而且还有继续减少的趋势。最有生产效能的生态系统——森林的总面积，每年减少10～20平方千米。因此，在化学领域研制木材，具有特殊的意义。

（《知识就是力量》，1990年第8期）

科里德的人力飞机（原题《神奇飞行术》）

生态飞机是用人的体力和太阳能作动力的飞行器，又称人力飞机。像鸟那样用自己的体力飞行，人们已经向往许多世纪了。但只是在20世纪最后的25年里，在超音速飞机和宇宙飞船问世后，人们的这个幻想才成为事实。在国外，人力飞机由于其在空气动力学和材料技术上的成就，已经获得了生存权。本文介绍的是美国人波尔·马克·科里德研制的几种人力飞机和太阳能飞机。

"蛛网秃鹰"

在国外，研制人力飞机是因为开展这方面的竞赛而推动起来的。英国大企业家根里·克雷梅尔，在1959年设立了一项5000英镑的奖金，奖给用人力飞机飞行1英里（1609米）8字航线的英国人。因此，桑普顿大学造了一架章帕克人力飞机，于1961年12月成功飞离地面。1962年，又有一架英国人造的人力飞机扑芬Ⅱ型直线飞行了908米。改进了的扑芬Ⅱ型能在空中转弯，但在1969年坠毁。

为了激励人们研制人力飞机，克雷梅尔于1973年把奖金增至5万英镑，为此，经管奖金的英国皇家航空协会发起了国际人力飞机竞赛。到1977年，报名参赛的各国飞机约有20架。

1977年1月，日本的人力飞机艾斯特创造了飞行距离纪录，用4分28秒直线飞行了2093米，超过了克雷梅尔规定的距离。艾斯特人力飞机成了人力飞行的先驱，但遗憾的是它不能转弯。

这时，美国加利福尼亚州帕萨顿一个咨询公司的经理波尔·小马克·科里德对人力飞机发生了兴趣。科里德博士是宇航技术、空气动力学和气象学专家。他16岁时便获取了飞行执照，热衷于滑翔运动，曾三次获得美国滑翔冠军和一次世界滑翔冠军。

他认为，如果用制造滑翔机的技术制造一个很大而且很轻的人力飞机，进行这种低速飞行充其量只需三分之一马力的功率，这对人力来说是完全能够适应的。于是，马克·科里德有一个制造蛛网结构的名为"蛛网秃鹰"的人力飞机的构想。他运用"鸭式"空气动力布局，在大机翼的前面安装一个相对小一点的水平安定面；在飞机转弯时，水平安定面形成导向力，使飞机向左或向右转弯。这时，因机翼外部上面的气流速度和升力增大，机翼根部上的气流速度和升力减小，而使飞机倾斜。

为使飞机不过于倾斜，驾驶员只要拉外部的拉线，机翼就可以正过来，机翼上的升力均等，飞机就可完成转弯动作。

　　"秃鹰"最大的特点是结构简单，工艺性好，便于修理和进行改装。可塑性好，是马克·科里德进行设计的基本原则。

　　1976年11月，"蛛网秃鹰"完成了。该机总重31.8千克，翼展（机翼总长）29.3米，整体结构的强度用70根钢丝张线作保障。螺旋桨直径为3.7米，由转动脚踏板通过一个长链传动。

　　经过几次试飞后，马克·科里德把一架精制的"秃鹰"运到莫哈韦沙漠的一个小飞机场。他选择这里是因为这个区域大部分天气没有风。他选用了24岁的自行车运动员、滑翔机驾驶员布莱恩·阿兰来驾驶这架飞机。

　　阿兰为飞"秃鹰"进行了紧张的训练。由于规定的饮食和每天在自行车测功器上作业，阿兰的体重掉了7千克，1.86米的身高体重只有61.2千克。他能在30分钟过程中发挥0.35马力的功率，在12分钟中发挥0.45马力。

　　阿兰在读秒时，能使螺旋桨的功率保持1.2马力。

　　布莱恩·阿兰和其他驾驶员在10个月里进行了430次"秃鹰"试验飞行。每次飞行后，马克·科里德都要对结构进行改进，力求选择最佳的空气动力和技术性能。在试飞过程中曾发生过一些故障，但是修理的时间没有一架超过一昼夜的。

　　1977年8月23日清晨，阿兰进入了驾驶员位置，待风静下来后，7时30分，"秃鹰"轻松地脱离了地面。阿兰使尽全力蹬脚踏板，以尽可能快地达到规定的3米起飞高度，然后在约1.2米的高度上继续飞行。完成第一个转弯后，又进行了第二个大转弯，这时他看见终点标杆距自己只有半英里。当起小风时，他对顺利完成飞行充满信心。"爬高！""爬高！"地面上等候他的人们叫喊着。阿兰拼命地蹬脚踏板飞完了最后的3米；这时他还有力量转了个90度的弯，然后在起飞线上降落。

　　这次飞行持续了7分27.5秒，飞行了2169米。

"蛛网信天翁"

　　在伦敦的一次皇家航空协会上，协会的赞助人菲利浦公爵把奖金隆重地授给了马克·科里德。会上，克雷梅尔提出：谁首先用人力飞机飞越拉芒什海峡（法—英），便授予其10万英镑的奖金。

　　一位出席会议的航空专家说："这需要5年或10年时间，还得看是否有人准备进行这种飞行。"

　　马克·科里德决定接受克雷梅尔的挑战，他在从伦敦回家的路上就想好了应该怎么做。

　　飞越拉芒什海峡，要主要解决两个问题：第一，是海峡区域的天气多变无法预报。这对轻型的人力飞机来说是很危险的；第二，也是需要解决的最重要的课题，就是要制造能飞行35千米的飞机，用人力飞行，在最好的情况下，飞35千米至少也要2小时。而原来创纪录的"秃鹰"总共飞行不过7分半钟。在这7分多的时间里，布莱恩·阿兰是汗流浃背、竭尽全力才平均达到0.43马力的功率，用这种发疯般的节奏持续飞行2小时是不可能的。但是马克·科里德却相信能够做到。

过了12个星期，一架蛛网信天翁人力飞机在飞行场上出现了。

乍一看，这架信天翁人力飞机很像那架秃鹰人力飞机，也是在大机翼前面有一个小水平安定面，也是单叶螺旋桨，外形尺寸也差不多：高5.5米，长9米，翼展29.3米。但是"信天翁"比"秃鹰"轻了4.5千克。优雅的机翼可降低飞行时的空气阻力，因此也减少了飞行时所需的能量。根据计算，这架"信天翁"起飞所需的功率为0.22马力。升空转动踏板所需的速度由每分钟在"秃鹰"上的95～100转减至75转，飞行速度可达22千米/小时。阿兰又投入了紧张的训练，他的体重又减轻了，但体力更好。

由于在"信天翁"上使用了最新的宇航技术和工艺，所以它的性能是崭新的。它的机翼采用了比铝管轻4倍和坚固2倍的纤维石墨管。

马克·科里德一面改进人力飞机，一面用计算机模拟拉芒什区域的天气，找出飞行2～3小时的最好时间是5～6月的无风天气。

马克·科里德为飞越海峡准备了3架信天翁飞机，以便天气发生变化和驾驶失误时用另外两架接应。

1979年6月12日晨，海峡地区少有的风平浪静。布莱恩·阿兰驾驶"蛛网信天翁"升空。他筋疲力尽地蹬了约2小时的脚踏板后，飞行了33千米，在法国的格里内角海岸降落。马克·科里德和阿兰获得了航空史上最高的奖赏。

人力飞机"信天翁"的飞越海峡，引起了全世界的瞩目，它比"秃鹰"的创纪录飞行具有更重大的意义。人们把马克·科里德与第一批飞越拉芒什海峡的欧洲飞行员莱特·林德伯格和布雷里奥相提并论。现在"秃鹰"和"信天翁"都陈列在美国国家宇航博物馆里。

为参加高速飞行竞赛，马克·科里德又制造了第三代人力飞机"飞鼠"。它的主要特点是，驾驶员在起飞前先在地面上转动发生器，把能量积蓄在机上的蓄能器内，以备在空中用来增大飞行速度。

马克·科里德的经验，对希腊的工程技术和研究人员研制盖达尔人力飞机起了非常有益的借鉴作用。盖达尔是古希腊神话中的英雄，他用羽毛、线和蜂蜡做翅膀由克里特岛飞到圣多林岛。

1988 年春，希腊自行车运动员冈涅洛斯·冈涅洛普洛斯驾驶人力飞机"盖达尔"按传说的航线飞行了 4 小时，119 千米。

向太阳挑战

当别人还在设计携带从地面上充好的太阳能蓄电池的飞行器时，马克·科里德已经考虑制造百分之百的太阳能飞机了。

马克·科里德制造的太阳能飞机挑战者号比他制造的第一批人力飞机大得多，很像一般的飞机：螺旋桨在前头，机翼在驾驶舱的上面，翼展 13.7 米，尾部是升降舵和方向舵。

马克·科里德在挑战者飞机上使用的是杜邦公司提供的又轻又牢的构造材料。这种挑战者飞机，总重不过 90 千克，其中发动装置——发电机、减速器、螺旋桨、太阳能板、检测仪表等就占了约 32 千克。在机翼和水平安定面上装有 1.6 万片硅光电转换器。有三片大机翼的独到构造，其角度能使阳光充分射到光电元件上。在夏季的晴天，当在海平面上有最好的光线入射角度时，所有太阳能板的功率为 3 千瓦。挑战者飞机的升限为 12 千米。在这个高度，光电转换器的功率增大至 4.8 千瓦。在没有阳光时便可滑翔，挑战者飞机每下降 1 米高度，水平滑翔 13.5 米。

从 12 千米高度能滑翔 160 千米的距离。1981 年挑战者飞机在海拔 3350 米上空由巴黎飞行 261 千米到达英国的坎特伯雷。

1983 年，洛克希德公司投资研制能在空中停留一年的无人驾驶的太阳能飞机。这种飞机在以每小时 100 千米低速飞行时，机上的传感器能从约 20 千米高度上同时观察到 700 平方千米的境界，因此可以用来侦察陆海边疆，发现森林火灾，研究太平洋鲸鱼和荒漠上蝗虫的迁徙，以及预测收成等。这种高空"飞行平板"的翼展约 100 米，比波音 747 大 1.5 倍，而其重量仅有 900 千克。在设计这种飞机时采用了马克·科里德的飞机设计方案。

（《科学之友》，1992 年第 8 期）

家庭幸福与心理相容

家庭的幸福要靠自己去创造，但这不是一个人能够做到的，这要靠夫妻、子女和父母共同去创造。在一个家庭中没有个人的单独的幸福，没有妻子觉得自己不幸福而丈夫能够成天快活地生活的。如果你想要成为一个幸福的人，那你就要相信和你一起生活的人。可是要使家庭幸福是很不容易的，因为在家庭生活中，人们经常意见不一致。

德国有一位哲学家叫绍恩豪厄，他通过观察比较，发现关系密切的人们之间的行为，很像生活在寒冷冬夜里的豪猪。豪猪在寒冷的冬夜为了使自己暖和，它们互相往一起挤靠，但是当它们被对方身上的刺互相刺痛时，便不得不分开。这样一来它们又冷起来了，为了不致被冻死，它们又不得不再次互相靠拢，但是它们身上的刺又相互碰上了。绍恩豪厄认为，这是一个活生生的社交模型，家庭成员间的关系也同样如此。

何以会这样呢？这是因为缺乏心理上的相容性。心理上的相容性可以说是家庭幸福的最重要的前提。为什么呢？就是因为夫妻双方应当彼此相容，不应由于性格不同，或其他原因而彼此刺痛。我们能否自觉地加入家庭的二部合唱、三部合唱或全家的大合唱而使全家和谐幸福呢？又怎样才能做到这一点呢？了解就是力量。彼此基本不了解，不了解自己，或不了解别人对自己有什么不满意的地方，有时就会酿成或大或小的不幸。苏联一位心理学家从美国的家庭顾问那里了解到，在美国，10个家庭中，有9个家庭关系有麻烦，而请求帮助解决他们家庭中的冲突问题。家庭发生冲突的情况是：难于相处的占86%，与孩子及其教育有关的问题占45.7%，性的问题占43.7%，经济问题占37%，没有休闲时间的问题占37.6%，家务问题占16.7%，肉体受凌辱的问题占15.6%，其他方面的问题为8%。据苏联心理学家对他们那里的不和睦夫妻的跟踪调查，他们之间发生冲突的情况大致如此。

苏联心理学家认为，对于所有家庭成员来说，保持文明相处，具有头等重要的意义，即夫妻双方应当遵守符合道德要求的日常生活准则。婚姻的不稳定性，在很大程度上是由于夫妻之间存在较深的精神上的不相容性。这样的夫妻关系不可能相互了解，心情也不可能愉快舒畅，更谈不到心理上的支持。因为夫妻不和，互不关心，互不照顾，互不帮助，还闹得家庭不和，因而就会对自己在对方心目中的价值和爱情产生疑问。

还有家庭闹不和的原因，从广义上说，就是对两个人之间在其他方面的相互作用不理解或理解不一致。例如，夫妻双方对自己和对方在家中所担负的责任，就是在对作为丈夫和妻子、男主人和女主人、男人和女人、父亲和母亲的责任上理解不同，这样就会因在家庭中的地位和责任问题发生冲突。再有，就是夫妻之间不能沟通思想，不将自己的事情或心愿打算告诉对方而引起对方的怀疑、不信任和感情冲动，以至对婚姻不满；即使夫妻之间能够互相文明地对待，有了这种情况也会恶化夫妻的关系。

还有，就是夫妻双方不能很好地了解对方的心理和性格特点及对方的感情和情绪。例如，不了解对方为什么不说话，他（她）在想什么，等等。不仅是不了解的问题，还有懒得去了解和不想去了解以及缺乏心理学知识的问题，同样会导致夫妻的不和。为使大家知道从哪里能够看到妻子或丈夫的内心世界，下面简单介绍一点心理学的基本知识。诚心地关注对方的内心世界，了解他（她）的心理特点和他（她）在家里行为文明的情况，可以避免常常使家庭破裂和缘分解体的那些潜在的难以预料的危险。

如果我们用反证法进行分析，那么根据美国家庭顾问提供的资料，我们可以看到，幸福与不幸福家庭有10个基本的差别。我们也可以由此联想一下自己的家庭，以便把家庭关系搞好。在不幸福的家庭中，夫妻双方的情况是：

1.对许多问题的想法不一样；

2.不怎么了解对方的感情；

3.说刺伤对方的话；

4.经常觉得自己没有被爱；

5.不关心对方；

6.感到对方对自己不够信任；

7.认为别人比爱人更可以信赖；

8.很少称赞对方；

9.经常迫使对方放弃意见；

10.希望得到更多的爱。

为了易于了解夫妻双方彼此了解多少的问题，夫妻可以同时做一个简单的自我测试。方法是，夫妻二人在相互独立的情况下，各自对下列问题选择其中一个答案。

1.你是否觉得有必要严肃地把你们的关系解释清楚？
①是的（1分）；②没有必要（0分）；③这种说明没有好处（2分）。

2.如果你想提出一个微妙的问题，你能直截了当地提出而不必绕弯子吗？
①是的（0分）；②是的，但要有良好的气氛（1分）；③不能（2分）。

3.你是否认为对方隐瞒了许多使他苦恼的事？
①是的（1分）；②没有概念（2分）；③我不了解他的问题（0分）。

4.你是否在任何时候都能同对方谈重要的事？
①是的（0分）；②不经常，要待合适时（1分）；③机会不多，因为他没有时间（2分）。

5.你们夫妻谈话时，你是否注意表达要准确？
①是的，我字斟句酌（1分）；②不，我怎么想就怎么说（2分）；③我发表自己的意见，也听取别人的意见（0分）。

6.当你谈自己的问题时，你有否感觉在给对方添麻烦？

①是的，常有这种情况（2分）；②他一般不考虑我的问题（1分）；③他经常一块谈（0分）。

7.你是否不征求对方的意见就对自己的重要的事做决定？

①有时如此（2分）；②我们一起讨论，但最后仍坚持个人意见（1分）；③共同决定（0分）。

8.你是否同朋友谈话比同自己丈夫（妻子）谈话多？

①有时如此（1分）；②不，我同爱人讨论自己的问题（0分）；③朋友更了解我（2分）。

9.是否有这种情况，当对方跟你谈话时，你却在想自己的事情？

①有这种情况（2分）；②没有，我注意听（0分）；③如果我精神不集中我会努力注意听（1分）。

10.在谈话时，你能先谈吗？

①一定的（1分）；②通常我能说一些使对方激动的话（0分）；③我认为我们应当一起谈自己的问题（1分）。

把10个问题答完后，再把答案后面的得分加起来。

0～10分表示在你们家里可以谈论自己的问题。每个人说对方感到不舒服的话时，对方能够倾听。你没有必要同朋友和亲戚讲自己的问题，因为家庭对你更了解。

11～29分表示在你们家里完全不能谈论问题，而有许多事情你们是需要交谈的，但是不能交谈。对存在的问题，你们不谈，也不讨论，这就使你们的关系疏远了，因此你们俩都感到必须有一个了解你的亲人，并去寻找那个人。

这个测试也可以用来将自己的答案同对方的答案相比较，从而了解对方对你们的关系的估计是否正确。

我们由此知道，引起夫妻冲突的原因是很多的。要想不发生冲突，重要的是遵守6条一般生活准则。

第一，不管有理没有理，都要尽可能地不抱怨，因为争吵会刺伤感情，把关系搞坏。

第二，别想一下子改变别人，因为任何人，即使不那么好的人也有权保持自己的性格。

第三，不要热衷批评，因为人们经常并且无处不在力求防范别人的攻击，以免造成别人认为自己是坏人的印象。

第四，诚恳地表扬别人的好处，但不是奉承。使人变好的最简单的方法就是同他们交往，就像他们是你想见到的人那样。

第五，要经常关心你的亲人和你周围的人，对人要富有同情心，不疏忽懈怠，是有积极作用的。

第六，经常礼貌待人，只有这样，别人才能礼貌对你。

这样，不仅能增进夫妻间的相互了解，而且能使自己在家中的行为适合同你一起生活的人的心理特点。

（《科学之友》，1992年第12期）

怎样拯救不育者

男性不育症与左睾丸有病，即左精索静脉曲张有关，这个问题早在20世纪初就知道了。从那时起，为治疗这种病所进行过的手术约有80种。此后，全世界的泌尿科医生都把阿根廷外科医生伊万尼谢维契的手术方法作为治疗此病的基础。伊万尼谢维契的手术，就是把一条在无人注意部位的静脉重新接通（手术简单得同切除盲肠一样），结果把不育症治好了。但是很快发现，这种方法只对三个病人中的一个有效。

内分泌专家确定，不育症是由某些肾上腺激素，如孕激素（黄体酮）、可的松抑制生殖器官所致。但是谁也解释不清楚这些肾上腺激素是怎么能够通过肝脏进入睾丸的。因为过高浓度的激素在肝脏会降到正常的水平。20世纪50年代，伊万尼谢维契在手术中曾试验过同时进行激素治疗，但是收效甚微。当今许多20岁的成年男子仍在为无法生育而苦恼，在这部分人中有40%的人由于左精索静脉曲张而成了不育者。这是需要解决的、一个比较迫切的问题，因此世界卫生组织把它列为优先进行研究的一个医疗课题。

为研究激素的分泌过程，苏联的医务工作者往左肾的静脉中插入一根导管取血样。为了确定准确的取样位置并通过导管注入造影剂。他们发现，有病的机体内的明暗反差与健康的机体内不同。从各方面判断，是在左肾上腺主静脉里出现血液倒流。

下面的方法帮助学者们查明了病因：他们把导管插入到脉管的弯曲点上，就是插到再也插不进去的地方，对这个地方进行一切可能的全面的检测。他们在病人身体不同姿态的情况下检测激素的数量和静脉压时，发现当躺着的病人站起来时，肾脏动脉内的压力猛然上升，其血液的"潮涌"冲击着布满激素的肾上腺，跟随血液"潮涌"而来的是血液的"折返浪"，它沿着肾上腺的主静脉落到左右两边的睾丸里，这样就把剩余的激素带到了睾丸，而使睾丸生病。

病因就是孕激素（黄体酮）和可的松妨碍了健康的精子产生。

还有一种肾上腺激素——醛甾酮也以这种机制通过肝脏这个天然滤器进入血液。这种激素对不育症没什么关系，但是它能有效地遏制血液中的钠离子。钠离子可使水集结起来而增高细胞内压力和血液的压力。许多人晚上吃得过咸，在第二天早晨起床时，脸部浮肿就是钠在身体中滞留了过多的水的缘故。

动脉压高，是患动脉粥样硬化、中风和心肌梗死的病因之一。在我们这个时代，高血压所带来的疾病，是死亡的首要病因。所以人们称高血压为"看不见的杀手"。

在此以后，于1989年，学者们开始弄清了过多的激素进入血液的机制。因而他们有可能研究治疗此病的新方法。他们通过导管向静脉导入电凝器，放弱电流将血管焊牢（高血压时两条血管的情况如图2所示）。预料不到的血液中的激素"泛滥"的可能性是不存在的。肾上腺激素进入肝脏后，便在这里滞留至不起作用的形态，而使机体恢复平衡。整个手术在局部麻醉的情况下，仅用了半小时。病人在诊所最多住两三天。

图1　血液"潮涌"冲击着布满激素的肾上腺。跟随着"潮涌"是"折返浪"，它沿着肾上腺主静脉到睾丸，而给左右两边的睾丸带来剩余的激素。

不育症只在左肾上腺血液变化的情况下发病

图2　通过导管向静脉导入电凝器，弱电流将血管焊牢，血液系统中意料不到的激素"泛滥"，肾上腺的激素进入肝脏后在此滞留至不起作用，即机体内恢复了平衡

注：这项不育症和高血压病的治疗工作后来停止了。可能该方法用的剂量偏高，有关卫生部门有不同意见所致。

（《知识就是力量》，1992年第11期）

生命的两种语言

基于时空概念的解析

如果回忆一下我们是怎么学习阅读的，我们都会记得很清楚，开始学写字母和学写象形文字差不多。我们在孩提时并不是一下子就认识所有的字母，通常是这样学认字的：画个圆圈是 O，圆圈上带个小尾巴是 Q，两根小棍中间加一横杠是 H，等等，这样很快就记住了。后来，把这些字母组成音节、单词，朗读或是默诵。如此到一定时候便能在一瞬间学会单词或句子，甚至能一下子看完和记住几段或几页文字。

这就是说，当某人能熟练地阅读时，就学会了认识各种复杂的形象，由最简单的圆圈和小棍子，到一个单词及其组合。这些组合在他看来就像一个联结起来的象形文字。这说明他的视野空间扩大了，因而无论结构多么复杂的课文他阅读的时间便随之逐渐缩短。换句话说，就是无论在空间上还是在时间上，对任何复杂的信息都能同时得到完全的理解。如果单纯地读一个一个的音节，那就不会理解全文的意思。

那么，正在生长发育的生物体是如何"阅读"它自己的"生命之书"的呢？难道是一个"字母"一个"字母"地去认，并不理解所"书写"的整个意思吗？

识别一个完整的形象，对现代的电子计算机来说也是一个比较复杂的课题。起初试图用"逐个字母阅读"的方法来解决这个问题，即把一个形象分解为线状排列的单元信号（如同电视转播时的图像），然后将它同原来形象的排列相比较。但你很快会发现，即使威力强大的电子计算机也不可能用这种方法在一定的时间内准确地分辨出是猫还是狗的形象。但是动物本身却可以在一瞬间准确地彼此分辨出来，虽然它们的神经系统在反应速度上和许多方面不如电脑快。因而只能得出一个结论，就是分辨结构复杂的客体时，按单元信息处理在时间上是无效的，还应当辅以空间上的分析。

电子计算机的信息场

接通"空间"，便可以并行处理信息处理装置组织网络中的信息。每一个信息处理装置都是一个独立的微电脑。这时，其中的一个微电脑分析面前的动物尾巴的全部信息，另一个微电脑分析它爪子的全部信息，再用一个微电脑分析它耳朵的全部信息，最后再用主处理装置将所得的这些资料进行综合的比较评估。就是说用这种方法教会电子计算机分辨很相像的形象，认识不同投影的同一个客体和了解人的语言，等等。

这样，便出现了由单纯的直线时间向空间—时间机器思维的过渡，如同大脑思维那样。要注意的是，这只是在电子计算机中信息流形成的独特的信息场，而且只是在具有相当复杂的空间结构时才有可能。

因此，我们会马上明白，信息场可以指定在任何广义的数学空间，也就是可以指定在任何的坐标系中，沿坐标系轴储存着各种数据，如温度、振荡频率、产品质量的鉴定，等等。不论在任何情况下，其主要之点在于，出现的信息不是线状排列，而是某种多维的结构。

当然，信息场完全可能有实际的几何意义和物理意义，例如在介绍客体的形状时便是如此。如果客体被干涉光束照射，其周围的空间便出现电磁场。这种电磁场完全可以叫作信息场。信息场可以全息图形定影在感光板上，然后用同一干涉光束照射就可以得到三维形象。

全息摄影理论是以光学识别法为基础的，光学识别法是纯粹用空间方法处理信息的，其主要之点，是在信息电磁场扩散的路径上放上客体的标准全息图像，若它与客体的标准样件接近，在装置的输出端便出现光信号，信号的亮度表示两个形象相符的程度（见图1）。光学相关器，能在瞬间辨别各种复杂的形象，不需要把它们分解和进行任何的程序处理。

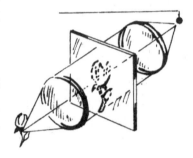

把客体形象变成全息图像。它与标准样件接通时，装置的输出端便出现对比信号

图1　光学干涉仪识别形象

有目的的阅读

给光学相关器确定在第一瞬间认字母，第二瞬间认单词，第三瞬间认句子的等级秩序后，便能用任意的速度阅读文本，但只限于阅读在教学过程中积累起来的那些复杂的文本。

进行这种"有目的"的阅读，只需转换一下所需阅读的等级的键，其速度是很快的。

以上所说的这些与生命的第二语言问题有什么关系呢？事情是这样的，在判读和表达遗传信息时，无论如何都得有已知的形象不可。这与具体载体的性质无关，因为对于任何技术装置，电脑和正在生长的细胞来说都应当是整体的。

根据已知的形状，脱氧核糖核酸（DNA）分子是一个由两条长链以一定距离向右相互盘绕在一起的双螺旋结构。每条链的内侧是碱基，总是腺嘌呤（简称A）和胸腺嘧啶（简称T）配对，或是鸟嘌呤（简称G）和胞嘧啶（简称C）配对；在两条长链中间由横向的氢键连接，好像转梯的一阶一阶的阶梯（见图

2）。这种配对是根据编码蛋白质分子的遗传文本进行的。它们能认识和吸引住与自己配对的核苷酸，也与蛋白酶的作用有关。这一原理也适用于免疫机制和许多其他的方面。总之，"识别"这一生物聚合物世界中十分平常的现象，在生命活动的整个过程中都是必不可少的。

形象识别系统只认识线状文本的意思，对其他任何"自造"的"文字"都不认识。对这类字，我们不是按"字母"去认，而是从一开始就自觉或不自觉地把它们变成空间形象的代码，这些形象是凭过去的经验储存在记忆中的。就是说，如果活着的生物体"阅读"自己的《生命之书》，在"书中记录所有的细节，并把它们按一定顺序组合成复杂的能被认识的结构，那么，在这一过程中必然存在着某些空间信息场"。

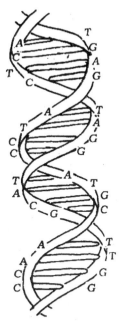

图2　DNA双螺旋结构形式双螺旋之间横条是氢键和配对的碱基表

空间遗传密码

大家知道，脱氧核糖核酸分子中3个碱基（实际上共有4个，即腺嘌呤A、胸腺嘧啶T、鸟嘌呤G和胞嘧啶C）的一定组合，是编码蛋白质分子中一定的氨基酸密码。表达这个遗传信息的过程包括几个步骤。开始是某一区段的脱氧核糖核酸，作为模板，合成叫作信息核糖核酸（mRNA）的分子，这个信息核糖核酸里面的每一个密码的三联体与脱氧核糖核酸中互补的密码三联体（又叫密码子）相对应。例如GAT的三联体与AGC的三联体相对应。然后，信息核糖核酸就贯穿细胞内的特小细胞器——核糖体。

与此同时，核糖核酸（RNA）的一个变体叫转运核糖核酸（tRNA）向核糖体提供合成蛋白质分子的氨基酸。每一个转运的核糖核酸携带一个特定的氨基酸，同时在其另一端有一个核甙酸三联体，这个三联体在脱氧核糖核酸链上编码的那个氨基酸的密码子互补。因此这个三联体与其对应的密码子互补，而被称为反密码子（见图3）。这样，转运核糖核酸便"识别"了信息核糖核酸上遗传"文本"的"字母"，并严格地按照这些"字母"在核糖体中由氨基酸基团合成蛋白质链。

但其工作不只是不断地接长氨基酸链。当蛋白质分子从核糖体缓释出来时，便自然而然地卷了起来，就像车刀车出的刨花似的。这样，蛋白质分子便自然形成了三维的大分子结构，也就是由"字母"组成的"单词"盘卷成了"象形文字和图画文字"。之所以出现这种情况，是因为蛋白质链上的特定的氨基酸基团能够彼此"吸引"，就像核苷酸的配对彼此能联结在一起那样，只是有它们自己的某种联结规律罢了。

前面讲过，密码是一定的氨基酸的符号。当给氨基酸打上反密码的标志时，它当然就叫反氨基酸。苏联生物学家А.Б.梅克列尔和他的妻子与助手Р.Г.伊德里斯提出了一个假说，其实质是，密码能和反密码结合，氨基酸基团能和反氨基酸基团结合。此外，氨基酸基团还能同它的反密码结合，密码也能同它的反氨基酸基团结合。20个氨基酸中的每一个氨基酸的所有这些特定的相互关系，都能以"图"的形式（各自的遗传语言的空间密码）表明（见图4）。

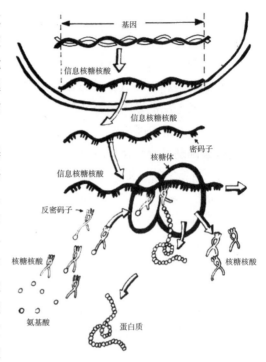

图3　在蛋白质合成过程中，其分子自然具有一定的空间结构，从而保证其完成这样那样的生物功能

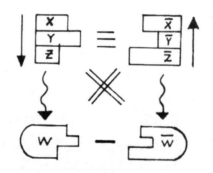

图4　根据А.Б.梅克列尔和Р.Г.伊德里斯的假说，在密码子（XYZ）和与其互补的反密码子（$\overline{ZYX}$）及对应的氨基酸（W）和反氨基酸（$\overline{W}$）之间存在着能以图的形式表明的相互关系

根据作者的意思，他们把这种叫作立体交叉互补的原理，可以将蛋白质原来的线状结构组成三维的蛋白质结构。也可以反过来，在指出蛋白质分子一定

的结构后，可以用这一原理来确定，即求出与该结构相应的线状遗传记录。因而便有可能定向合成指定结构的蛋白质。

虽然没有进行过检验，但是专家们认为，立体交叉互补假说的一些结果，是同分子生物学领域已知的事实相矛盾的。至于在这方面谁正确，我们判断不了，那是专家们的事。我们对这一设想感兴趣的问题是，除一般的线状遗传密码外，原则上也可以存在多维信息空间类型的遗传密码。

没有理解的意思

还有一种没有破解的语言。海豚交往的方法我们根本不懂，虽然我们为此做了30年的努力。这些有智慧的海洋动物所交换的显然是复杂的信息。但是它们那咯呖声、哨声的语言对我们来说比牛的哞哞叫还难以理解。因为我们还没掌握开这把锁的钥匙，不了解其结构的原理。

苏联动物心理学家А.Б.阿加丰诺夫推测，海豚若不是用人懂的语言进行交往就可能是用客体反映声音的方法进行交往的。看来，它们是用超声探测器传递空间信息的。海豚发出探测脉冲，同时接收反射回来的探测脉冲，它们就好像看见了。因此，它们的声音信号（对我们来说纯粹是时间信号）与我们看见的信号，也就是空间的形象是等效的。这种信号可以叫作声的全息图。这种声全息图在海豚之间相互传递就像海豚脑子里出现的直接形象（也许是一幅完整的动画）。因此，与我们语言不同的是，海豚的语言是时间—空间语言，而且它们根本不能说人话和用人的语言写，虽然它们的意思可以翻译出来。

现在我们再回忆一下，编成"生命之书"的90%～95%的脱氧核糖核酸分子，即生物体的染色体组中，没有我们知道的任何蛋白质结构的信息和调节功能。但是，以我们现在的知识水平认为没有意义的事，对掌握形象语言的生物体来说，不见得就没有意义。

如果蛋白质大分子最初的线状结构给它们构象，也就是给了它们以生物的功能。那么，或许染色体组的线状结构也给所有的器官和多细胞体系预先规定了它们的构造、功能和整个形态？这里只是密码不同，这密码很像梅克列尔假说的密码或海豚的语言。也许在这里能把生物坐胎到死亡的整个过程以全息影片的形式保存下来？大家知道，在压缩状态中，个体的扩展（个体发育）是该生物物种形成（系统发育）的整个进化过程的再现。

个体发育显然具有几何规律性。例如，由胚胎细胞发育成多细胞体，是随着等角或圆的对称变化而变化的。提出这个概念的有С.Б.别图霍夫。但是生物学家А.Я.古尔维契早在20世纪的前半叶就提出了形态发生场的概念。他把他的概念叫作假想的物理场，该物理场像按模板制造生物形态似的操纵细胞的空间分裂。

古尔维契提出这个假说时，既不存在分子生物学，也不存在全息术和信息论。形态发生场的概念，是完全背离当时的常规思想的。因此，古尔维契被很快扣上了生机论（一种唯心论的生物学说）者的帽子。

形态发生场不是谜

当然，脱氧核糖核酸不可能不包含生物生长发育的形态信息。但是让我们回忆一下它们组合的规则。因为它们由简单的最初的元素及有规律的组合（还有组合件和更复杂的组合件的有规律的组合），所以无须事先知道客体的最后的形态。在这种情况下，形态的信息是分散在诸元素，即"字母"和它们有规律的组"字"当中。不过这是海豚语言的类型的字。

假设我们还没有阅读过的那些脱氧核糖核酸结构，对它外部的一定作用能够敏锐地反应，并同这一作用一起影响它的那部分"有智慧"的基因的作用。细胞经过开始的几次分裂后，便不在同一个位置上（在胚胎的里面和外面）彼此开始受到不同的外部影响和不同的作用。

由于给同一基因的作用以不同的影响，所以它们染色体组的结构便异化为不同的形状。由于出现的不同的蛋白质不多，和它们在生物化学上的某些差异，所以细胞之间又相互发生新的影响，以致它们又进一步地变异，最后出现细胞间相互作用的内部联合而又自行扩展的时间—空间信息场（细胞间的这种相互作用，原则上同分子间构象—功能原理的相互作用没有什么区别）。就是这种场，形成生物体及其在染色体组中记录的，最初规定的那些所有的功能。可以毫不牵强地认为，这种场同古尔维契的形态发生场是同一个场。

遗传的两种语言、两种密码，即时间的和空间的，是不同的，但又是分不开的，因为它们以同样的符号记录在同一个载体上。只有这种二位一体的时—空"语言"体系才能够实现和能够独自地有理智地发育。

小辞典

氨基酸：含有氨基的有机酸，是组成各种蛋白质的基本单位。

脱氧核糖核酸：简称DNA，核酸的一类，因分子中含有脱氧核糖而得名。其主要的组成碱基为腺嘌呤、鸟嘌呤、胞嘧啶、胸腺嘧啶。主要存在于细胞核、线粒体、叶绿体中，是储藏、复制和传递遗传信息的主要物质基础。DNA分子是主要的遗传分子，前后代的基本相似主要靠它。

遗传密码：是遗传信息的单位。每一个密码由4个核苷酸中的3个相连的核苷酸组成，它决定1个氨基酸。这3个连体密码就是由A、G、C、T组成的DNA的遗传"字母"，以此组成的编码氨基酸的密码子，即是它们拼出的"单词"。

核糖体：细胞中作为蛋白质合成场所的细胞器。细胞器是细胞内执行一个特殊任务的细胞结构。

核糖核酸：简称RNA，核酸的一类，因分子中含有核糖而得名。主要存在于一切细胞的细胞质中。其主要组成的碱基为腺嘌呤、鸟嘌呤、胞嘧啶、尿嘧啶4种。细胞内的核糖核酸又可因其功能和性质不同分为以下几种：

（1）转运核糖核酸：在蛋白质合成过程中，把特异的氨基带到核糖体的核糖核酸；

（2）信息核糖核酸：它把DNA建造蛋白质的密码带给核糖体，它是合成蛋白质的模板；

（3）核糖体的核糖核酸：同蛋白质一起构成核糖体。

（《知识就是力量》，1993年第3期）